統計学への確率論，その先へ

ゼロからの測度論的理解と漸近理論への架け橋

第2版

清水 泰隆 著

内田老鶴圃

まえがき

昨今，確率・統計関連の和書の出版は数多く，扱っているレベルも様々で，自分の将来の目的に合わせて初めて学習するのにどの本を選べばよいのか書店に行って悩んだ経験のある方は多いのではないだろうか．最近は，特にビッグ・データや機械学習・人工知能 (AI) といった分野で統計学が重要とされ，その前提知識となる確率論の本も需要が高い．ところが確率論の教科書も千差万別で，高校レベルの知識で理解できるような初等的なものから，測度論 (ルベーグ積分) を前提として書かれたものまで幅広い．

実際のデータを解析する際，統計的手法を単にユーザーとしての立場で使うだけなら本格的な確率論からしっかり学ぶ必要もないかもしれない．データ加工の技術を習得し，統計ソフトにデータを放り込んで，出てきた結果を解釈する術を身に着ければそれなりの意思決定は可能である．しかし，その統計的判断が本当に適切なのかどうか誰も考察できないような状況下で盲目的に統計手法を用いるのは危険である．

多くの統計的手法は，サンプルをたくさん集めたときに見えてくるある種の近似的な確率モデルを利用して作られており，それらを正当化する統計理論を「大標本理論」と呼ぶ．サンプル数 n を大きくしたとき，$n \to \infty$ の極限に現れる分布 (確率モデル) をデータ発生の法則と考えて，それを基に統計手法が構築されている．したがって，前提条件を間違えればデータの分布を間違えることになり，結果，データを集めれば集めるほど“ほとんど確実に”判断を間違えるということにつながってしまう．

特に，機械学習などで相関のある大量のデータを扱ったり，過去のデータの影響を受けながら時系列的にデータが増えていくような複雑な従属構造を持つデータ (確率過程) を解析するには，その統計理論を作るために，測度論をベースにした本格的な確率論の知識が必須であり，いわゆる「測度論的確率論」という現代確率論を知らなければ，それらの統計理論の本質を理解することはできない．しかし,「測度論」→「確率論」→「統計学」のような手順を踏んでいくには時間がかかる．

本書は，本格的な数理統計学を目標とする読者向けに，特に統計学で重要となる事柄に重点をおき，速習的に確率論を学ぶことができる学部生向け教科書を目指した．微積分，線形代数と集合演算に関する多少の知識のみを前提とし，確率論を学びながら測度論の重要ポイントを押さえることにより，基礎となる理論の内容をおろそかにすることなく，最短経路で「測度論的確率論」の概略をつかみ，その先の「大標本理論」にスムーズに移行できるよう，その橋渡しとなることを目標とした．

特に，確率空間や確率変数の捉え方，スティルチェス積分としての期待値，概収束に関する様々なテクニックを取り上げるなど，統計学や具体的な応用分野に進む際に知っておいた方がよいと思われる事項に多くの紙数を割き，数学的には重要であっても，応用の立場からは後で学習すればよいと思われる事項については恐れずに省略することで，短時間で本格的な理論を一通り学習できることを目指して執筆を試みた．これくらいの概略を知っていれば，あとでじっくり測度論や確率論を勉強しようとする際にもスムーズに独習できるだろうし，たとえこの辺りの理解に留めておいても応用上は十分であろうかと思われる．

確率論の後には統計学を，そして本書では，その先の「統計的漸近理論 (大標本理論)」への応用までを見据え，確率論の標準的な教科書ではあまり触れられないが，統計学では極めて有用となる漸近理論のテクニックを取り上げ，大学院のゼミなどで本格的な数理統計学の専門書にチャレンジしていくための下地を作りたい学部生向けのセミナーなども想定している．その他，統計学を初等的に学んだだけでは気づきにくい点や，初学者が誤解しそうな点，例えば，筆者が学生時代に誤解していたことなど，躓きやすいポイントをより詳しく解説するように努めたつもりである．

このような内容の執筆を思ったのは，早稲田大学基幹理工学部・応用数理学科における３年生向けの通年講義「確率統計概論」を授業したことがきっかけである．この講義は，前期に確率論の入門的講義を行い，それを後期の数理統計学につなげ，さらには確率過程論，経済・ビジネスの確率モデル，金融・保険数理，情報理論や学習理論など，漸近統計を用いる応用分野へと橋渡しする役目を担っている．

このような応用分野では，期待値がスティルチェス積分で書かれていたり，様々な確率的な収束の概念が必要だったり，σ-加法族に関する条件付期待値が出てきて "初等的な" 条件付期待値との違いに困惑したり，初等的な確率統計の教科書を学んだだけではわからないことがたくさん出てきて，単に積分計算ができるだけでは何もわからない．

このような概念を理解するには，やはり測度論をしっかり学んでから確率へ，統計へ，そしてその先へと進むべきところである．しかし，本学科の学生たちにすれば，数学を応用する立場で素早く理論の概略をつかみ現象や実データへの応用を試みねばならないし，その上数学的な証明の技術も要求されるため，卒業までの短い期間に理論と応用双方を理解して論文を書くレベルに持っていくには，数学科のようにじっくりと理論を学んでからとは言っていられないところがある．そこで，確率論の測度論的な基礎数理部分の理解をおろそかにすることなく，短時間で統計関連分野への応用に持っていくために，自然と本書のような構成に至ったわけである．

因みに筆者の 3 年生向け講義では，前期で 5 章 (中心極限定理) までの内容を教え，後期では 6 章の「σ-加法族に関する条件付期待値」で初等的な条件付期待値との関連から初めて「マルチンゲール」などの確率過程論を教えたり，金融・保険数理などのその他講義へと解析的に接続している．6 章以降の内容は場合によっては大学院レベルだが，特に漸近統計や確率過程の統計学を学ぶ上で，知っていると極めて有用な事項である．本書 1 冊の知識を携えていけば，どのような確率統計の応用分野へ飛び出していっても，おおかた大丈夫であろう．

本書を執筆・出版するにあたり，当時拙研究室の学生であった，青木徳誠，市川真名，坂本創汰，繁村快志，野上美幸，南優希の各氏，および教育学部数学科の内野圭輔，長山尚平の両氏，また助教 (当時) の藤森洸氏には，ゼミを通して丁寧に原稿を読んでいただき，誤植の発見はもとより，主に学生視点としての忌憚のない意見や助言を数多くいただき，さらに演習問題の解答の作成にもご協力いただいた．また，当時修士課程に在籍した齋藤良太氏，瀬川絢哉氏には TEX による図の作成を手伝っていただき，こちらの細かい要求にも即座に応えていただいた．これらの各氏には深く感謝申し上げる．さらに，内田雅之氏 (大阪大学)，鎌谷研吾氏 (大阪大学)，荻原哲平氏 (統計数理研究所)，小池祐太氏 (東京大学) (所属はいずれも当時のもの) の各氏には，プロの研究者としての立場から原稿に目を通していただき，貴重な助言や改善点，誤りについてご指摘いただいた．これらの方々のご助力なくしてはこの本の完成はなかったものであり，この場を借りて心より御礼を申し上げたい．

私は本の執筆開始から完成までの間，家族にはそのことをいつも内緒にする．そのため，私がこの執筆に集中するあまり，家族には時として多くの時間的犠牲や無駄な労働を強いたかもしれず，彼女らからすれば少なからず理不尽さも感じたかもしれない．また，そのことで彼女らから多くの楽しみを奪っていたかもしれない．もしそうであったとしたら，ここに密かにお詫び申し上げる次第である．しかしながらそのことは自覚し，良い本を作ろうと努力し，ついに完成に至ったのであり，これを家族にも捧げるものである．

最後に，本書執筆の機会をくださり，足繁く拙研究室をご訪問いただきながら出版まで導いてくださった内田老鶴圃の内田学氏，およびその編集部の方々には深く感謝の意を表したい．

2019 年 3 月

清水 泰隆

第２版によせて

本書は，筆者が昔から思い続けてきた「このような確率論の教科書がほしい」という構想を実現したものです．自身は数学の理解が遅い方なので，その自分が理解してきたイメージをすなおに言葉にすれば一般のお役に立てるのではないかと思ったのです．昔書物だけではわからずに苦労したこと，統計学の道具が確率論の和書になかなか見つからないこと，初学者の盲点，そのようなことが解決できる本を目指しました．出版後，授業で教科書や参考書にご指定頂いたり，輪読セミナーなどを開催して頂いたりする中で各方面から多くのコメントを頂き，みな昔の私と同じような疑問を持っていたのだということを実感するに至りました．同時に，本書をより良くせねばという思いに強く駆られ，出版社の方のご苦労も省みず大幅な誤植の修正を断行しました．

皆さまに細かく読んで頂くにつれて，小さなタイポ以外にも，証明における細部の誤りなど，いろいろ無視できない事象が判明してきました．「本質的な点における誤植の存在確率は，それ以外での存在確率より有意に大きい」というのは教科書普遍の法則として経験的に知られて (?) いますが，それだけに僅かな誤植の存在が大幅な理解の妨げになったりすることがしばしばあります．

本書第２版では，タイポの修正のほか，定理の証明もいくつか大幅に修正し，それに伴う論理的不整合を正すべく定義や定理のステートメントも若干変更するなど，改訂に近い修正を行いました．これらは全て筆者の責任とはいえ，誤った理解を定着させないためにも第２版もぜひお手元に置いて頂き，今後の統計科学研究の一助としていただけますと誠に幸甚です．

2021 年 6 月

清水 泰隆

目　次

第1章 確率モデルを作るまで

1.1 事象や観測を表現するための数学的記述

1.1.1 標本空間

“確率”は世の中で観測される出来事や現象 (事象) に対して定義され得るものである．そのような “事象”といったものを数学的に記述することから始めよう．

まず，世の中で起こり得る１つ１つの現象に $\omega_1, \omega_2, \ldots$ などとラベル付けができるとしよう．例えば,「サイコロを１個投げる」という試行に興味があるとき，その試行の結果に応じて，

$$\omega_i = \text{“}i \text{ の目が出る”} \quad (i = 1, 2, 3, 4, 5, 6)$$

という対応のラベリングをしたとする．このとき，サイコロの目の結果の集合を Ω と書くと，

$$\Omega = \{\omega_1, \omega_2, \omega_3, \omega_4, \omega_5, \omega_6\}$$

となり，例えば，その部分集合 $\{\omega_1, \omega_3, \omega_5\}$ は「1 または 3 または 5 の目が出る」，すなわち,「奇数の目が出る」という現象に相当する．このように書くと，ω_i というのは単にサイコロの目が i ということを表す符号にすぎないので，上の Ω を

$$\Omega = \{1, 2, 3, 4, 5, 6\} \quad \text{とか} \quad \{a, b, c, d, e, f\}$$

などと書いても何ら差し支えない．サイコロの目とそれに対応する記号が１対１に決まってさえいれば Ω はどんな集合でも構わない．

さて，サイコロを投げて３の目が出たとする．このときいったい何が起こって３の目が出たのであろうか？何か原因があったのであろうか？いや，たまたま，偶然であろうか？「背後に何が起こって３の目が出たか？」ということにつ

いて我々には通常よくわからない．そこで，例えば，

“神様が Ω の箱から 1 つだけでたらめに ω を引き抜いた”

と思ってみよう．たまたま神が ω_3 を引き抜いたために 3 の目が出た，と考えることにする．

このように，試行の結果と対応付けた ω を**根元事象** (elementary event) とか**標本** (sample) と呼ぶ.「根元事象」と呼ぶときの気持ちは，我々の知らない背後で起こっている (根元的な) 事象 ω が起こったとき，それと対応付けられた結果が実現し，我々はその結果のみを観測する，ということである．また，Ω が観測値そのものになっているとき，例えばサイコロ投げなら $\Omega = \{1, 2, 3, 4, 5, 6\}$ のとき，その元を「標本」と呼ぶ方がしっくりくるのではないだろうか.

ところで，試行の結果が有限通りであったり，高々可算個の結果しかないような場合 (可算集合) には上記のような番号付けが可能だが，例えば，物質の質量を厳密に測定するような場合には，測定値は実数 $\mathbb{R}$ に値をとると考えるほうが自然であろう．こうなると，試行の結果を並べて番号付けるということはできなくなる (非可算集合)．しかし，このような場合でも，測定値そのものを ω とすることによってそれら全体の集合 Ω を作れば，

$$\Omega = \mathbb{R}$$

とすることで試行の結果全体へのラベル付けができ，測定値観測に対応する標本を作ることができる.

このように，標本全体の集合を，確率論では通常 Ω という記号で表し，これを**標本空間** (sample space) という.

例 1.1.1.　コインを 1 回投げる試行の標本空間 Ω_1 を考えよう．その試行の結果は「表 (Head)」か「裏 (Tail)」のいずれかであるから，

$$\Omega_1 = \{表, 裏\} \quad とか \quad \Omega_1 = \{H, T\}$$

などとすればよいし，表 $= 1$，裏 $= 0$ などと対応づけて，$\Omega_1 = \{0, 1\}$ でよい.

この作り方は標準的でわかりやすいが，別にこれにこだわることはない．例えば，

$$\Omega = \mathbb{R}$$

として，$\omega \in \Omega$ に対して，$\omega < 0$ なら表，$\omega \geq 0$ なら裏，という事象に対応させてもよい．つまり，表 $= (-\infty, 0)$，裏 $= [0, \infty)$ と区間に対応づけるのである．同じように，$\Omega = [0, 1]$ として，$\omega < 1/2$ なら表，$\omega \geq 1/2$ なら裏，とやってもよく何でもありである．どのように作るとよいかは，後でこれらの事象に確率を考える際の簡便さに依存するだろう．

例 1.1.2. コインを 2 回投げる試行の場合にはどのような標本空間ができるだろうか．試行の結果を列挙してみよう．

$$(\text{裏}, \text{裏}) = a,\ (\text{裏}, \text{表}) = b,\ (\text{表}, \text{裏}) = c,\ (\text{表}, \text{表}) = d.$$

このような対応を考えるなら，$\Omega_2 = \{a, b, c, d\}$ でよい．しかし，試行の結果が「b」といわれても，何が出たのかピンとこないかもしれない．そこで，例 1.1.1 のように，表 $= 1$，裏 $= 0$ の対応を使って，

$$(\text{裏}, \text{裏}) = (0, 0),\ (\text{裏}, \text{表}) = (0, 1),\ (\text{表}, \text{裏}) = (1, 0),\ (\text{表}, \text{表}) = (1, 1)$$

とし，

$$\Omega_2 = \{(i, j) \,|\, i, j = 0, 1\}$$

のように作れば簡潔だし，試行の結果が「(0,1)」といわれたときよりわかりやすい．このような作り方は数学的にも便利で，例 1.1.1 で作ったコイン 1 回投げの標本空間 Ω_1 を用いると，上記の対応付けによる 2 回投げ標本空間 Ω_2 は

$$\Omega_2 = \Omega_1 \times \Omega_1 = \Omega_1^2$$

のように，Ω_1 の直積を使って表現できる．

同様にして，コイン n 回投げの標本空間は $\Omega_n = \Omega_1^n$ とできる．また，例 1.1.1 にならえば，$\Omega = \mathbb{R}^n$ としてもよい．

例 1.1.3. 選挙を行うとき，1 人の候補者の得票率に対応する標本空間 Ω は

$$\Omega = \{p \in \mathbb{R} \,|\, 0 \leq p \leq 1\} = [0, 1].$$

候補者が N 人いる場合，投票結果を表す標本空間 Ω_N は，

$$\Omega_N = \{(p_1, p_2, \ldots, p_N) \in [0,1]^N \mid p_1 + \cdots + p_N = 1\}$$

などと書ける．これは直感的にもわかりやすいが，例えば何も考えずに

$$\Omega_N = \mathbb{R}^N$$

としても問題はない．このような設定だと，$\omega = (2.12, -1.05, \ldots, \sqrt{2}) \in \Omega_N$ のように得票率としてはあり得ない元も含まれてしまうが，実は，このような事象は“起こらないもの”として後で「確率 0」と処理してしまえばよい．このように，Ω の元がすべて起こり得る事象である必要はない．

例 1.1.4.　平面上に描かれた単位円から 1 点を取り出すような思考実験を考えるとき，これに対応する標本空間としては

$$\Omega = \{(x, y) \in \mathbb{R}^2 \mid x^2 + y^2 \leq 1\}$$

のようなものが考えられるが，例 1.1.3 と同様に考えると，$\Omega = \mathbb{R}^2$ でも問題はない．

例 1.1.5.　A, B という 2 社の電球の明るさを比較するため，それぞれの製品を n 個取り出しランダムなペアを n 組作り，各ペアの明るさを測定する．このような試行に対応する標本空間を作ってみよう．明るさの測定値は非負の実数値であると仮定して，例えば j 組目 $(j = 1, 2, \ldots, n)$ のペアに注目すれば，

$$\Omega^j = \mathbb{R}_+ \times \mathbb{R}_+, \quad \mathbb{R}_+ := [0, \infty)$$

とし，$(\omega_A, \omega_B) \in \Omega^j$ に対して，ω_A, ω_B をそれぞれ A,B 社の電球の明るさとすれば，これを n 回測定するときの標本空間 Ω は

$$\Omega = \Omega^1 \times \Omega^2 \times \cdots \times \Omega^n$$

とするのが標準的である．

このように考えると，ほとんどの標本空間は，何かを n 回観測するなら $\Omega = \mathbb{R}^n$ でよさそうに思える．しかし，次のような例では困ることもある．

例 1.1.6. ある株価の 1 年間の推移を区間 $[0,1]$ 上の関数として表現することにして，株価は時間に関して連続に推移する (どんな瞬間にも株価は決まっている) と仮定する．このとき，1 年間の株価推移を表す標本空間を考えよう．

各時刻における株価はかならず実数値なのだから，時刻 t での株価に対応する標本空間を $\Omega_t = \mathbb{R}$ としてみよう．すると，1 年間 (例えば $[0,1]$ を 1 年としよう) に対する標本空間 Ω は

$$\Omega = \prod_{t\in[0,1]} \Omega_t$$

となるが，これでは非可算個の直積となってわかりにくく，もう少し具体的な方が応用上扱いやすい．そこで，例えば，株価の推移を線でつないだとき，それを $[0,1]$ の連続関数とみなすことにすれば，

$$\Omega = \left\{\omega = (\omega(t))_{t\in[0,1]} \,\middle|\, \omega \in C([0,1])\right\}$$

と書ける．ただし，$C([0,1])$ は $[0,1]$ 上の連続関数全体を表す．不連続関数も含めたいなら，$C([0,1])$ を適当な関数空間に変えればよい．例えば，よく使われるのは

$$D([0,T]) = \{[0,T] \text{ 上の右連続・左極限を持つような関数全体}\}$$

などがある[*1]．

このように，Ω は現象の結果と対応していれば，どんな集合を考えてもよいが，後々の数学的な操作を考えて，より使いやすいものに設定しておくのがよい．最後の $\Omega = C([0,1])$ のような例は「確率過程」などを扱う際に現れるが，

多くの統計的な問題では $\Omega = \mathbb{R}^d$ としておけばほぼ問題ない．

漸近論を考える際には $d \to \infty$ となるような無限直積 $\mathbb{R}^\infty$ まで考える必要があるが，今のところはあまり意識しなくてよい[*2]．

[*1] $f \in D([0,T])$ なる関数 f は，**càdlàg (カドラグ) 関数**といわれる．càdlàg は「右連続，左極限」を意味する仏語 continue à droite, limites à gauche の頭文字をとったもの．

[*2] 気になる読者は A.2 節を参照されたい．

1.1.2　事象：σ-加法族

試行の結果の数学的対象として標本空間 Ω を用意し，その1つ1つの結果を根元事象 ω で表した．これから確率を考えるのは，このような ω の集合に対してであり，これを後で“事象”と呼ぶ．サイコロ投げの例でいえば，$\{\omega_1\}$ は「1が出る事象」であり，その補集合 $\{\omega_1\}^c = \{\omega_2, \omega_3, \omega_4, \omega_5, \omega_6\}$ は「1が出ない事象」であり，このような Ω の部分集合について確率を考えたい．そこで，この“事象”について，数学的な定義を与える．

定義 1.1.7.　標本空間 Ω の部分集合からなる族 $\mathcal{F}$ で，$\Omega \in \mathcal{F}$ を満たすものが，以下の (1)，(2) を満たすとき，$\mathcal{F}$ を**有限加法族** (**集合体**) という．

(1)　任意の $A \in \mathcal{F}$ に対し，$A^c := \Omega \setminus A \in \mathcal{F}$．ただし，$\Omega^c = \emptyset$ とする．

(2)　$A_1, A_2 \in \mathcal{F} \ \Rightarrow \ A_1 \cup A_2 \in \mathcal{F}$．

有限加法族 $\mathcal{F}$ がさらに次の (3) を満たすとき，$\mathcal{F}$ を σ-**加法族** (σ-field)[*3] という．

(3)　$A_i \in \mathcal{F} \ (i = 1, 2, \ldots) \ \Rightarrow \ \displaystyle\bigcup_{i=1}^{\infty} A_i \in \mathcal{F}$．

σ-加法族 $\mathcal{F}$ は，我々が後で“確率”(定義 1.2.6) なるものを考える集合であり，このような $\mathcal{F}$ の元を**事象** (event) と呼ぶ．今まで“事象”という言葉を直感的に用いてきたが，これが数学的な「事象」の定義である．

$\mathcal{F}$ は，後で数学的に矛盾なく“確率”を定義できるものの集合として用いられる．つまり，$A, B \in \mathcal{F}$ という事象に確率が定義できるなら，$A^c =$ “A でない”という事象にも確率は定義されるし，$A \cup B =$“A または B”という事象にも，$A \cap B = (A^c \cup B^c)^c =$ “A かつ B”という事象にも確率が定義できる，ということを意味する．

注意 1.1.8.　有限加法族の“有限”とは，要素の数が有限であることを意味するのではなく，(2) のように有限回の集合演算に関して閉じていることを意味している．すなわち，帰納的に，任意の n に対して，

$$A_1, A_2, \ldots, A_n \in \mathcal{F} \Rightarrow \bigcup_{i=1}^{n} A_i \in \mathcal{F}.$$

[*3]　完全加法族，σ-集合体などと呼ぶこともある．

特に，$\mathcal{F}$ が有限個の要素しか持たないとき $\mathcal{F}$ は自動的に σ-加法族である．

例 1.1.9. 先のサイコロ投げの例において，$\Omega = \{\omega_1, \ldots, \omega_6\}$ なる標本空間を考えるとき，もっとも簡単な σ-加法族は $\mathcal{F}_0 = \{\emptyset, \Omega\}$ であろう．このような σ-加法族は**自明な** (trivial) **σ-加法族**といわれる．このとき，$\Omega \in \mathcal{F}_0$ は,「1 から 6 の目のどれかが出る」という事象であり，$\emptyset \in \mathcal{F}_0$ は「どの目も出ない (何も起こらない)」という事象に対応する．

例 1.1.10. $\mathcal{F}$ は "確率" を知りたい事象に限定して作ってよい．例えば，出る目の偶奇のみに興味があるなら $A = \{\omega_2, \omega_4, \omega_6\}$ として，$\mathcal{F}_1 = \{\emptyset, A, A^c, \Omega\}$ を考えれば，A は偶数が出るという事象，A^c は奇数が出るという事象に相当する．このとき，$\mathcal{F}_1$ は，前の例の自明な $\mathcal{F}_0$ よりは細かい "情報" を含んでおり ($\mathcal{F}_0 \subset \mathcal{F}_1$)，$\mathcal{F}_1$ に "確率" を定義できれば,「偶数 (奇数) が出る確率」を考えることができるようになる．$\mathcal{F}_0$ のような σ-加法族を考えても細かい事象の分析はできない．

確率モデルを作る際には，標本空間 Ω とその部分集合からなる σ-加法族 $\mathcal{F}$ による組 $(\Omega, \mathcal{F})$ が，我々がまず最初に設定すべきものである．

定義 1.1.11. 標本空間 Ω とその上の σ-加法族 $\mathcal{F}$ が与えられたとき，この 2 つの組 $(\Omega, \mathcal{F})$ を**可測空間** (measurable space) という．このとき，事象 ($\mathcal{F}$ の元) を特に**可測集合** (measurable set) ともいう．

我々の興味のある事柄はすべて Ω の中に入っており，後で事象 ($\mathcal{F}$ の元) に "確率" を与えることになり，$\mathcal{F}$ の "細かさ" が，我々がどこまで確率を細かく調べるか，ということに関わってくる．

このサイコロ投げのように，根元事象のパターンが有限個しかないときには有限加法的な $\mathcal{F}$ を考えれば十分である．しかし，もっと複雑で，可算無限，あるいは非可算個のパターンを取り得る現象を考えるときには，σ-加法性がないと無限個の事象に注目できなくなってしまう．そこで，もっといろいろな事象の "確率" に興味があるなら

$$\mathcal{F} = 2^{\Omega} \quad (\Omega \text{ の部分集合全体})$$

のように定義すれば万能だと思われるかもしれない．これは σ-加法族であり，しかもすべての事象が入っていてよさそうに見える．ところが，このような作り方には一般には問題がある．例えば，後で $\Omega = \mathbb{R}$ によって各現象を実数に対応付けることを考えるが，このとき $\mathcal{F} = 2^{\mathbb{R}}$ としてしまうと，これは集合として“大きすぎ”て，$\mathcal{F}$ 上に“自然な確率”が定義できないことが知られている．したがって，一般には，事象の集合 $\mathcal{F}$ はある程度制限的に作っておく必要がある．

1.1.1 節の例で見たように，多くの場合の標本空間は $\mathbb{R}^d$ ととることができるのであった．すでに述べたことを再度繰り返すが，本書ではそのような例しか取り扱わないし，多くの統計的問題でもそうである．例 1.1.6 のような特殊な例もあるが，その場合の統計学は「確率過程の統計学」といわれ，少し発展的な内容となる[*4]．そこで，次節では $\Omega = \mathbb{R}^d$ のような標本空間の場合の事象の取り方 (作り方) について考えていく．

1.1.3　実用的な σ-加法族：ボレル集合体

先述のように，標本空間の作り方には任意性があるが $\Omega = \mathbb{R}^d$ $(d \in \mathbb{N})$ という取り方が重要である．このとき，$\mathcal{F}$ としてどのような σ-加法族をとるのがよいだろうか．まず $d = 1$ の場合の σ-加法族について考えよう．

今，区間の集合

$$\mathcal{I} = \{(a,b] \mid a, b \in \mathbb{R} \cup \{\pm\infty\}\} \tag{1.1}$$

を考える．ただし，$b = \infty$ のときは，$(a,b] = (a,\infty)$ と解釈し，$a > b$ のときは $(a,b] = \emptyset$ とする．これに対して，

$$\mathcal{A} = \{\cup_{k=1}^{m} I_k \mid m \in \mathbb{N},\ I_i \cap I_j = \emptyset\,(1 \le i < j \le m),\ I_i, I_j \in \mathcal{I}\} \tag{1.2}$$

とすると，これは明らかに有限加法族である．このような $\mathcal{A}$ を**区間塊**という．

さて，$\mathcal{A}$ の元に対して，その補集合や積集合を加えて $\mathcal{A}$ を拡張していくと $\mathcal{A}$ を含む σ-加法族ができあがるであろう．σ-加法族となるために必要最小限の集合を追加することによって，$\mathcal{A}$ を含み，包含関係の意味で最小の σ-加法族を

[*4]　例えば，清水[4]を参照せよ．

作ることができる.

定義 1.1.12. 標本空間 Ω の部分集合族 $\mathcal{A}$ に対して, σ-加法族 $\mathcal{F}$ が以下の 2 条件を満たすとする.

(i) $\mathcal{A} \subset \mathcal{F}$

(ii) $\mathcal{A}$ を含む任意の σ-加法族 $\mathcal{G}$ に対して, $\mathcal{F} \subset \mathcal{G}$

このとき, $\mathcal{F} = \sigma(\mathcal{A})$ のように書き, **$\mathcal{A}$ を含む最小の σ-加法族**という.

$\mathcal{A}$ を含む σ-加法族全体の集合を $\Sigma(\mathcal{A})$ とすると, $\sigma(\mathcal{A})$ は以下のようにも書ける.

$$\sigma(\mathcal{A}) = \bigcap_{\mathcal{G} \in \Sigma(\mathcal{A})} \mathcal{G}.$$

2^{Ω} は明らかに $\mathcal{A}$ を含む σ-加法族であるから $\Sigma(\mathcal{A}) \neq \emptyset$ である. また, σ-加法族同士の積集合 (共通部分) はまた σ-加法族である (演習 1). したがって, どんな部分集合族 $\mathcal{A}$ に対しても $\sigma(\mathcal{A})$ は存在して, その最小性より一意である.

演習 1. 空でない集合 Λ とその各元 $\lambda \in \Lambda$ に対して, $\mathcal{A}_\lambda$ は σ-加法族であるとする.

(1) $\bigcap_{\lambda \in \Lambda} \mathcal{A}_\lambda$ はまた σ-加法族になることを示せ.

(2) $\alpha, \beta \in \Lambda$ に対して $\mathcal{A}_\alpha \cup \mathcal{A}_\beta$ を考えても, これはかならずしも σ-加法族にならないことを示せ.

このようにして式 (1.2) の $\mathcal{A}$ から作られた $\sigma(\mathcal{A})$ は, 特に, $\mathbb{R}$ 上の**ボレル集合体** (Borel field) といわれ,

$$\mathcal{B} := \sigma(\mathcal{A})$$

などと書かれる. ここで $:=$ は, その右辺を左辺の記号で書く, という意味である.

上記では, わざわざ「有限加法族 $\mathcal{A}$ を σ-加法族に拡張する」というスタンスで $\mathcal{B}$ を定義したのだが, $\mathcal{B}$ を作りたいだけなら, 実は, 以下のようにもっと簡単に作ってよい.

定理 1.1.13. 式 (1.1) で与えられた区間集合 $\mathcal{I}$ に対して,

$$\mathcal{B} = \sigma(\mathcal{I})$$

が成り立つ.

***Proof*.**　式 (1.2) の $\mathcal{A}$ を考えると，定義より，明らかに $\mathcal{I} \subset \mathcal{A}$ であるから，

$$\sigma(\mathcal{I}) \subset \sigma(\mathcal{A})$$

となることが，$\sigma(\cdot)$ の定義 (最小性) によりわかる．また，任意の $A \in \mathcal{A}$ は区間の有限直和で表されるので，$A \in \sigma(\mathcal{I})$ がいえる．したがって，$\sigma(\mathcal{I})$ は $\mathcal{A}$ を含む σ-加法族である．このとき，$\sigma(\mathcal{A})$ の最小性に注意すれば，

$$\sigma(\mathcal{A}) \subset \sigma(\mathcal{I}).$$

したがって，$\mathcal{B} = \sigma(\mathcal{A}) = \sigma(\mathcal{I})$ である．　□

上記証明と同様にして，以下のことが示される．

演習 2.　$\mathcal{A}_k$，$k = 1, 2, 3$ をそれぞれ以下で定める．

$$\mathcal{A}_1 = \{[a, b] \mid a < b,\ a, b \in \mathbb{R}\},\quad \mathcal{A}_2 = \{(a, b) \mid a < b,\ a, b \in \mathbb{R}\},$$
$$\mathcal{A}_3 = \{[a, \infty) \mid a \in \mathbb{R}\}.$$

このとき，$\mathcal{B}^{(k)} = \sigma(\mathcal{A}_k)$ と定めると，以下が成り立つ．

$$\mathcal{B} = \mathcal{B}^{(1)} = \mathcal{B}^{(2)} = \mathcal{B}^{(3)}.$$

注意 1.1.14.　演習 2 にもあるように，ボレル集合体は "区間の集合" を含む最小の σ-加法族として定義されるが，だからといって，**ボレル集合がいつも区間の可算和で書けるわけではない**．例えば，有理数全体の集合 $\mathbb{Q}$ は，$\mathbb{Q} \in \mathcal{B}$ だが，その補集合 $\mathbb{Q}^c \in \mathcal{B}$ は無理数全体の集合であり，いかなる区間の可算和でも表すことはできない．

ボレル集合体は，集合族としては十分大きなものであり，通常我々が連想するような $\mathbb{R}$ の部分集合は，ほとんど含んでいると思ってよいであろう．すると，$\mathbb{R}$ のどんな部分集合も $\mathcal{B}$ に入っているのではないかと思われるかもしれないが，$\mathcal{B}$ に属さない $\mathbb{R}$ の部分集合は実は無数に存在するし，そのような集合の中には確率をうまく定義できないようなものも含まれている (注意 1.2.14)．そこで，そのような集合は事象としては興味の対象からはずしてしまう．

$\Omega = \mathbb{R}^d$ $(d \in \mathbb{N})$ とするときも 1 次元のときと同様にボレル集合体のようなものを定義できる．すなわち，d 次元の区間の集合

$$\mathcal{I}_d = \{(a_1, b_1] \times \cdots \times (a_d, b_d] \mid (a_i, b_i] \in \mathcal{I},\ 1 \leq i \leq d\}$$

に対して，$\mathcal{B}_d = \sigma(\mathcal{I}_d)$ と作ればよい．これを d **次元ボレル集合体**という．特に，$\mathcal{B} = \mathcal{B}_1$ と書くことにする．

こうして，d **次元 (ボレル) 可測空間**

$$(\mathbb{R}^d, \mathcal{B}_d)$$

が得られる．

注意 1.1.15.　サイコロ投げの例では，可測空間の取り方として $\Omega = \{1, 2, 3, 4, 5, 6\}$，$\mathcal{F} = 2^{\Omega}$ とするのが一般的で簡単であるが，ボレル可測空間 $(\mathbb{R}, \mathcal{B})$ をとっても差し支えない．例えば，$\mathbb{R} = \bigcup_{i=1}^{6} A_i$，$A_i \cap A_j = \emptyset$ $(i \neq j)$ と標本空間を 6 つの直和に分解しておいて，$\omega \in A_i$ なる ω には「i の目が出る」という対応を考えてもよく，このあたりは自由である．同様に，サイコロを n 個投げる試行を表す標本空間には $\mathbb{R}^n$ をとってもよい．このようにして，多くの確率モデルで標本空間を $\mathbb{R}^d$ にとることが可能である．

1.2　確率変数と確率

1.2.1　確率変数は観測である

我々は，標本空間 Ω の元 ω のことを根元事象と呼んだ．この意味は，根元事象 ω が原因となりそれに対応する結果が表れる，ということである．例えば，先のサイコロ投げの $\Omega = \{\omega_1, \omega_2, \ldots, \omega_6\}$ において，サイコロの目が i となるのは，背後で ω_i という根元的な何かが起こり，その結果としてサイコロの目が i になる，と解釈する．このように我々は $\omega \in \Omega$ の実態はわからなくとも，それを何らかの具体的事象として観測し，背後で何が起こっていたのかを把握する．

そこで，サイコロの目を X として，$X(\omega_i) = i$ という対応を与えてみる．我々は $X = i$ という観測 (**実現値**, realization) を通して，背後で ω_i という "何か"

が起こっていたのだと理解することにする．このようにして，$X:\Omega\to\mathbb{R}$ なる対応ができて，これが“確率変数”である．つまり，根元事象から観測への対応である．

さて，後で，例えば $X\in\{3,5\}$ となるような“確率”を考えたいのだが，これは事象 $\{\omega_3,\omega_5\}$ の“確率”を考えることになる．したがって，$\{\omega_3,\omega_5\}=X^{-1}(\{3,5\})\in\mathcal{F}$ であることが要求されるであろう．このような集合がこれから頻出するので，以下，次のような略記法を用いる．

記法： 写像 $X:\Omega\to\mathbb{R}$ に対して，

$$\{X\in B\}:=\{\omega\in\Omega\,|\,X(\omega)\in B\}\ \left(=X^{-1}(B)\right).$$

また，$b>a>0$ に対して $B=(a,b]$ のときには，$\{a<X\le b\}:=\{X\in(a,b]\}$ のような記号も用いる．

定義 1.2.1. 可測空間 $(\Omega,\mathcal{F})$ に対し，写像 $X:\Omega\to\mathbb{R}^d$ が任意の $B\in\mathcal{B}_d$ に対し，

$$\{X\in B\}\in\mathcal{F} \tag{1.3}$$

を満たすとき，X を $\mathbb{R}^d$-**値** (d **次元**) **確率変数** (random variable) という．

注意 1.2.2. $\mathbb{R}^d$-値確率変数は $d\ge 2$ のとき，d **次元確率ベクトル** (d-dimensional random vector) ともいう．

注意 1.2.3. 「確率変数 (確率ベクトル)」はその呼び名とは裏腹に，定義に“確率”の概念は不要であることに注意されたい．実際，我々はまだ“確率”をちゃんと定義していない．英語でも「random variable (vector)」であって，“確率”(probability や stochastic) という語は使われない．

演習 3. $X:\Omega\to\mathbb{R}$ が確率変数であることの定義は，以下と同値であることを示せ．

$$\text{任意の } \alpha\in\mathbb{R} \text{ に対して，} \{X\le\alpha\}\in\mathcal{F}. \tag{1.4}$$

X の性質 (1.3)(あるいは (1.4)) は，測度論で「$\mathcal{F}$-可測性」といわれるもので，確率変数とは測度論の文脈における「可測関数」のことである．これは重要な概念なので，ここで可測関数の定義も与えておく．

定義 1.2.4. 可測空間 $(\mathcal{X}, \mathcal{F})$ から $(\mathcal{Y}, \mathcal{G})$ への写像 $f : \mathcal{X} \to \mathcal{Y}$ が，任意の $A \in \mathcal{G}$ に対して，

$$f^{-1}(A) \in \mathcal{F}$$

を満たすとき，f は $\mathcal{X}$ 上の $\mathcal{F}$-**可測関数** (measurable function)，あるいは単に，$\mathcal{F}$-**可測**といわれる．f の行先の σ-加法族を強調するために「$\mathcal{F}/\mathcal{G}$-可測」ということもある．また，$\mathcal{X} = \mathbb{R}^d$，$\mathcal{F} = \mathcal{B}_d$ の場合には，f を単に「可測関数」という．

これらの言葉を用いると，確率変数とは「Ω 上の $\mathcal{F}$-可測関数」に他ならない．確率変数を単なる写像ではなく $\mathcal{F}$-可測関数として定めるのは，後で $\mathcal{F}$ の事象に対してのみ "確率" が付与されるからである．

定理 1.2.5. X を d 次元確率変数とするとき，任意の可測関数 $f : \mathbb{R}^d \to \mathbb{R}^k$ に対して，$Y := f(X)$ は k 次元確率変数である．

Proof. Y が $\mathcal{F}/\mathcal{B}_k$-可測であることを示せばよい．

Y が $Y = f \circ X$ なる合成写像であり，$(f \circ X)^{-1}(\cdot) = X^{-1}(f^{-1}(\cdot))$ が成り立つことに注意すると，任意の $B \in \mathcal{B}_k$ に対して，

$$Y^{-1}(B) = (f \circ X)^{-1}(B) = X^{-1}(f^{-1}(B)) \in \mathcal{F}$$

を得る．最後は，$f^{-1}(B) \in \mathcal{B}_d$ と，$X : \Omega \to \mathcal{B}_d$ の $\mathcal{F}$-可測性を用いた． □

1.2.2 "確率" とは何か？：確率と確率空間

日常的に用いられる "確率" や高校で学習した "確率" は多くの場合，

$$(\text{確率}) = \frac{(\text{対象となる場合の数})}{(\text{起こり得るすべての場合の数})}$$

のように，起こり得る頻度の比をもって確率が定義される．これはラプラス[*5]流の "頻度論的確率" といわれる．このような定義は，個々の事象の数を数えられるような場合には広く合意が得られているであろう．本節では，このような確

[*5] P. S. Laplace (1749–1823). フランスの数学者・物理学者．確率論の解析的発展に寄与．

率が持つ自然な性質を失うことなく，より一般の事象に対する確率を考えていこう．

ラプラス流の確率に対して，コルモゴロフ[*6]は確率を以下のような公理を満たす σ-加法族上の写像として定義した．このような定義を用いるのが現代確率論で，“公理論的確率論”ともいう．

定義 1.2.6 (確率の公理 I)**.** 有限加法族 $\mathcal{F}$ が与えられたとき，次の (1)，(2) を満たす写像 $\mathbb{P} : \mathcal{F} \to [0,1]$ を $\mathcal{F}$ 上の (**有限加法的**) **確率**という．

(1) (**全確率**) $\mathbb{P}(\Omega) = 1$.

(2) (**有限加法性**) $A, B \in \mathcal{F}$ が $A \cap B = \emptyset$ を満たせば，

$$\mathbb{P}(A \cup B) = \mathbb{P}(A) + \mathbb{P}(B). \tag{1.5}$$

$\mathbb{P}$ は神が ω を引き抜く際の一種の**法則** (law) であり，この意味で確率のことを**確率法則** (probability law) と呼ぶこともある．

$A \cap B = \emptyset$ なる 2 つの事象 $A, B \in \mathcal{F}$ は同時には起こらない事象であり，**排反** (exclusive)，あるいは互いに**素** (disjoint) といわれる．このような A, B に対しては (1.5) が成り立つべきであり，これを**確率の加法性**という．ラプラス流の確率も当然これを満たしている．加法的な確率 $\mathbb{P}$ が与えられれば，互いに素な任意の事象列 $\{A_i\}_{i=1}^n$ $(A_i \cap A_j = \emptyset,\ i \neq j)$ に対しても帰納的に

$$\mathbb{P}\left(\bigcup_{i=1}^n A_i\right) = \sum_{i=1}^n \mathbb{P}(A_i), \quad n \in \mathbb{N} \tag{1.6}$$

となる．これが確率の**有限加法性** (finite additivity) である．

確率の公理 I は，全確率が 1 であることと，確率の加法性という最低限の性質を要求するものである．

例 1.2.7. サイコロ 1 回投げに対応する可測空間を考える．

$$\Omega = \{\omega_1, \omega_2, \omega_3, \omega_4, \omega_5, \omega_6\}, \quad \mathcal{F} = 2^\Omega.$$

このとき，どの目の出方も“同様に確かである”と思えば，

[*6] A. N. Kolmogorov (1903–1987). ロシアの数学者．測度論に立脚した現代確率論を創始．

$$\mathbb{P}(A) = \frac{\#A}{\#\Omega}, \quad A \in \mathcal{F}$$

がラプラス流の頻度論的確率である．ただし，$\#A$ は A の要素数 (濃度) である．このように定義された "確率" $\mathbb{P}$ は，明らかに $\mathcal{F}$ 上の (有限加法的) 確率になっており，これによって任意の $\mathcal{F}$ の元 (事象) に対する確率が計算できる．

もちろん確率の入れ方は上記一通りではなく，例えば，$\sum_{i=1}^{6} p_i = 1$ $(p_i \geq 0)$ なる数列 p_i $(i = 1, \ldots, 6)$ を用いて，

$$\mathbb{P}^*(\{\omega_i\}) = p_i, \quad i = 1, \ldots, 6$$

として，他の事象には有限加法的に確率を与えることによって $\mathbb{P}^*$ は $\mathcal{F}$ 上の確率になる．したがって，このような確率 (法則) は無数にある．

問題はどの法則が実際に観測される現象と合っているか？ということであり，実際に p_i を知りたければ，サイコロを振って出目のデータを集め，i の目が出る割合によって p_i を推測するような作業 (統計的推論) が必要である．

このように，有限加法族上の確率に対しては頻度論の考え方が自然にコルモゴロフ流の確率を定義する．しかし，次のような例はどうだろうか．

例 1.2.8. $\Omega = [0, 1]$ なる閉区間上に針を放り投げて落とす試行を考える．針の先端が落ちる場所はどの点も "同様に確からしい" とする．このとき，区間 $I = [a, b]$ に針が落ちる "確率" $\mathbb{P}(I) = ?$ を知りたいとしよう．例えば $A = [0, 1/2]$ に対して，直感的には

$$\mathbb{P}(A) = \frac{1}{2}$$

となってほしいところだが，ラプラス流の定義だと

$$\mathbb{P}(A) = \frac{\#A}{\#\Omega} = \frac{\infty}{\infty}$$

となって意味がない．そこで，コルモゴロフ流に適当な有限加法族の上に確率を定義してみよう．直感的には，

$$\mathbb{P}^*(I) = \frac{I \text{ の長さ}}{\Omega \text{ の長さ}} = b - a$$

とすることを思いつくであろう．こうすれば確かに $\mathbb{P}(A) = 1/2$ である．そこで $\mathcal{A} = \{$有限個の有界区間の直和で書ける集合全体$\}$ のような集合族を考える

と，これは有限加法族である．$\mathbb{P}^*$ は $\mathcal{A}$ 上で明らかに有限加法的であるから $\mathbb{P}^*$ は確率の公理 I を満たしている．例えば1点 $A_x = \{x\} = [x, x]$ の場合は

$$\mathbb{P}^*(A_x) = x - x = 0$$

であるので，$(a, b]$ などは，$\mathbb{P}^*((a,b]) = \mathbb{P}^*([a,b]) - \mathbb{P}(A_a) = b - a$ であり，また，有限個の点の和 $B_n := \{x_1, \ldots, x_n\} = \bigcup_{i=1}^n \{x_i\}$ については，$\mathbb{P}^*$ の有限加法性によって

$$\mathbb{P}^*(B_n) = \sum_{i=1}^n \mathbb{P}^*(A_{x_i}) = 0$$

と確率が定まる．

では，$Q = \{[0, 1/2]$ 内の有理数全体$\}$ としたとき，$\mathbb{P}^*(Q)$ はどうなるだろか？今度は Q は線分でなくスカスカなので“長さ”というものがよくわからない．上の記号を使うと，$Q = B_\infty$ のような形なので

$$\mathbb{P}^*(Q) = \mathbb{P}^*\left(\bigcup_{i=1}^\infty A_{x_i}\right) \stackrel{?}{=} \sum_{i=1}^\infty \mathbb{P}^*(A_{x_i}) \quad \cdots \ (*)$$

とやってしまいそうであるが，そもそも，$Q \notin \mathcal{A}$ だから $\mathbb{P}^*$ で確率は測れないし，公理 I はこのような集合の無限和に関する確率について何も定めていない．

こうしてみると，確率の公理 I は頻度論的確率を拡張したものではあるが，「有限加法族上の確率」だけでは，上記のような単純な問題にも答えられず，いかにも不便である．

上記 Q のような無限個の事象の確率を測るためには，やはり $\mathcal{A}$ を σ-加法族に拡張しておくのがよいだろう．このとき最低限の拡張を考えるなら，

$$\sigma(\mathcal{A}) = \mathcal{B} \quad (\text{ボレル集合体}) \tag{1.7}$$

である．今はとりあえずこれを考えよう (注意 1.2.14 も見よ)．

また，$(*)$ のような計算のためにも有限加法性を拡張して

$$\mathbb{P}\left(\bigcup_{i=1}^\infty A_i\right) = \sum_{i=1}^\infty \mathbb{P}(A_i)$$

のような性質も要求したいところである．そこで，以下のような公理を追加する．

定義 1.2.9 (確率の公理 II). $\mathcal{F}$ を σ-加法族とする．$\mathbb{P}$ が $\mathcal{F}$ 上有限加法的で，かつ，

$$A_i \in \mathcal{F},\ A_i \cap A_j = \emptyset\ (i \neq j) \quad \Rightarrow \quad \mathbb{P}\left(\bigcup_{i=1}^{\infty} A_i\right) = \sum_{i=1}^{\infty} \mathbb{P}(A_i) \qquad (1.8)$$

を満たすとき，$\mathbb{P}$ を**確率測度** (probability measure)，または単に**確率** (probability) という．

確率の公理 I をさらに発展させて，確率 $\mathbb{P}$ は確率の公理 II で定義すべきとするのが，コルモゴロフ流である．(1.8) は有限加法性の一般化で，確率の**完全加法性** (σ-**加法性**, σ-additivity) といわれる．

注意 1.2.10. 確率測度の "確率" という形容詞は定義 1.2.6, (1) の性質に対するもので，一般に $\mu : \mathcal{F} \to [0, \infty]$ として (1.8) のみを要求する写像を単に**測度** (measure) という．また，$\mu : \mathcal{F} \to \mathbb{R} \cup \{+\infty\}$ として負値も取り得るものを考えることもあり，これを**符号付測度** (signed measure) といったりする．特に，$|\mu(\Omega)| < \infty$ となるものを**有限測度** (finite measure) ということがある．

再び例 1.2.8 の問題に戻ろう．事象の集合は Q のようなものを含むように $\mathcal{A}$ を含む最小の σ-加法族に拡張するので $\mathcal{B} = \sigma(\mathcal{A})$ となるのであった．問題は $Q = \{[0, 1/2]$ 内の有理数全体$\}$ 上に針が落ちる確率をどう決めるかであった．このための方法として，例えば以下の 2 通りが考えられる．

(1)　$\mathbb{P}^*$ に完全加法性を仮定することにより $\mathcal{A}$ に含まれない集合の確率も決めてしまう．

(2)　確率 $\mathbb{P} : \mathcal{F} \to [0, 1]$ で，$\mathcal{A}$ 上では $\mathbb{P}^*$ と一致するようなものを見出す．

さて，もしこれができたとしても疑問は残る．(1)，(2) の方法で異なる確率ができることはないだろうか？あるいは，(1) によって $\sigma(\mathcal{A})$ の事象すべての確率が決まるであろうか？また，(2) を満たすような確率はそもそも存在するのか？次にあげる定理はこのような疑問を解決してくれるもので，$\mathbb{P}$ の存在と一意性を保証する．

定義 1.2.11. 標本空間 Ω の部分集合からなる有限加法族 $\mathcal{G}$ と σ-加法族，$\mathcal{F}$ が $\mathcal{G} \subset \mathcal{F}$ を満たすとする．また，$\mathbb{P}^*, \mathbb{P}$ はそれぞれ $\mathcal{G}, \mathcal{F}$ 上の確率とする．このとき，$\mathbb{P}$ が $\mathbb{P}^*$ の**拡張**であるとは，任意の $A \in \mathcal{G}$ に対して，$\mathbb{P}^*(A) = \mathbb{P}(A)$ が成り立つことである．

定理 1.2.12 (ホップ (E. Hopf) の拡張定理)**.** $\mathcal{A}$ を Ω の部分集合からなる有限加法族とし，$\mathbb{P}^*$ を $\mathcal{A}$ 上の有限加法的確率とする．このとき，以下の (i), (ii) は同値である．

(i) $\sigma(\mathcal{A})$ 上に $\mathbb{P}^*$ の拡張 $\mathbb{P}$ が存在して一意である．

(ii) $\mathbb{P}^*$ は $\mathcal{A}$ 上で σ-加法的である．すなわち，互いに素な事象列 $A_n \in \mathcal{A}\,(n = 1, 2, \dots)$ で $\cup_{n=1}^{\infty} A_n \in \mathcal{A}$ となるようなものに対して，

$$\mathbb{P}^*\left(\bigcup_{n=1}^{\infty} A_n\right) = \sum_{n=1}^{\infty} \mathbb{P}^*(A_n).$$

Proof. この定理は確率測度を構成する上では本質的なもので，これを証明するにはやはり測度論を学ばねばならない．しかしながら，定理の主張を理解し使うことはさほど難しくないであろう．この定理を認めてしまうと，測度論初期の多くのステップを省略できる．統計学などへの応用確率論の理解を目指すなら，とりあえずこの定理を認めてしまって先に進むのがよいと筆者は思っている．厳密な証明は，例えば伊藤[1], 定理 9.1 にあるので，余裕ができたらゆっくり勉強していただきたい．□

例 1.2.13 (例 1.2.8 の続き)**.** 有限加法族

$$\mathcal{A} = \{\text{有限個の区間の直和で書ける集合全体}\}$$

を考える．$\mathcal{A}$ 上に定義された (有限加法的) 確率 $\mathbb{P}^*$ を

$$\mathcal{B} = \sigma(\mathcal{A})$$

の上に拡張するには，ホップの拡張定理 (定理 1.2.12) の条件 (ii) を確認すればよい．

今，$A_n \in \mathcal{A}\,(n=1,2,\dots)$ で $\cup_{n=1}^{\infty} A_n \in \mathcal{A}$ となるようなものは，無限個の区間がつながって結局 1 つの区間になる集合を含んでいるということである．例えばそのような区間が，$a < a_1 < a_2 < \cdots < b_2 < b_1 < b$ となるような無限列 $\{a_i\}$, $\{b_i\}$ を用いて

$$(a,b] = (a,a_1] \cup (a_1,a_2] \cup \cdots \cup (b_2,b_1] \cup (b_1,b] =: \bigcup_{k=1}^{\infty} I_k$$

と書けたとしよう[*7]．ここで適当に区間を分割することにより，各 $(a_i,a_{i+1}]$, $(b_{i+1},b_i]$ などは互いに素 (つまり，各 I_k は互いに素) と仮定して一般性を失わない．このとき，左辺の確率は $\mathbb{P}^*$ の定義より

$$\mathbb{P}^*((a,b]) = b - a$$

であり，また，右辺の各区間の確率の和をとると，$\mathbb{P}^*(I_0)=0$ に注意して，

$$\sum_{k=0}^{\infty} \mathbb{P}^*(I_k) = (a_1 - a) + (a_2 - a_1) + \cdots + (b_1 - b_2) + (b - b_1) = b - a.$$

すなわち，

$$\mathbb{P}^*((a,b]) = \sum_{k=1}^{\infty} \mathbb{P}^*(I_k)$$

が成り立ち，$\mathbb{P}^*$ は $\mathcal{A}$ 上で σ-加法的である．したがって，ホップの拡張定理により $\mathcal{B}$ 上の確率 $\mathbb{P}$ が存在して，$\mathbb{P}^*$ の一意拡張になる．

さて，これで $\mathcal{B}$ の事象に対する確率はすべて $\mathbb{P}$ で測れるようになったので，$Q = \bigcup_{i=1}^{\infty} A_{x_i} \in \mathcal{B}$ の確率計算も可能になっている．実際，

$$\begin{aligned}\mathbb{P}(Q) &= \sum_{i=1}^{\infty} \mathbb{P}(A_{x_i}) \quad (\mathbb{P}\text{ の完全加法性})\\ &= \sum_{i=1}^{\infty} \mathbb{P}^*(A_{x_i}) \quad (\mathbb{P}^*\text{ の拡張})\end{aligned}$$

---

*7 一般にはいつもこのように書けるとは限らない (例えば，$(-1,1] = \cup_{n=1}^{\infty} A_n$, $A_{2n-1} = (1/(n+1), 1/n]$, $A_{2n} = (-1+1/(n+1), -1+1/n])$．本来は $\cup_{n=1}^{\infty} A_n \in \mathcal{A}$ となるような全ての $\{A_n\}$ について議論せねばならないが，ここでは証明のイメージを持つために $\{I_k\}$ のようなものに限定して考えることにする．より一般には，例えば吉田[10]，例 4.2.6 のような証明がある．

$$= 0 \quad (\because\ \mathbb{P}^*(A_{x_i}) = 0).$$

このようにして,「頻度論的確率」→「有限加法的確率」→「(σ-加法族上の)確率」の順に一般化することにより σ-加法族という多くの事象の確率計算が可能になった．ホップの拡張定理は確率測度の存在を示すために有用で，後の節でも再び用いられる．

演習 4. $\Omega = \mathbb{R}$ (実数全体) とし，$\mathcal{A}$ を (1.2) のものとする．さらに，$\mathbb{R}$ 上の正値連続関数 $f(x)$ で $\int_{\mathbb{R}} f(x)\,\mathrm{d}x = 1$ を満たす f を用いて，

$$\mathbb{P}^*(I) = \int_I f(x)\,\mathrm{d}x, \quad I \in \mathcal{A}$$

と定める．

(1) $\mathbb{P}^*$ は $\mathcal{A}$ 上で有限加法的であることを示せ．
(2) ホップの拡張定理 (定理 1.2.12) を用いて，$\mathbb{P}^*$ が $\mathcal{B} := \sigma(\mathcal{A})$ 上に一意に拡張されることを示せ．

注意 1.2.14. 例 1.2.8 において，Q を含むように $\mathcal{A}$ を拡張する際，安易にもっと大きな σ-加法族である $\mathcal{F}^* = 2^\Omega$ を考えることもできる．ところが，この $\mathcal{F}^*$ は集合として巨大すぎて，実はこの上に自然な確率を定義できないことが知られている*8．一方，ホップの拡張定理によれば $\sigma(\mathcal{A}) = \mathcal{B}$ への拡張は可能であるから，やはり可測集合としてボレル集合を考えるのは自然なのである．

標本空間 Ω，σ-加法族 $\mathcal{F}$，確率 $\mathbb{P}$ が与えられることによって確率モデルを作る準備が整った．すべての確率モデルはこの 3 つの組を与えるところから始まる．

定義 1.2.15. 可測空間 $(\Omega, \mathcal{F})$ 上に確率 $\mathbb{P}$ が与えられたとき，三つ組

$$(\Omega, \mathcal{F}, \mathbb{P})$$

を**確率空間** (probability space) という．

以降では，特に断らない限り確率空間 $(\Omega, \mathcal{F}, \mathbb{P})$ は所与とする．

---

*8 ルベーグ非可測集合の存在：伊藤[1]，p.49，あるいは，吉田[10]，例 5.5.3 にあるバナッハ=タルスキの定理を知っておくとよいだろう．

1.2.3 確率測度の性質

確率測度の重要な性質を以下にあげておこう.

定理 1.2.16. $(\Omega, \mathcal{F})$ 上の確率測度 $\mathbb{P}$ と, $A, B, A_1, A_2, \ldots \in \mathcal{F}$ に対して以下が成り立つ.

(1) $\mathbb{P}(\emptyset) = 0$.

(2) $A \subset B$ ならば $\mathbb{P}(A) \leq \mathbb{P}(B)$.

(3) $\mathbb{P}(A) + \mathbb{P}(A^c) = 1$.

(4) $\mathbb{P}(A \cup B) = \mathbb{P}(A) + \mathbb{P}(B) - \mathbb{P}(A \cap B)$.

(5) $\mathbb{P}\left(\bigcup_{i=1}^{\infty} A_i\right) \leq \sum_{i=1}^{\infty} \mathbb{P}(A_i)$: (**劣加法性**, subadditivity).

Proof. (1) $\emptyset = \emptyset \cup \emptyset$ であるから, 有限加法性によって $\mathbb{P}(\emptyset) = \mathbb{P}(\emptyset) + \mathbb{P}(\emptyset)$ となって, $\mathbb{P}(\emptyset) = 0$ である.

(2) $B = A \cup (B \setminus A)$ で, $A \cap (B \setminus A) = \emptyset$ に注意して,

$$\mathbb{P}(B) = \mathbb{P}(A) + \mathbb{P}(B \setminus A) \geq \mathbb{P}(A).$$

(3) $A \cup A^c = \Omega$, かつ, $A \cap A^c = \emptyset$ であるから, 有限加法性により明らか.

(4) $C = A \cap B$ とおくと, (2) の証明と同様に $\mathbb{P}(A \setminus C) = \mathbb{P}(A) - \mathbb{P}(C)$ となることに注意すると,

$$\begin{aligned}\mathbb{P}(A \cup B) &= \mathbb{P}\big((A \setminus C) \cup (B \setminus C) \cup C\big) \\ &= \mathbb{P}(A \setminus C) + \mathbb{P}(B \setminus C) + \mathbb{P}(C) \\ &= \mathbb{P}(A) + \mathbb{P}(B) - \mathbb{P}(C).\end{aligned}$$

(5) $B_1 = A_1$, $B_n = A_n \setminus \bigcup_{i=1}^{n-1} A_i \, (n \geq 2)$ とおくと, $\{B_n\}$ は互いに素であり,

$$\mathbb{P}\left(\bigcup_{n=1}^{\infty} A_n\right) = \mathbb{P}\left(\bigcup_{n=1}^{\infty} B_n\right) = \sum_{n=1}^{\infty} \mathbb{P}(B_n) \leq \sum_{n=1}^{\infty} \mathbb{P}(A_n). \qquad \square$$

定理 1.2.17. $(\Omega, \mathcal{F})$ 上に有限加法的確率 $\mathbb{P}$ が与えられたとき，以下の (1)–(3) は同値である．

(1) $\mathbb{P}$ は完全加法的 (すなわち，$\mathcal{F}$ 上の確率) である．

(2) $A_n \in \mathcal{F}$, $n = 1, 2, \ldots$ が集合として単調増加：$A_1 \subset A_2 \subset \cdots$，ならば，

$$\mathbb{P}\left(\bigcup_{n=1}^{\infty} A_n\right) = \lim_{n\to\infty} \mathbb{P}(A_n). \tag{1.9}$$

(3) $A_n \in \mathcal{F}$, $n = 1, 2, \ldots$ が集合として単調減少：$A_1 \supset A_2 \supset \cdots$，ならば，

$$\mathbb{P}\left(\bigcap_{n=1}^{\infty} A_n\right) = \lim_{n\to\infty} \mathbb{P}(A_n). \tag{1.10}$$

Proof. (1)⇒(2)：$B_1 = A_1$, $B_n := A_n \setminus \bigcup_{i=1}^{n-1} A_i$ $(n \geq 2)$ とおくと，B_1, $B_2, \ldots \in \mathcal{F}$ は互いに素であるから，$\mathbb{P}$ の完全加法性によって

$$\begin{aligned}\mathbb{P}\left(\bigcup_{n=1}^{\infty} A_n\right) &= \mathbb{P}\left(\bigcup_{n=1}^{\infty} B_n\right) = \sum_{n=1}^{\infty} \mathbb{P}(B_n) \\ &= \lim_{n\to\infty} \sum_{i=1}^{n} \mathbb{P}(B_i) = \lim_{n\to\infty} \mathbb{P}\left(\bigcup_{i=1}^{n} B_i\right) = \lim_{n\to\infty} \mathbb{P}(A_n).\end{aligned}$$

(2)⇔(3)： (1) において A_n の補集合を考えれば直ちに導かれる．

(3)⇒(1)： 互いに素な $A_n \in \mathcal{F}$ $(n = 1, 2, \ldots)$ をとり $B_N := \bigcup_{n=N+1}^{\infty} A_n$ とおくと，B_n $(n = 1, 2, \ldots)$ は単調減少列になるから，仮定より

$$\lim_{N\to\infty} \mathbb{P}(B_N) = \mathbb{P}\left(\bigcap_{n=1}^{\infty} B_n\right) = \mathbb{P}(\emptyset) = 0$$

である．このとき，

$$\mathbb{P}\left(\bigcup_{n=1}^{\infty} A_n\right) = \mathbb{P}\left(\bigcup_{n=1}^{N} A_n \cup B_N\right) = \sum_{n=1}^{N} \mathbb{P}(A_n) + \mathbb{P}(B_N)$$

となるので，両辺で $N \to \infty$ として $\mathbb{P}$ の完全加法性を得る． □

注意 1.2.18. $\mathbb{P}$ が確率測度のとき，定義 7.2.1 で定める集合の極限の記号：$\lim_{n\to\infty} A_n$ を用いれば，定理 1.2.17 の (2), (3) の主張は

$$\mathbb{P}\left(\lim_{n\to\infty} A_n\right) = \lim_{n\to\infty} \mathbb{P}(A_n)$$

となって，$\mathbb{P}$ と $\lim_{n\to\infty}$ との交換のことを述べており，これを**確率測度の連続性**という．この定理により，自ら構成した $\mathbb{P}$ が確率測度になっているかどうか確認しなければならないときには，$\mathbb{P}$ の連続性を確認すればよいことがわかる．

1.2.4　条件付確率と 2 つの事象の独立性

2 つの箱 A, B があり，箱 A には赤球 10 個・白球 5 個，箱 B には赤球 3 個・白球 5 個が入っている (**表 1.1** 参照).

表 1.1

	赤	白	計
箱 A	10	5	15
箱 B	3	5	8
計	13	10	23

目隠しをした上で，この 2 つの箱のいずれかから球を 1 つ取り出すという試行を考える．例えば，箱の種類と色を組にすることで，以下のような標本空間を作ることができる．

$$\Omega = \{\omega_{a0} = (\mathrm{A}, 赤),\ \omega_{a1} = (\mathrm{A}, 白),\ \omega_{b0} = (\mathrm{B}, 赤),\ \omega_{b1} = (\mathrm{B}, 白)\}.$$

σ-加法族としては，$\mathcal{F} = 2^{\Omega}$ でよいであろう．このとき，どの球も "同様に確からしく" 取り出されるとして

$$\mathbb{P}(\{\omega_{a0}\}) = \frac{10}{23}, \quad \mathbb{P}(\{\omega_{a1}\}) = \frac{5}{23}, \quad \mathbb{P}(\{\omega_{b0}\}) = \frac{3}{23}, \quad \mathbb{P}(\{\omega_{b1}\}) = \frac{5}{23}$$

と定め，他の事象については有限加法的に確率を定める．このように個数比で $\mathbb{P}$ を決めれば，$(\Omega, \mathcal{F}, \mathbb{P})$ は確率空間になる．

さて，選ばれた球が，箱 A からである事象を A，赤であるという事象を R と書くことにすると，

$$\mathbb{P}(A) = \mathbb{P}(\{\omega_{a0},\ \omega_{a1}\}) = \frac{15}{23}, \quad \mathbb{P}(R) = \mathbb{P}(\{\omega_{a0},\ \omega_{b0}\}) = \frac{13}{23}$$

であり，$\mathbb{P}(A \cap R) = \mathbb{P}(\{\omega_{a0}\}) = \frac{10}{23}$ などとなる．ここで，取り出された球が箱 A からと教えられたとすると，球は箱 A の 15 個に制限され，その条件の下で球が赤である確率を $\mathbb{P}(R|A)$ と書くと，

$$\mathbb{P}(R|A) = \frac{10}{15}$$

となるが，この個数比は以下のように書き直しても同じである．

$$\mathbb{P}(R|A) = \frac{10/23}{15/23} = \frac{\mathbb{P}(A \cap R)}{\mathbb{P}(A)}.$$

この $\mathbb{P}(R|A)$ を「取り出された箱が A という条件の下で球が赤である**条件付確率**」という．頻度論的な確率の下では，この条件付確率の考え方は自然であろう．この考え方を一般の確率にも広げて条件付確率を定義する．

定義 1.2.19 (条件付確率)**.**　確率空間 $(\Omega, \mathcal{F}, \mathbb{P})$ を考える．$\mathbb{P}(B) > 0$ なる $B \in \mathcal{F}$ が与えられたとき，

$$\mathbb{P}(A|B) := \frac{\mathbb{P}(A \cap B)}{\mathbb{P}(B)}, \quad A \in \mathcal{F}$$

と定める．この $\mathbb{P}(\cdot|B)$ を，**事象 B の下での条件付確率**という．

条件付 “確率” と呼んでいるが，実際，$\mathbb{P}(\cdot|B)$ は $\mathcal{F}$ 上の確率測度になる．

定理 1.2.20.　$A, B \in \mathcal{F}$ が $\mathbb{P}(A), \mathbb{P}(B) > 0$ を満たすとき，

(1) $\mathbb{P}(\cdot|B)$ は $\mathcal{F}$ 上の確率測度である．

(2) $\mathbb{P}(A \cap B) = \mathbb{P}(B)\mathbb{P}(A|B)$.

(3) $\mathbb{P}(A|B) = \mathbb{P}(A) \ \Rightarrow \ \mathbb{P}(B|A) = \mathbb{P}(B)$.

(4) $\mathbb{P}(A|B) + \mathbb{P}(A^c|B) = 1$.

演習 5.　定理 1.2.20 を示せ．

条件付確率の応用として重要なのは，以下の**ベイズ** (Bayes)[*9]**の定理**である．証明は，条件付確率の定義と確率の有限加法性からただちに得られる．

[*9] T. Bayes (1702–1761)．イギリスの牧師・数学者．ベイズの定理は，実は P. S. Laplace (1749–1827) が再発見して体系化したとされている．

定理 1.2.21 (ベイズの定理). $A_i \in \mathcal{F}$ $(i = 1, \ldots, n)$ に対して，Ω が $(A_i)_{i=1}^n$ の直和分割

$$\Omega = \bigcup_{i=1}^{n} A_i, \quad A_i \cap A_j \neq \emptyset \ (i \neq j)$$

とする．ただし，$\mathbb{P}(A_i) > 0$ $(i = 1, \ldots, n)$ である．このとき，$B \in \mathcal{F}$ が $\mathbb{P}(B) > 0$ を満たせば，

$$\mathbb{P}(A_j|B) = \frac{\mathbb{P}(A_j)\mathbb{P}(B|A_j)}{\sum_{i=1}^{n} \mathbb{P}(A_i)\mathbb{P}(B|A_i)}.$$

演習 6. 定理 1.2.21 を示せ.

注意 1.2.22. ベイズの定理の特徴は，左辺と右辺で条件が逆転しているところである.「原因 A_j があって事象 B が起こる」という因果関係による確率は通常求めやすいことが多い．これを使って「事象 B が起こったときにその原因が A_j であった確率」を与えるのが，ベイズの定理であり，このような確率を**逆確率** (inverse probability) という.

ベイズの定理の有名な応用例をあげておこう.

例 1.2.23 (感染者問題). 50 代の日本人が大腸がんになる確率は 0.1%といわれている．大腸がん検診を受けた場合，本当にがんである場合，99%の確率で陽性反応が出て，がんでない場合には 98%の確率で陰性反応となることがわかっている．この下で，ある人がこのがん検診を受けて陽性反応が出た場合に，本当に大腸がんにかかっている確率を求めたい.

そこで各事象を以下のように設定する.

- T: 大腸がんにかかっているという事象
- P: 検査で陽性反応が出るという事象
- N: 検査で陰性反応が出るという事象

今わかっていることは,「原因」→「結果」の確率

$$\mathbb{P}(T) = 0.001, \quad \mathbb{P}(P|T) = 0.99, \quad \mathbb{P}(P|T^c) = 0.02, \quad \mathbb{P}(N|T^c) = 0.98$$

などであるが，知りたいのは逆確率 $\mathbb{P}(T|P)$ である．そこでベイズの定理を用いると

$$\mathbb{P}(T|P) = \frac{\mathbb{P}(T)\mathbb{P}(P|T)}{\mathbb{P}(T)\mathbb{P}(P|T) + \mathbb{P}(T^c)\mathbb{P}(P|T^c)}$$
$$= \frac{0.001 \times 0.99}{0.001 \times 0.99 + 0.999 \times 0.02} = 0.04721.$$

つまり，たとえ陽性反応が出たとしても実際にがんである確率はわずか 4.7%ほどしかないのである．これは，もともとのがん患者が相当に少ない (だから $\mathbb{P}(T \cap P)$ が小さい) ことが原因である．したがって，信頼できそうな検査で陽性だからといってすぐに悲観しなくてもよいかもしれない．がんなら検査でほぼ確実に引っかかるが，逆はかならずしも真ならず！

例 1.2.24 (ベイズ更新)**.** 「原因」の確率を考える際に，得られた情報 (結果) を基に，ベイズの定理を用いて確率を更新していくという考え方がある．最初に考える (しばしば観測者が仮定する)「原因」の確率を**事前確率** (prior probability) といい，一定の情報 (結果) を得た後に，その情報によって更新された確率を**事後確率** (posterior probability) という．

例 1.2.23 において，50 代の日本人が「大腸がんになる (T)」確率は 0.1%であるから，がん検診を受ける前であれば，自分が大腸がんである確率も $\mathbb{P}(T) = 0.001$ だと思うだろう．これが情報を得る前の「事前確率」である．その後，がん検診を受けて「陽性 (P)」という情報を得ることにより，自分ががんである確率が $\mathbb{P}(T|P) = 0.0472103$ に更新され，これが更新された「事後確率」である．

ここで，上記の $\mathbb{P}(T) = 0.001$ という確率が，実はいい加減な調査結果に基づくもので，あまり信頼できない数値であったとしよう．例えば，ある製薬メーカーが自社の薬で大腸がんが減ることを強調したいために，一般的な大腸がんの確率を大きめに表記していたとする．このような疑いがあるが，他にはあまり情報がないとき，例えば確率を少し小さめに見積もって，

$$\mathbb{P}(T) = 0.0007$$

と考えてみる．これは我々の気持ちが入った主観的な事前確率である．このとき事後確率を計算すると，

$$\mathbb{P}(T|P) = 0.03351$$

となり，当初の確率よりもっと小さくなる．自分の期待を込めると，自分が大腸がんであるという確信が弱まることが確率の減少として見える．このように思考のプロセスを，確率を通して表現できるのがベイズ法の特徴である．

このようにベイズの考え方では，事前確率の定め方によって事後確率が異なってくる．事前確率はその人が思う主観的な確率であり**主観確率**ともいわれる[*10]．このことは一見普遍性がないようにも見えるが，一方，事前の情報 (あるいは思い込み) によって期待の程度が変わるという点で，人間の思考に近いプロセスを実現しているとも考えられる．

注意 1.2.25. 本書の目標の 1 つは「大標本理論」への接続であるが，これが統計学への確率論的正当性を与えたことで現代数理統計学が確立された．これらはしばしば**頻度論**と呼ばれ，教養などで学ぶ初等統計はこの頻度論的手法が主である．一方，近年の統計学ではベイズの定理を基礎にした**ベイズ推定**の手法が強力なツールとして盛んに用いられるようになってきた．ベイズ流は人の直感に素直な一面があり，機械学習や AI にも用いられるなど，実用上もその有用性が認められている．古くから「**頻度主義** (frequentist) **vs ベイズ主義** (Baysian)」といった哲学的論争もあるが，ベイズ法の正当化の手段として頻度論が用いられることもあり，頻度論的手法とベイズ法は現代統計学の両輪としていずれも不可欠といえる．

$\mathbb{P}(A), \mathbb{P}(B) > 0$ なる事象 A, B に対して，

$$\mathbb{P}(A|B) = \mathbb{P}(A)$$

が成り立つとき，事象 A が事象 B に “影響を受けない” と解釈できる．このとき，定理 1.2.20, (2) より，B も A に “影響を受けない”．より一般には，これらの関係は

$$\mathbb{P}(A \cap B) = \mathbb{P}(A)\mathbb{P}(B)$$

と書ける．

定義 1.2.26. 事象 $A, B \in \mathcal{F}$ に対して，

[*10] これに対して頻度論的な確率を**客観確率**といったりする．

$$\mathbb{P}(A \cap B) = \mathbb{P}(A)\mathbb{P}(B) \tag{1.11}$$

が成り立つとき，事象 A, B は**独立** (independent) であるという．

注意 1.2.27. 事象 A が $\mathbb{P}$-零集合 ($\mathbb{P}(A) = 0$) のとき，任意の $B \in \mathcal{F}$ に対して $A \cap B \subset A$ であるから，$0 \leq \mathbb{P}(A \cap B) \leq \mathbb{P}(A) = 0$ となり (1.11) が成り立つ．したがって，$\mathbb{P}$-零集合は任意の事象と独立である．

2つの事象の独立性は上記のように定めるが，もっと一般に，3つ以上の事象の独立性については 3.1.1 節で取り上げる．

1.3 不確実性の表現：確率分布と分布関数

1.3.1 分布と分布関数

X が d 次元確率変数ならば，$B \in \mathcal{B}_d$ に対して事象 $\{X \in B\}$ は $\mathcal{F}$ の元であるから，これに確率 $\mathbb{P}$ を作用させることができて，

$$\mathbb{P}(X \in B) := \mathbb{P}(\{\omega \in \Omega \mid X(\omega) \in B\}) \in [0, 1]$$

が定義される．このとき，$\mathcal{B}_d$ 上の集合関数 $\mu : \mathcal{B}_d \to [0, 1]$ を

$$\mu(B) := \mathbb{P}(X \in B) = \mathbb{P}\left(X^{-1}(B)\right) \tag{1.12}$$

のように定めると $\mu(\mathbb{R}^d) = 1$ であり，さらに μ は $\mathcal{B}_d$ 上で定義 1.2.6, (2) の性質を満たすことが容易に確認できる (演習 7)．したがって，μ は写像 X によって可測空間 $(\mathbb{R}^d, \mathcal{B}_d)$ 上に**誘導された確率測度** (induced probability measure)[*11] といえる．こうして X によってその値域上に導かれる集合関数 μ のことを X の**確率分布** (probability distribution)，または単に X の**分布** (distribution) という．

演習 7. (1.12) で決まる X の分布 μ が $\mathcal{B}_d$ 上の確率測度になることを示せ．

μ が定まれば，新たな確率空間

$$(\mathbb{R}^d, \mathcal{B}_d, \mu)$$

[*11] $\mathbb{P}$ の X による**像測度** (image measure) という言い方もある．

ができていることに気づくだろう．そこで，もし我々が確率変数 X を通して現象を把握するのであれば，この確率空間を元々の $(\Omega, \mathcal{F}, \mathbb{P})$ と同一視してしまえばよい．つまり，写像 $X(\omega)$ を $(\mathbb{R}^d, \mathcal{B}_d) \to (\mathbb{R}^d, \mathcal{B}_d)$ の恒等写像 $X(\omega) = \omega$ と思えば，これは明らかに $\mathcal{B}_d$-可測な確率変数でその分布は μ である．つまり，重要なのは確率変数そのものよりも分布であることが理解されるであろう．特に統計学での興味の対象は常に分布である．このような理由から，標本空間 Ω を明示的にしておく必要がなかったのである．

μ は X の値の定まり方 (法則) を確率で表現するものであり，この意味で確率分布 μ のことを X の**確率法則** (probability law)，あるいは単に**法則** (law) ともいう．

μ は $\mathcal{B}_d$ 上の関数であるが，$\mathbb{R}^d$ 上の関数として分布を考察したいときには以下の「分布関数」を用いる．

定義 1.3.1.　d 次元確率変数 $X = (X_1, \ldots, X_d)$ が与えられたとき，その分布 μ と $x = (x_1, \ldots, x_d) \in \mathbb{R}^d$ に対して，

$$
\begin{aligned}
F(x) &:= \mu((-\infty, x_1] \times \cdots \times (-\infty, x_d]) \\
&= \mathbb{P}(X_1 \leq x_1, \ldots, X_d \leq x_d)
\end{aligned}
$$

で定まる関数 F を，X の**分布関数** (distribution function) という．特に，$d \geq 2$ のときには，X の**同時分布関数** (joint distribution function) ともいい，各 $X_i\ (i = 1, \ldots, d)$ に対する分布関数を X_i の**周辺分布関数** (marginal distribution function) という．

まず，$\mathbb{R}$-値確率変数の分布 μ と分布関数 F の関係について，以下の事実がよく知られている．

定理 1.3.2.　$\mathbb{R}$-値確率変数 X の分布 μ と分布関数 F に対して以下が成り立つ．

(1)　F は単調非減少関数：任意の $x \leq y$ に対して，$F(x) \leq F(y)$.

(2)　$F(\infty) := \lim_{x \to \infty} F(x) = 1$　かつ　$F(-\infty) := \lim_{x \to -\infty} F(x) = 0$.

(3)　$F(x)$ は右連続関数：任意の $x \in \mathbb{R}$ に対して，$\lim_{y \downarrow x} F(y) = F(x)$.

(4)　任意の $x \in \mathbb{R}$ に対して，$\mu(\{x\}) = F(x) - F(x-)$. ただし，

$$F(x-) = \lim_{y \uparrow x} F(y).$$

(5)　F の不連続点は高々可算個である．

Proof. (1)　確率測度の単調性 (定理 1.2.16, (2)) より明らか．

(2)　$\mathbb{R} = \cup_{n=1}^{\infty}(-\infty, n]$ に注意して定理 1.2.17, (1), (2) を使うと，

$$1 = \mu(\mathbb{R}) = \lim_{n \to \infty} \mu((-\infty, n]) = F(\infty).$$

同様に，$\emptyset = \cap_{n=1}^{\infty}(-\infty, -n]$ を使って $F(-\infty) = 0$ がいえる．

(3)　μ の連続性を使う．すなわち，

$$\begin{aligned}\lim_{y \downarrow x} F(y) &= \lim_{n \to \infty} \mu((-\infty, x + n^{-1})) \\ &= \mu\left(\bigcap_{n=1}^{\infty}(-\infty, x + n^{-1})\right) = \mu((-\infty, x]) = F(x).\end{aligned}$$

(4)　同様に示せるので省略する．

(5)　任意の $n \in \mathbb{N}$ に対して，$1/n$ を超える F のジャンプ点 x:$F(x) - F(x-) > 0$，の数は高々 n 個しかない．なぜならば，もしこのようなジャンプが $n+1$ 個以上あったとすれば，ある $x \in \mathbb{R}$ に対して $F(x) > \frac{n+1}{n} > 1$ となり，分布関数の定義に反する．したがって，$n \to \infty$ としてもジャンプの数は高々可算である．□

演習 8.　定理 1.3.2, (4) を証明せよ．

定義 1.2.6 の (1), (2) を満足する確率測度 $\mathbb{P}$ を与えるのはそれほど簡単には見えないが，定理 1.3.2 の (1)–(3) を満たすような関数 F を与えるのは比較的容易そうではないだろうか．実は，この (1)–(3) が確率測度を与えるに必要十分な条件であることが次の定理からわかる．

定理 1.3.3.　定理 1.3.2 の (1)–(3) を満たすような $\mathbb{R}$ 上の関数 F が与えられたとき，以下の (a), (b) が成り立つ．

(a)　$F(x) = \mu_F((-\infty, x])$ を満たす $(\mathbb{R}, \mathcal{B})$ 上の確率測度 μ_F が一意に定まる．

(b)　適当な確率空間とその上の確率変数 X をとって，その分布関数が F となるようにできる．

Proof.　(a)　定理 1.3.2 の (1)–(3) を満たすような関数 F が与えられたとき，ボレル集合の定義の際に (1.2) で用いた有限加法族 $\mathcal{A}$ の各元 $\cup_{k=1}^{m}(a_k, b_k] \in \mathcal{A}$ に対して，

$$\mu_F\left(\bigcup_{k=1}^{m}(a_k, b_k]\right) = \sum_{k=1}^{m}[F(b_k) - F(a_k)] \tag{1.13}$$

として μ_F を定めると，μ_F は明らかに $\mathcal{A}$ 上有限加法的な確率測度であり，$\mathcal{A}$ 上 σ-加法的となることも証明できる (吉田[10]，例 4.2.6)．そこで，ホップの拡張定理 (定理 1.2.12) を用いると，上で定まる μ_F を $\mathcal{B} = \sigma(\mathcal{A})$ 上の確率測度に拡張できる．

(b)　(a) において F を分布関数とする確率 μ_F が定まったので，$(\mathbb{R}, \mathcal{B}, \mu_F)$ なる確率空間を考え，

$$X(\omega) = \omega, \quad \omega \in \mathbb{R}$$

によって $X : \mathbb{R} \to \mathbb{R}$ を定めると，これは明らかに可測空間 $(\mathbb{R}, \mathcal{B})$ 上の確率変数であり，その分布関数は

$$\mu_F\left(\{\omega \in \mathbb{R} \mid X(\omega) \leq x\}\right) = \mu_F\left((-\infty, x]\right) = F(x) - F(-\infty) = F(x).$$

したがって，この X が求めたかった確率変数である．　□

注意 1.3.4.　定理 1.3.3 の事実により，定理 1.3.2 の (1)–(3) を $\mathbb{R}$ 上の分布関数の定義として採用してもよい．

このように，確率変数 X とは無関係に可測空間 $(\mathbb{R}^d, \mathcal{B}_d)$ に定義される確率測度 μ_F のことを，単に **(確率) 分布**という．

分布 (確率測度)μ_F と分布関数 F は 1 対 1 に対応するので，しばしば記号を濫用して，分布と分布関数を同一記号 F で表してしまうこともある．例えば，確率変数 X の分布を F_X と書くとき，その分布関数も $F_X(x)$ と書いたりする．本書でも，特に誤解のない限りこのような記法を用いる．

1.3.2 ルベーグ=スティルチェス測度とルベーグ測度

さて，定理 1.3.3 では F を $\mathbb{R}$ 上の分布関数に限定しているが，これをもう少し一般化することができる．

定義 1.3.5. 区間 $[a,b]$ の分割 $\Delta:\ a=x_0<x_1<\cdots<x_n=b$ に対して，$V(f):=\sup_\Delta \sum_{i=1}^n |f(x_i)-f(x_{i-1})|$ を関数 f の**総変動** (total variation) という．ただし，sup はあらゆる分割 Δ に渡ってとる．$V(f)<\infty$ となる f は $[a,b]$ 上**有界変動** (bounded variation) であるという．任意の有界閉区間上で有界変動なら f は**局所有界変動** (locally bounded variation) という．

分布関数は単調増加で有界であるから，上記の意味で有界変動である．このような有界変動関数は，有界で単調増加な関数の差として表されることが知られている．

補題 1.3.6. $\mathbb{R}$ 上の関数 F が有界変動であるための必要十分条件は，ある単調増加な有界関数 F_1, F_2 を用いて

$$F(x)=F_1(x)-F_2(x)$$

と表されることである．このとき特に F は有界である．

Proof. 例えば，柴田[3]，定理 6.5.5. □

上記補題の F_1 が以下を満たすとしよう．$m_1:=F_1(-\infty)$ に対して

$$m_1 \le F_1(x)\uparrow M_1, \quad x\to\infty.$$

ただし，$m_1<M_1$ とする．このとき，関数 $\widetilde{F}_1$ を

$$\widetilde{F}_1(x)=\frac{F_1(x+0)-m_1}{M_1-m_1}\ge 0, \quad x\in\mathbb{R}$$

と定めると，これは右連続で $\widetilde{F}_1(\infty)=1$ となるので $\widetilde{F}_1$ は分布関数である．すると定理 1.3.3 によって，$\widetilde{F}_1$ からも (1.13) と同様な式

$$\mu_{\widetilde{F}_1}\left(\bigcup_{k=1}^m (a_k,b_k]\right)=\sum_{k=1}^m\left[\widetilde{F}_1(b_k)-\widetilde{F}_1(a_k)\right]$$

を満たす測度 (分布)$\mu_{\widetilde{F}_1}$ が一意に定まるので，$\mu_1(A) := (M_1 - m_1)\widetilde{F}_1(A)$, $(A \in \mathcal{B})$ とすれば，これは単調関数 F_1 から一意に定まる有限測度といえる．同様にして F_2 からも有限測度 μ_2 が定まる．これらによって

$$\mu_F = \mu_1 - \mu_2$$

としてできる μ_F は有界変動関数 F から定まる符号付測度 (注意 1.2.10) といえる．この μ_F は，その作り方から明らかに

$$\mu_F\left(\bigcup_{k=1}^{m}(a_k, b_k]\right) = \sum_{k=1}^{m}[F(b_k) - F(a_k)]$$

を満たす測度である．

関数 F がある単調増加関数 F_1 と単調増加で有界な関数 F_2 によって

$$F(x) = F_1(x) - F_2(x) \tag{1.14}$$

と表されるような局所有界変動関数が与えられたときにも，定理 1.3.3 と同様の主張[*12]が成り立ち，式 (1.13) を満たすような，F に対応する $\mathcal{B}$ 上の符号付測度 μ_F が一意に存在することが示される[*13]．このような測度に名前を付けておく．

定義 1.3.7. 式 (1.14) で表される $\mathbb{R}$ 上の局所有界変動関数 F が与えられたとき，式 (1.13) を満たす $\mathcal{B}$ 上の測度 μ_F が一意に決まる．この μ_F を F に対応する**ルベーグ=スティルチェス** (Lebesgue–Stieltjes) **測度**という．

定義 1.3.8. 上記定義におけるルベーグ=スティルチェス測度 μ_F のうち，特に $F(x) = x$ に対応する測度を**ルベーグ測度**といい，以下，本書では記号 μ で表す．

注意 1.3.9. 上記のルベーグ=スティルチェス測度は 1 次元での定義であるが，多次元でも単調非減少で右連続な関数について同様に定義される[*14]．特に，$F(x_1, \ldots, x_d) = x_1 \cdots x_d$ なる関数に対応する d 次元ルベーグ=スティルチェス測度を d 次元ルベーグ測度といい，μ_d などと書く．$\mu_1 = \mu$ とする．

---

*12 ただし，この場合 μ_F は「確率測度」ではなくなる．

*13 詳細は，例えば吉田[10]の 9.3 節などを参照されたい．

*14 例えば，Durrett [12], Theorem A.1.6.

1.3.3　様々な確率分布

以下，次のような記号を用いる．集合 A に対して，

$$\mathbf{1}_A(x) = \begin{cases} 1 & (x \in A) \\ 0 & (x \notin A) \end{cases}$$

と定める．また集合 A の代わりに，A に何らかの命題を書き，

$$\mathbf{1}_A = \begin{cases} 1 & (\text{命題 A が真}) \\ 0 & (\text{命題 A が偽}) \end{cases}$$

のような使い方もする．これらをまとめて，A に対する**定義関数** (indicator) と呼ぶことにする．

変数として何を考えているかが文脈から明らかなときは，しばしば，それを省略して書く．例えば，区間 $(0,1]$ 上で 1 をとるような定義関数では，

$$\mathbf{1}_{(0,1]} = \mathbf{1}_{(0,1]}(x) = \mathbf{1}_{\{0<x\leq 1\}}, \quad x \in \mathbb{R}$$

など，どれも同じ意味である．また，例えば，確率変数 X と $B \in \mathcal{B}$ に対して，

$$\mathbf{1}_{\{X\in B\}} := \mathbf{1}_{\{\omega\in\Omega \mid X(\omega)\in B\}}(\omega), \quad \omega \in \Omega$$

のように ω を省略して用いることが多い．

また，以下では，ベクトル $x = (x_1, \ldots, x_d)$, $y = (y_1, \ldots, y_d)$ に対して，

$$x \leq y \quad \Leftrightarrow \quad \text{任意の } j = 1, \ldots, d \text{ に対して } x_j \leq y_j$$

とする．

定義 1.3.10.　X を d 次元確率変数とし，F を X の分布とする．

(1)　高々可算な集合 $A \subset \mathbb{R}^d$ があって，$\mathbb{P}(X \in A) = 1$ となるとき，X は**離散型** (discrete type) であるという．特に，$A = \{a_i \in \mathbb{R}^d \mid i = 1, 2, \ldots\}$ のとき，分布関数は以下のように書ける．$x = (x_1, \ldots, x_d) \in \mathbb{R}^d$ に対して，

$$F(x) = \sum_{i:a_i\leq x} p(a_i) = \sum_{i=1}^{\infty} p(a_i)\mathbf{1}_{\{a_i\leq x\}}.$$

ただし，$p(a) := \mathbb{P}(X = a)$ である．この $p : A \to [0, 1]$ を**確率関数** (probability function) という．$\sum_{a \in A} p(a) = 1$ に注意しておく．

(2) 分布関数 $F(x)$ が $\mathbb{R}^d$ 上連続なとき，X は**連続型** (continuous type) という．特に，ある非負関数 f で $\int_{\mathbb{R}^d} f(x)\,dx = 1$ なるものを用いて

$$F(x) = \int_{(-\infty, x_1] \times \cdots \times (-\infty, x_d]} f(z)\,\mathrm{d}z = \int_{\mathbb{R}^d} f(z) \mathbf{1}_{\{z \leq x\}}\,\mathrm{d}z$$

と書けるとき，F は**絶対連続型** (absolutely continuous type) という．ここで，$\mathrm{d}z$ などによる積分は，通常の定積分 (リーマン積分) の意味でよい．この $f : \mathbb{R}^d \to \mathbb{R}$ を分布 F に対する**確率密度関数** ((joint) probability density function) という．

注意 1.3.11. 確率密度関数は分布関数 F に付随する概念であるから，本来は「確率変数 X の分布関数 F の確率密度関数」というのが正しいが，冗長なので，以下では単に「X の密度関数」と呼ぶことにする．

注意 1.3.12. 上記 (1)，(2) の分布関数 F が決まれば，定理 1.3.3 と同様に d 次元ボレル集合体 $\mathcal{B}_d$ 上の確率測度 (分布)μ_F が存在して，

$$F(x) = \mu_F((-\infty, x_1] \times \cdots \times (-\infty, x_d]), \quad x = (x_1, \ldots, x_d) \in \mathbb{R}^d$$

となることが知られている．この分布のことも，1 次元の場合と同様，同じ記号 F を用いて表すことにする．また，このとき，ある d 次元確率ベクトル X が存在して，F は X の分布になる：

$$F(A) = \mathbb{P}(X \in A), \quad A \in \mathcal{B}_d.$$

本書で用いる分布は，基本的に離散型か連続型のいずれかだが，以下のような混合型もあり得る．$\alpha_i > 0\,(i = 1, \ldots, M)$ で $\sum_{i=1}^{M} \alpha_i = 1$ なる M 個の正数と，M 個の分布 $F_i\,(i = 1, \ldots, M)$ に対して，

$$G(x) = \sum_{i=1}^{M} \alpha_i F_i(x), \quad x \in \mathbb{R}^d$$

とするとこれは分布関数であり，これに対応するルベーグ=スティルチェス測度は

$$G(A) = \sum_{i=1}^{M} \alpha_i F_i(A), \quad A \in \mathcal{B}_d$$

となり，この G を $F_i\,(i = 1, \ldots, M)$ による**混合分布** (mixture distribution) という．特に，$M = \infty$ でもよい．

以下，確率変数 X が分布 F に従うとき，

$$X \sim F$$

のような記号で表すことにする．

応用上よく用いられる分布のモデルと一般によく用いられる記号をあげておく．

例 1.3.13 (離散型分布のモデル)**.**

- 母数 $n \in \mathbb{N}, p \in (0,1)$ の **2 項分布** (binomial distribution)：$k = 0, 1, 2, \ldots$ に対して，

$$X \sim Bin(n,p) \quad \Leftrightarrow \quad p_X(k) = \binom{n}{k} p^k (1-p)^{n-k}.$$

ただし，$\binom{n}{k}$ は 2 項係数で，

$$\binom{n}{k} = \frac{n!}{k!(n-k)!} \ \ (= {}_nC_k)$$

これは，表の出る確率が p のコインを n 回続けて投げて，表の出る回数を X としたときの X の分布に相当する．

この確率関数から分布関数が決まり，それに対応する分布を F_X と書けば，

$$\Omega = \mathbb{N} \cup \{0\}, \quad \mathcal{F} = 2^{\Omega}, \quad \mathbb{P} = F_X$$

によって確率空間ができる．特に，$n = 1$ のときは**ベルヌーイ分布** (Bernoulli distribution) といわれ，

$$X = \begin{cases} 1 & (\text{確率 } p) \\ 0 & (\text{確率 } 1-p) \end{cases}$$

なる確率変数の分布で $X \sim Be(p)$ などと書かれることもある．

- 母数 $p \in (0,1)$ の**幾何分布** (geometric distribution)：$k = 0, 1, 2, \ldots$ に対して，

$$X \sim Ge(p) \quad \Leftrightarrow \quad p_X(k) = (1-p)^k p.$$

- 強度 $\lambda > 0$ の**ポアソン分布** (Poisson distribution)：$k = 0, 1, 2, \ldots$ に対して

$$X \sim Po(\lambda) \quad \Leftrightarrow \quad p_X(k) = e^{-\lambda}\frac{\lambda^k}{k!}.$$

例 1.3.14 (連続型分布のモデル)**.**　以下，$x \in \mathbb{R}$ とする．

- (a,b) 上の**一様分布** (uniform distribution)：

$$X \sim U(a,b) \quad \Leftrightarrow \quad f_X(x) = \frac{1}{b-a}\mathbf{1}_{(a,b)}(x).$$

例えば，

$$\Omega = (a,b), \quad \mathcal{F} = \{(a,b) \cap B \mid B \in \mathcal{B}\}, \quad \mathbb{P}(A) = \int_A f_X(x)\,\mathrm{d}x \ (A \in \mathcal{F})$$

とすれば，$(\Omega, \mathcal{F}, \mathbb{P})$ は確率空間であり，定理 1.3.3, (b) の証明を参考にすれば，

$$X(\omega) = \omega, \quad \omega \in \Omega$$

と定めることで，X は確率変数になり，$X \sim U(a,b)$ となる．

- 母数 $\mu \in \mathbb{R}$, $\sigma^2 > 0$ の**正規分布** (normal distribution)：

$$X \sim N(\mu, \sigma^2) \quad \Leftrightarrow \quad f_X(x) = \frac{1}{\sqrt{2\pi\sigma^2}}e^{-\frac{(x-\mu)^2}{2\sigma^2}}.$$

後でわかるが，μ は平均，σ^2 は分散を表す母数である．**ガウス分布** (Gaussian distribution) ということもある．特に $\mu = 0$, $\sigma^2 = 1$ のとき，$N(0,1)$ を**標準正規分布** (standard normal distribution) という．前の例と同様に，今度は，

$$\Omega = \mathbb{R}, \quad \mathcal{F} = \mathcal{B}, \quad \mathbb{P}(A) = \int_A f_X(x)\,\mathrm{d}x \ (A \in \mathcal{F})$$

として確率空間 $(\Omega, \mathcal{F}, \mathbb{P})$ ができて，

$$X(\omega) = \omega, \quad \omega \in \Omega$$

によって $X \sim N(\mu, \sigma^2)$ なる確率変数が構成できる．

- 母数 λ の**指数分布** (exponential distribution)：

$$X \sim Exp(\lambda) \quad \Leftrightarrow \quad f_X(x) = \lambda e^{-\lambda x}\mathbf{1}_{(0,\infty)}(x).$$

- 母数 $\alpha, \beta > 0$ の**ガンマ分布** (gamma distribution)：

$$X \sim \Gamma(\alpha, \beta) \quad \Leftrightarrow \quad f_X(x) = \frac{\beta^\alpha}{\Gamma(\alpha)} x^{\alpha-1} e^{-\beta x}\mathbf{1}_{(0,\infty)}(x).$$

ただし，$\Gamma(x) = \int_0^\infty z^{x-1}e^{-z}\,\mathrm{d}z$(ガンマ関数) であり，$\alpha$ は**形状母数** (shape parameter), β は**尺度母数** (scale parameter) といわれる．特に，$\Gamma(1,\beta) = Exp(\beta)$ である．また，$\alpha = n \in \mathbb{N}$ となるとき，$\Gamma(n,\beta) =: Erl(n,\beta)$ などと書いて**アーラン分布** (Erlang distribution)[*15]といわれることもある．

- 母数 $\mu \in \mathbb{R}, \sigma^2 > 0$ の**コーシー分布** (Cauchy distribution)：

$$X \sim Ca(\mu, \sigma^2) \quad \Leftrightarrow \quad f_X(x) = \frac{1}{\pi}\frac{1}{(x-\mu)^2 + \sigma^2}.$$

例 1.3.15 (線形変換)**.** $X \sim N(\mu, \sigma)$ $(\mu \in \mathbb{R}, \sigma > 0)$ とし，

$$Z = \frac{X - \mu}{\sigma}$$

なる線形変換を考える．定理 1.2.5 によれば Z はまた確率変数である．Z の分布を求めてみよう．そのためには，分布関数を計算すればよい．

$$\begin{aligned}
\mathbb{P}(Z \le x) &= \mathbb{P}((X-\mu)/\sigma \le x) = \mathbb{P}\left(X \le \sigma x + \mu\right) \\
&= \int_{-\infty}^{\sigma x + \mu} \frac{1}{\sqrt{2\pi}\sigma} e^{-\frac{(y-\mu)^2}{2\sigma^2}}\,\mathrm{d}y \quad (y = \sigma z + \mu \text{ と置換すると}) \\
&= \int_{-\infty}^{x} \frac{1}{\sqrt{2\pi}} e^{-\frac{z^2}{2}}\,\mathrm{d}z
\end{aligned}$$

となり，$f_Z(y) = \dfrac{1}{\sqrt{2\pi}} e^{-\frac{z^2}{2}}$ である．したがって，

$$X = \sigma Z + \mu \sim N(\mu, \sigma^2) \quad \Leftrightarrow \quad Z = \frac{X-\mu}{\sigma} \sim N(0,1).$$

である．このような線形変換については後述の定理 2.3.2, (3)も参照のこと．

[*15] 待ち行列理論での呼び名．Erlang は人名．

例 1.3.16 (確率変数の変換後の密度)**.** 上の例を一般化する．確率変数 X の密度関数を f_X とし，関数 ϕ は微分可能で単調増加，または単調減少とする．このとき，$Y=\phi(X)$ と変換すると，Y の密度関数は

$$f_Y(y) = f_X\left(\phi^{-1}(y)\right)\left|\frac{\mathrm{d}}{\mathrm{d}y}\phi^{-1}(y)\right| \tag{1.15}$$

で与えられる．ただし，ϕ^{-1} は ϕ の逆関数である．

実際，例えば ϕ が単調減少なら逆関数 ϕ^{-1} も単調減少で微分可能であり，

$$\begin{aligned}\mathbb{P}(Y \le x) &= \mathbb{P}(X \ge \phi^{-1}(x)) \\ &= \int_{\phi^{-1}(x)}^{\infty} f_X(z)\,\mathrm{d}z \quad (z=\phi^{-1}(y) \text{ と変換}) \\ &= \int_{\phi(\infty)}^{x} f_X(\phi^{-1}(y))\left|\frac{\mathrm{d}}{\mathrm{d}y}\phi^{-1}(y)\right|\mathrm{d}y\end{aligned}$$

より，(1.15) を得る．ϕ が単調増加のときも同様である．より一般には，後述の定理 3.3.2 を見よ．

例 1.3.17 (逆関数法)**.** $\mathbb{R}$ 上連続で狭義単調増加な分布関数 $F:\mathbb{R}\to[0,1]$ が与えられたとき，その逆関数 $F^{-1}:[0,1]\to\mathbb{R}$ と $U\sim U(0,1)$ によって，

$$X := F^{-1}(U)$$

とおくと，X は分布 F に従う確率変数となる．実際，任意の $x\in\mathbb{R}$ に対して，

$$\mathbb{P}(X\le x) = \mathbb{P}\left(F^{-1}(U)) \le x\right) = \mathbb{P}(U \le F(x)) = F(x)$$

となって，X の分布関数は F である．

この事実を利用すれば，計算機上で分布 F に従う乱数が，一様乱数 $U\sim U(0,1)$ を用いて $F^{-1}(U)$ によって生成できる．このような乱数の生成法を**逆関数法**という．

例 1.3.18 (分位点関数，一般化逆関数)**.** 上の例において，連続な分布関数 F については逆関数 F^{-1} が存在して，逆関数法によって分布 F に従う乱数を生成できることがわかった．では，離散分布など，一般には不連続な分布関数 F の場合はどうだろうか？

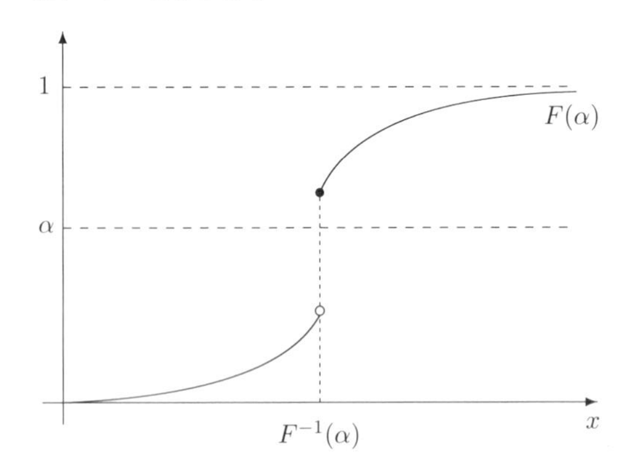

図 1.1　不連続な分布関数と α-分位点 (一般化逆関数).

この場合には F に通常の意味の逆関数が存在しないので，次のような**一般化逆関数** (generalized inverse function) を考える (**図 1.1** 参照).

$$F^{-1}(\alpha) = \inf\{x \in \mathbb{R} \mid F(x) \geq \alpha\}, \quad \alpha \in (0,1) \tag{1.16}$$

これは，統計学では特に**分位点関数** (quantile function) と呼ばれ，$F^{-1}(\alpha)$ の値を α-**分位点** (α-quantile)，あるいは 100α**%(パーセント) 点**という．特に，F が連続なら，F^{-1} は通常の逆関数である.

任意の $\alpha \in (0,1)$ と任意の $x \in \mathbb{R}$ に対して,

$$F^{-1}(\alpha) \leq x \quad \Leftrightarrow \quad \alpha \leq F(x) \tag{1.17}$$

が成り立つことは明らかであろう．したがって，$U \sim U(0,1)$ によって,

$$X = F^{-1}(U)$$

とおくと，例 1.3.17 と同様にして $X \sim F$ であることがわかる．つまり，不連続な分布関数に対しても「逆関数法」は (原理的には) 有効である.

1.3.4　1 点分布：ディラック関数

$X : \Omega \to \mathbb{R}$ を，任意の $\omega \in \Omega$ に対して,

$$X(\omega) \equiv a \in \mathbb{R}$$

のように定数で定めると，これももちろん確率変数である．このような X の分布関数を特に Δ_a と書くと，

$$\Delta_a(x) = \mathbf{1}_{\{a \le x\}} = \begin{cases} 1 & (x \ge a) \\ 0 & (x < a) \end{cases}$$

となる．これは離散型分布の一種であり，点 a では微分できないのでいわゆる確率密度は存在しないが，これを形式的に微分できると考えて，その "微分" を $\delta_a(x)$ と書くことがある．このとき，δ_a は形式的に確率密度のようなものなので

$$\Delta_a'(x) = \delta_a(x) = \begin{cases} \infty & (x = a) \\ 0 & (x \ne a) \end{cases}, \quad \int_{\mathbb{R}} \delta_a(x)\,\mathrm{d}x = 1 \tag{1.18}$$

となってほしいが，このような δ_a は可測関数としては存在しない[*16]．しかし，形式的に (1.18) の規則を持つ関数として用いると便利である．

例えば，$\{a_i \mid i \in \mathbb{N}\}$ に値をとり，確率関数 p を持つ離散型の分布関数を F とすると，

$$F(x) = \sum_{i:a_i \le x} p(a_i) = \sum_{i=1}^{\infty} p(a_i)\Delta_{a_i}(x)$$

と混合分布の形で書けて，これを形式的に "微分" することによって

$$F'(x) = f(x) = \sum_{i=1}^{\infty} p(a_i)\delta_{a_i}(x)$$

となる．ここで形式的に f を積分すると，(1.18) の規則により，

$$\int_{\mathbb{R}} f(x)\,\mathrm{d}x = \sum_{i=1}^{\infty} p(a_i) \int_{\mathbb{R}} \delta_{a_i}(x)\,\mathrm{d}x = \sum_{i=1}^{\infty} p(a_i) = 1$$

となって，f は確率密度関数とみなすことができる．つまり，離散型分布も連続型分布のような形式で計算することができる．このような δ_a を**点 a に集中したディラック関数** (dirac function) といい，分布関数 Δ_a に対応する確率測度

$$\Delta_a(A) = \mathbf{1}_{\{a \in A\}}, \quad A \in \mathcal{F}$$

を**ディラック測度** (dirac measure) という．

[*16] 数学的には，δ_a は超関数として正当化される．

1.3.5　ほとんど確実に？

確率空間 $(\Omega, \mathcal{F}, \mathbb{P})$ において，根元事象 $\omega \in \Omega$ に関する命題 $\mathcal{P}(\omega)$ が

$$\mathbb{P}(\{\omega \in \Omega \,|\, \mathcal{P}(\omega) \text{ が真である}\}) = 1$$

を満たすとき,「**ほとんど確実に** (almost surely) 命題 $\mathcal{P}$ が成り立つ」などと表現する．

例えば，$X \sim N(0,1)$ であるような確率変数 X に対しては，

$$\mathbb{P}(X^2 > 0) = \int_{\{x \neq 0\}} \frac{1}{\sqrt{2\pi}} e^{-x^2/2} \, \mathrm{d}x = 1$$

であるので

$$\text{ほとんど確実に } X^2 > 0 \text{ である}$$

と表現する．これを記号で以下のように表す．

$$X^2 > 0 \quad a.s.$$

$a.s.$ とは “almost surely”の頭文字である．

なぜ「確実に」ではなく,「ほとんど確実に」なのか？この意味は，$X^2 = 0$ となることもあるにはあるのだが，そのような確率は 0 でほとんど起こり得ない，という気持ちである．もう少し正確に書くと，ある $\mathbb{P}$-零集合 $N \in \mathcal{F}$ が存在して，

$$\Omega_0 := \Omega \setminus N \tag{1.19}$$

$$X^2(\omega) > 0, \quad \forall \omega \in \Omega_0$$

ということであり，ほとんど起こらない事象 N を除けば $X^2 > 0$ となることは確実である，という意味である．このような $\mathbb{P}$-零集合 N を**除外集合**ということがある．通常，確率変数に関する等式や不等式に関する命題は，この $a.s.$ の意味で述べられる．

上記の例では $N = \{\omega \,|\, X^2(\omega) = 0\}$ であり，正規分布では

$$\mathbb{P}(N) = 0$$

である．

注意 1.3.19. 確率変数 X が連続型分布 F に従うとき，X の実現値は何らかの実数になるはずだが，定義によると，どんな点 $a \in \mathbb{R}$ に対しても，

$$\mathbb{P}(X = a) = F(a) - F(a-) = 0 \quad \Leftrightarrow \quad \mathbb{P}(X \neq a) = 1$$

となって，何か矛盾するような感覚を持つかもしれない．しかし，これは確率の公理を満たすために数学的にこのように定めざるを得ない，ということであって,「X は a という値を“絶対に”とらない」という意味ではない．このように,「確率が 0 (あるいは 1)」であることは，日常的な意味の“絶対”とは異なる．

1.3.6 確率空間の完備化について

ここでは少し技術的な話に立ち入って，確率空間の“完備性”という概念を紹介する．完備性を仮定することにより，細かい技術的なことを応用上気にすることなく計算を展開できるのであるが，初学者は本節を飛ばして後回しにしてもよいだろう．

これまで $\mathbb{P}(A) = 0$ となるような事象 (可測集合)$A \in \mathcal{F}$ を“$\mathbb{P}$-零集合”と呼んだが，この概念を少し拡張して，可測な $\mathbb{P}$-零集合の部分集合は，それが可測かどうかに関わりなくすべて“$\mathbb{P}$-零集合”と呼ぶことにする．

定義 1.3.20. 確率空間 $(\Omega, \mathcal{F}, \mathbb{P})$ において，$N \subset \Omega$ が $\mathbb{P}$-**零集合** (null set) であるとは，ある可測集合 $A \in \mathcal{F}$ で $\mathbb{P}(A) = 0$ なるものが存在して，$N \subset A$ となることをいう．

さて，この下で完備性の概念を導入する．

定義 1.3.21. 確率空間 $(\Omega, \mathcal{F}, \mathbb{P})$ において，$\mathcal{F}$ がすべての $\mathbb{P}$-零集合を含むとき，$(\Omega, \mathcal{F}, \mathbb{P})$ は**完備** (complete) であるという．

一般に，確率空間 $(\Omega, \mathcal{F}, \mathbb{P})$ が与えられたとき，$\mathbb{P}$-零集合全体 $\mathcal{N}$ を用いて，

$$\overline{\mathcal{F}} = \sigma(\mathcal{F} \cup \mathcal{N})$$

と $\mathcal{F}$ を拡大すれば，この上に $\mathbb{P}$ の拡張 $\overline{\mathbb{P}}$ が定義されて $(\Omega, \overline{\mathcal{F}}, \overline{\mathbb{P}})$ は完備になる．このような操作を，確率空間の**完備化** (completion) といい，このようにしてできた確率空間を**完備確率空間** (complete probability space) という．

例 1.3.22. 具体的な確率空間の作り方として基本的なものは，$\mathbb{R}^d$ 上の分布 F によって，

$$(\mathbb{R}^d, \mathcal{B}_d, F)$$

とするものであった．しかし，1.1.3節の最後に述べたように，$\mathcal{B}_d$ は $\mathbb{R}^d$ の部分集合を何でも含んでいるわけではなく，$(\mathbb{R}^d, \mathcal{B}_d, F)$ は上記の意味で一般に完備でない．例えば，$(\mathbb{R}, \mathcal{B}, F = \Delta_0)$ を考えると，$F(\mathbb{R} \setminus \{0\}) = 0$ であるが，$\mathcal{B}$ に含まれない $\mathbb{R}$ の部分集合 $A \notin \mathcal{B}$ をとって $A_0 = A \setminus \{0\}$ とすると，$A_0 \subset \mathbb{R} \setminus \{0\}$ であるが，$A_0 \notin \mathcal{B}$ であり，完備でない．

そこで次のように $\mathcal{B}_d$ を "広げた" σ-加法族を作ってみる．

$$\begin{aligned}\overline{\mathcal{B}}_d = \{A \subset \mathbb{R}^d \,|\, A_* \subset A \subset A^*, \\ \text{かつ } F(A^* \setminus A_*) = 0 \text{ となる } A^*, A_* \in \mathcal{B}_d \text{ が存在}\}.\end{aligned}$$

こうすると明らかに $\mathcal{B}_d \subset \overline{\mathcal{B}}_d$ である[*17]．そこで $A \in \overline{B}_d$ に対して $\overline{F}(A) = F(A^*)$ として $\overline{B}_d$ 上に確率 $\overline{F}$ を定めれば，これは F の拡張である．こうして "拡張された" 確率空間 $(\mathbb{R}^d, \overline{\mathcal{B}}_d, \overline{F})$ を作ると，これはその作り方から完備になる．

このような完備化をしておくと以下のような利点がある．

定理 1.3.23. 完備確率空間 $(\Omega, \overline{\mathcal{F}}, \overline{\mathbb{P}})$ 上の d 次元確率変数 X と，写像 $Y : \Omega \to \mathbb{R}^d$ が与えられたとき，$X = Y$ *a.s.* ならば，Y は確率変数 ($\overline{\mathcal{F}}$-可測) である．

Proof. 任意の $a \in \mathbb{R}^d$ に対して $\{Y \le a\} \in \overline{\mathcal{F}}$ を示せばよい．$A := \{Y \le a < X\} \cup \{X \le a < Y\}$ とおくと，$A \subset \{X \ne Y\} \in \mathcal{N}$ であるから，完備性より $A \in \overline{\mathcal{F}}$．一方，$B := \{X \le a\} \in \mathcal{F}$ であるから，$\{Y \le a\} = (A \cap B^c) \cup (A^c \cap B) \in \overline{\mathcal{F}}$． □

完備でない確率空間 $(\mathbb{R}^d, \mathcal{B}_d, F)$ の上では，確率変数 X とほとんど確実に同じ値をとるような写像 $Y : \Omega \to \mathbb{R}^d$ があったとしても，それが確率変数になるとは限らない．つまり，$B \subset \mathbb{R}^d$ に対して，理論的には $\mathbb{P}(X \in B)$ のような確率はいつでも決まるが，$\mathbb{P}(Y \in B)$ はかならずしも定義できないことになり，こんな不都合はない．しかし，これを完備化することで Y も確率変数に昇格 (?)

[*17] $\overline{B}_d$ は σ-加法族になっており，測度論ではこれを**ルベーグ可測集合族**という．

し，$X = Y$ $a.s.$ のような確率変数 Y たちは "同じもの" とみなすことができるようになる．

これは些細なことだが，例えば後で，確率変数列の極限がまた確率変数になるかといった極限の問題を考える際にも欠かせないことである (4.1.1 節を参照)．また，将来，確率過程などを扱う際にこのような完備性が様々な変数の可測性を保証する意味で本質的になることがある[*18]．ただ，応用上の視点からは本当に些細なので，初めのうちは気にしなくてよいといったのはこのためである．

確率空間の完備化は，上記の例 1.3.22 と同様な手続きによっていつでも可能なので，以後，**確率空間といえば「完備確率空間」を意味する**ものとする．

---

*18　例えば，清水[4]，5.4 節を見よ．

第2章 分布や分布関数による積分

2.1 期待値の定義

2.1.1 離散型確率変数の期待値

我々が日常的に計算するデータ $x_1, x_2, \ldots, x_n$ の "平均値"

$$\overline{x} = \frac{x_1 + \cdots + x_n}{n}$$

は，データの "中心" を特徴として抽出し，他のデータと比較しようとするものである．この "平均値" のこころは，どのデータの出方も "同様に確からしい" (等確率 $1/n$ で出現する) と仮定してその "重心" でデータを見るというイメージである．

しかし，データの出方が等確率でない場合には，それ相応の重みづけが必要であろう．出やすいデータの重みは増やし，出にくいデータの重みは減らして，データ全体の "重心" を見つけようとすれば，以下の "平均" の定義は自然に思える．

定義 2.1.1. 確率変数 X は $\{x_k \mid k \in \mathbb{N}\} \subset \mathbb{R}$ に値をとる離散型で，その確率関数を $p(x_k)$ $(k \in \mathbb{N})$ とする．このとき，可測関数 $g : \mathbb{R} \to \mathbb{R}$ に対して，

$$\mathbb{E}[g(X)] := \sum_{k=1}^{\infty} g(x_k) \cdot p(x_k)$$

を確率変数 $g(X)$ の**期待値** (expectation)，あるいは，**平均** (mean) という．

例 2.1.2 (定義関数：ベルヌーイ分布)**.** $A \in \mathcal{F}$ に対して $X = X(\omega) = \mathbf{1}_A(\omega)$ とすると，$p := \mathbb{P}(A)$ に対して

$$X \sim Bin(1, p) \quad (\text{ベルヌーイ分布})$$

の離散型確率変数である．したがって，

$$\mathbb{E}[X] = \mathbb{E}[\mathbf{1}_A] = 1 \cdot \mathbb{P}(A) + 0 \cdot \mathbb{P}(A^c) = \mathbb{P}(A) \tag{2.1}$$

となる．したがって，事象の確率はその定義関数の期待値である．

同様に，実数値確率変数 X を考えると，任意のボレル集合 $B \in \mathcal{B}$ に対して，

$$\mathbb{P}(X \in B) = \mathbb{E}[\mathbf{1}_{\{X \in B\}}] \tag{2.2}$$

と書ける．このように，事象の確率が対応する定義関数の期待値として書けることは記憶しておくべきことで，このような変形は数学的な証明においてしばしば有効である．

例 2.1.3 (2項分布)**.**　$X \sim Bin(n,p)$ とし，$q = 1 - p$ とおくと，

$$\begin{aligned}
\mathbb{E}[X] &= \sum_{k=0}^{n} k \frac{n!}{k!(n-k)!} p^k q^{n-k} \quad \text{(これを次のように見る)} \\
&= \sum_{k=1}^{n} np \cdot \frac{(n-1)!}{(k-1)!(\{n-1\}-\{k-1\})!} p^{k-1} q^{(n-1)-(k-1)} \\
&= np \sum_{k=0}^{n-1} \frac{(n-1)!}{k!(\{n-1\}-k)!} p^k q^{(n-1)-k} \quad \text{(この和は2項定理の形)} \\
&= np(p+q)^{n-1} = np.
\end{aligned}$$

例 2.1.4 (ポアソン分布)**.**　$\lambda > 0$ に対して，$X \sim Po(\lambda)$ とする．

$$\begin{aligned}
\mathbb{E}[X] &= \sum_{k=0}^{\infty} k e^{-\lambda} \frac{\lambda^k}{k!} = \sum_{k=1}^{\infty} e^{-\lambda} \frac{\lambda^k}{(k-1)!} \\
&= \lambda \sum_{k=0}^{\infty} e^{-\lambda} \frac{\lambda^k}{k!} = \lambda.
\end{aligned}$$

$\mathbb{E}[X^2]$ を求めてみよう．これを定義通り $\mathbb{E}[X^2] = \sum_{k=0}^{\infty} k^2 e^{-\lambda} \frac{\lambda^k}{k!}$ とやろうとすると，k^2 が約分されないので計算しづらい．そこで，まず $\mathbb{E}[X(X-1)]$ を求めることを考える．

$$\mathbb{E}[X(X-1)] = \sum_{k=0}^{\infty} k(k-1) e^{-\lambda} \frac{\lambda^k}{k!} = \sum_{k=2}^{\infty} e^{-\lambda} \frac{\lambda^k}{(k-2)!}$$

$$= \lambda^2 \sum_{k=0}^{\infty} k e^{-\lambda} \frac{\lambda^k}{k!} = \lambda^2.$$

したがって，

$$\mathbb{E}[X^2] = \mathbb{E}[X(X-1)] + \mathbb{E}[X] = \lambda^2 + \lambda.$$

演習 9. $X \sim Bin(n,p)$ に対して，$\mathbb{E}[X^2] = np(1-p) + n^2p^2$ となることを示せ (上記ポアソン分布の計算を参考にせよ).

では，X が連続型の場合は，“平均”としてどのような定義が自然であろうか？同様に，$X = x$ の確率で重みづけしようとしても，$\sum_{x\in\mathbb{R}} x\mathbb{P}(X = x)$ のように $x\mathbb{P}(X = x) = 0$ の非可算和となり定義することはできない.

このようなとき，数学でしばしば用いられるテクニックは，すでに定義されているもので “近似”する，という手法である．確率変数というのは $X : \Omega \to \mathbb{R}$ の関数であるから，連続型の X を離散型確率変数によって近似してみよう．例えば，定義域 Ω を

$$\Omega = \bigcup_{i=1}^{n} A_i, \quad A_i \in \mathcal{F},\ A_i \cap A_j = \emptyset\ (i \neq j)$$

と分割して，定数 $c_i\,(i = 1, 2, \ldots, n)$ を用いて，

$$X_n(\omega) := \sum_{i=1}^{n} c_i \mathbf{1}_{A_i}(\omega)$$

のような Ω 上の関数を作ってみる．このような関数を**単関数** (simple function) という．これは階段型の関数で明らかに $\mathcal{F}$-可測であるので，X_n は離散型確率変数になる．このとき，“**もし**”

$$\lim_{n\to\infty} X_n(\omega) = X(\omega), \quad \omega \in \Omega \tag{2.3}$$

となったとすると，離散型 X_n は連続型 X に対するある種の近似である．十分大きい n について $X_n \approx X$ なのだから，

$$\mathbb{E}[X] \stackrel{!}{=} \lim_{n\to\infty} \mathbb{E}[X_n] \tag{2.4}$$

のように定義するのは自然に思える．このようなことが任意の確率変数 X について可能だろうか？

2.1.2　一般の確率変数の期待値

X を連続型の非負値確率変数で $X \sim F$ とし，この X を使って以下のような X_n を考える：自然数 n と，$\omega \in \Omega$ に対して，

$$X_n(\omega) = \begin{cases} \dfrac{k}{2^n}, & \text{if} \quad \dfrac{k}{2^n} \le X(\omega) < \dfrac{k+1}{2^n} \ (k = 0, 1, \ldots, n2^n - 1) \\ n, & \text{if} \quad X(\omega) \ge n \end{cases} \tag{2.5}$$

$$= \sum_{k=0}^{m_n} a_{k,n} \mathbf{1}_{[a_{k,n}, a_{k+1,n})}(X(\omega)). \tag{2.6}$$

ここに，$m_n = n2^n$，$a_{k,n} = k2^{-n}$，かつ $a_{m_n+1,n} = \infty$ とする．

こうすると，各 X_n は離散型の確率変数である．ここで，$X < n$ なる X の値域を 2^n 等分しているところがポイントである．こうすることによって，n を増やしたときに，直前の分割を保ったままさらに細かい分割 (細分) にできるため，$\{X_n\}_{n=1,2,\ldots}$ は

$$X_n(\omega) \le X_{n+1}(\omega), \quad \omega \in \Omega$$

と ω を止めるごとに n に関する単調増加列になる (**図2.1** 参照)．したがって，$n \to \infty$ のとき，X_n は Ω 上で X に各点収束する．このような $\{X_n\}$ を X の**近似単関数列**という．

演習 10.　式 (2.6) で定義した X_n が，実際に近似単関数列：任意の $\omega \in \Omega$ に対して，

$$X_n(\omega) \le X_{n+1}(\omega), \quad \lim_{n\to\infty} X_n(\omega) = X(\omega)$$

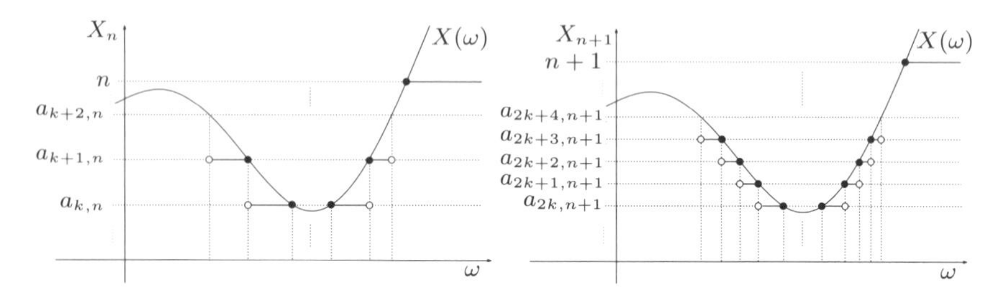

図2.1　左が $n2^n$ 分割の図．右が $(n+1)2^{n+1}$ 分割の図．右は左の分割を保持したままさらに細分化したものになっているので，右の単関数の値は左の単関数以上の値をとっている．つまり，n が増大するにつれて単関数も増大する．

であることを，自ら図を描いて確認してみよ．

さて，離散型であるから定義 2.1.1 によって $\mathbb{E}[X_n]$ が定義される．そこで，$n \to \infty$ とした極限を考える．X の分布関数 F が連続であることに注意して，

$$\lim_{n\to\infty} \mathbb{E}[X_n] = \lim_{n\to\infty} \sum_{k=0}^{m_n} a_{k,n} \left[F(a_{k+1,n}) - F(a_{k,n})\right]. \tag{2.7}$$

ただし，$F(a_{0,n}) = 0$ と定めておく．上記 (2.7) の右辺は正数の和の極限だから単調に増大していることに注意すると，実数の連続性によって

$$\lim_{n\to\infty} \mathbb{E}[X_n] = \sup_{n\in\mathbb{N}} \mathbb{E}[X_n]$$

である．もちろん右辺は ∞ になるかもしれないが，ともかく $\lim_{n\to\infty} \mathbb{E}[X_n]$ を定めることができた．そして実は，この極限値は近似単関数列 X_n のとり方によらない (伊藤 [1], 12 節, 補助定理 3)．したがって，(2.6) のような X_n の作り方は 1 つの例である．このように定める期待値は，X が離散型の場合にはもちろん定義 2.1.1 のものと一致するので，一般に期待値を以下のように定義する．

定義 2.1.5. (1) 非負値確率変数 X に対して，X の近似単関数列 X_n によって

$$\mathbb{E}[X] := \lim_{n\to\infty} \mathbb{E}[X_n]$$

と書き，これを X の**期待値** (**平均**) という．

(2) 一般に，X が負値もとる場合には，

$$X = X_+ - X_-, \quad X_+ := \max\{X, 0\},\ X_- := \max\{-X, 0\}$$

と非負値確率変数の差に分解して，$\mathbb{E}[X_\pm]$ のいずれかが有限のとき

$$\mathbb{E}[X] := \mathbb{E}[X_+] - \mathbb{E}[X_-]$$

で定める．特に，$\mathbb{E}[X_\pm] < \infty$ のとき，X は**可積分** (integrable) であるという．

注意 2.1.6. 確率変数 X が可積分，すなわち，$\mathbb{E}[X_\pm] < \infty$ のとき，

$$\mathbb{E}[|X|] = \mathbb{E}[X_+] + \mathbb{E}[X_-] < \infty$$

となるので，$|X|$ も可積分である．

期待値に関する以下の性質は，定義から容易に証明できる．

定理 2.1.7.　X, Y は可積分な確率変数とする．

(1)　$X = 1$ $a.s.$ ならば $\mathbb{E}[X] = 1$.

(2)　任意の $a, b \in \mathbb{R}$ に対して，$\mathbb{E}[aX + bY] = a\mathbb{E}[X] + b\mathbb{E}[Y]$.

(3)　$X \leq Y$ $a.s.$ ならば $\mathbb{E}[X] \leq \mathbb{E}[Y]$.

(4)　$X \geq 0$ $a.s.$ かつ $\mathbb{E}[X] = 0$ ならば $X = 0$ $a.s.$

(5)　$|\mathbb{E}[X]| \leq \mathbb{E}[|X|]$.

演習 11.　定理 2.1.7 を証明せよ (ヒント：離散型の場合は容易．連続型の場合は単関数近似せよ)．

注意 2.1.8.　一般に，可測関数 $g : \mathbb{R} \to \mathbb{R}$ に対して，期待値 $\mathbb{E}[g(X)]$ も全く同様に定義される．すなわち，

$$g = g_+ - g_-, \quad g_\pm \geq 0$$

と分解しておいて，

$$\mathbb{E}[g_\pm(X)] = \lim_{n\to\infty} \sum_{k=0}^{m_n} a_{k,n} F\left(g_\pm^{-1}([a_{k,n}, a_{k+1,n}))\right) \quad (\text{複号同順}) \tag{2.8}$$

なる極限を用いて，以下のように定める．$\mathbb{E}[g_\pm(X)]$ のいずれかが有限のとき

$$\mathbb{E}[g(X)] = \mathbb{E}[g_+(X)] - \mathbb{E}[g_-(X)].$$

さて，これで一般の確率変数に対する期待値が定義されたが，実際に連続型確率変数の期待値を計算する際に，いちいち定義に戻って極限を計算するのは面倒である．連続型の期待値の簡便な計算法については，定理 2.2.13 で結論を述べる．**初めて確率論を学ぶ場合は，ここから一気に定理 2.2.13 とその注意 2.2.14 に飛んでしまっても何とかなる．**

以下では，定理 2.2.13 に至るまでに “スティルチェス積分” についての概略を紹介する．これは応用上も知っていると便利なものである．例えば，統計学では確率 $\mathbb{P}$ というよりは分布 F を対象とする．興味ある量が「分布 F の汎関数」

というような捉え方をすることが多く，応用統計の少し発展的な書籍や文献では,「期待値は F のスティルチェス積分」として記述されることも多い．この理論の詳細を知るにはルベーグ積分の理論を学ぶ必要があるが，ここでは「速習：スティルチェス積分」という気分で概論的に進めようと思う．応用上はこれくらいの理解でも十分ではなかろうかと，筆者は思っている．

本書で満足できない読者は，伊藤[1], IV 章などを参照されたい．

2.2 スティルチェス積分について

2.2.1 ルベーグ型とリーマン型

さて，しばらく X を非負値確率変数とする．期待値を定義する式 (2.7) は分布関数 F によるが，これを分布 (確率測度)F を使って書き直すと

$$\mathbb{E}[X] = \lim_{n\to\infty} \sum_{k=0}^{m_n} a_{k,n} F([a_{k,n}, a_{k+1,n}))$$

となる．この極限表現から

$$\mathbb{E}[X] = \int_0^\infty x\, F(\mathrm{d}x) \tag{2.9}$$

のような表記は自然に想起されるだろう．記号 $F(\mathrm{d}x)$ は「微小な集合 $\mathrm{d}x$ の F による測度」という気持ちである．

もっと一般に，関数 $g : \mathbb{R}_+ \to \mathbb{R}_+$ に対して*1，期待値 $\mathbb{E}[g(X)]$ の定義式 (2.8) を考えて，(2.9) の表記にならうと $\mathbb{E}[g(X)] = \int_{\mathbb{R}_+} x\, F(g^{-1}(\mathrm{d}x))$ と書けるだろうが，"形式的に" $z = g^{-1}(x)$ という置換のようなことを行って $\mathrm{d}z = g^{-1}(\mathrm{d}x)$ と表記してみれば,

$$\lim_{n\to\infty} \sum_{k=0}^{m_n} a_{k,n} F\left(g^{-1}([a_{k,n}, a_{k+1,n}))\right) = \int_{\mathbb{R}_+} x\, F(g^{-1}(\mathrm{d}x)) = \int_0^\infty g(z)\, F(\mathrm{d}z)$$

という表記が自然に見えるだろう．

---

*1 $\mathbb{R}_+ = [0, \infty)$

定義 2.2.1.　分布 F が与えられたとき，関数 $g : \mathbb{R} \to \mathbb{R}$ に対して，

$$L_{\pm} := \lim_{n\to\infty} \sum_{k=0}^{m_n} a_{k,n} F\left(g_{\pm}^{-1}([a_{k,n}, a_{k+1,n}))\right) \quad (複号同順) \tag{2.10}$$

とする．ここに，$g = g_+ - g_-$ $(g_{\pm} \geq 0)$ である．このとき，$L_{\pm}$ のいずれかが存在すれば

$$\int_{\mathbb{R}} g(z)\, F(\mathrm{d}z) := L_+ - L_-$$

と書いて，これを分布 F による g の**ルベーグ=スティルチェス積分**[*2]，あるいは単に**ルベーグ型積分**という．2つの極限 $L_{\pm}$ が共に有限ならば関数 g は F-**可積分** (F-integrable) であるという．特に，X を分布 F に従う確率変数とすると，

$$\int_{\mathbb{R}} g(z)\, F(\mathrm{d}z) = \mathbb{E}[g(X)].$$

また，以下のような記号を用いる．任意の $A \in \mathcal{B}$ に対して，

$$\int_A g(x)\, F(\mathrm{d}x) := \int_{\mathbb{R}} g(x) \mathbf{1}_A(x)\, F(\mathrm{d}x).$$

特に，$A = (a, b]$ なる区間のとき

$$\int_a^b g(x)\, F(\mathrm{d}x) := \int_{(a,b]} g(x)\, F(\mathrm{d}x).$$

注意 2.2.2.　一般に，

$$\int_{[a,b]} g(x)\, F(\mathrm{d}x) = g(a)\Delta F(a) + \int_a^b g(x)\, F(\mathrm{d}x). \tag{2.11}$$

ただし，$\Delta F(a) = F(\{a\})\, (= F(a) - F(a-))$ となることに注意が必要である．

特に，非負の確率変数 X の期待値を扱う際，$\mathbb{P}(X = 0) = p_0 > 0$ となる場合に注意がいる．この場合，X の分布関数 F は，$F(x) = 0$ $(x < 0)$ であり，$\Delta F(0) = p_0$ となるから，

$$F(x) = p_0 \Delta_0(x) + (1 - p_0) H(x), \quad x \geq 0.$$

[*2] 分布 F がルベーグ=スティルチェス測度 (定義 1.3.7) であることによる．

ただし，H は $H(0)=0$ なる分布関数，と混合分布の形で書けるが，

$$\int_{\mathbb{R}} p_0 g(x)\,\Delta_0(\mathrm{d}x) = \int_{\mathbb{R}} p_0 g(x)\delta_0(x)\,\mathrm{d}x = p_0 g(0)$$

より，

$$\mathbb{E}[g(X)] = \int_{\mathbb{R}} g(x)\,F(\mathrm{d}x) = p_0 g(0) + (1-p_0)\int_0^\infty g(x)\,H(\mathrm{d}x)$$

となる．$p_0 g(0)$ **を忘れてはいけない！**

注意 2.2.3. 期待値のときと同様に，

$$g \text{ が } F\text{-可積分} \quad \Leftrightarrow \quad |g| \text{ が } F\text{-可積分}$$

注意 2.2.4. 上記のような F による積分は，F が式 (1.14) のような分解を持つ局所有界変動関数であれば対応するルベーグ=スティルチェス測度によって同様に定義される．$F(x)=x$ とした場合のルベーグ=スティルチェス積分のことを，特に**ルベーグ積分**といい，このとき，$F(\mathrm{d}x)$ を $\mu(\mathrm{d}x)$，あるいは単に $\mathrm{d}x$ と表す．

さて，次に式 (2.10) に注目すると，これはリーマン積分の定義の形式に似ていることにも気づくだろう．しかし，正確には，リーマン積分とは少し違う．

定義 2.2.5. 分布関数 F が与えられたとする．関数 $g:[a,b]\to\mathbb{R}$ に対して，分割 $\Delta: a=a_0<a_1<\cdots<a_n=b$ をとって，

$$|\Delta| = \max_{1\le k\le n} |a_k - a_{k-1}|, \quad k=1,2,\ldots,n$$

とおく．このとき，以下の 2 つの極限を考える．

$$R_+ := \lim_{|\Delta|\to 0}\sum_{k=1}^n \sup_{x\in[a_{k-1},a_k]} g(x)\,[F(a_k)-F(a_{k-1})] \tag{2.12}$$

$$R_- := \lim_{|\Delta|\to 0}\sum_{k=1}^n \inf_{x\in[a_{k-1},a_k]} g(x)\,[F(a_k)-F(a_{k-1})] \tag{2.13}$$

このとき，<u>R_+ と R_- が一致するならば</u> g は F-**リーマン可積分**であるといい，

$$\int_{[a,b]} g(x)\,\mathrm{d}F(x) := R_+ \ (= R_-)$$

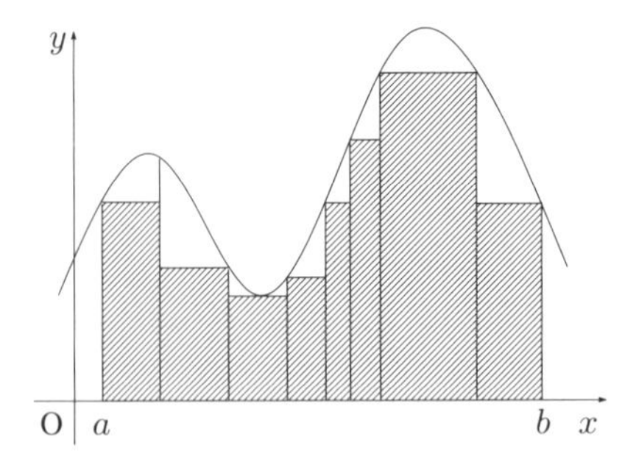

図2.2　リーマン積分のイメージ図.

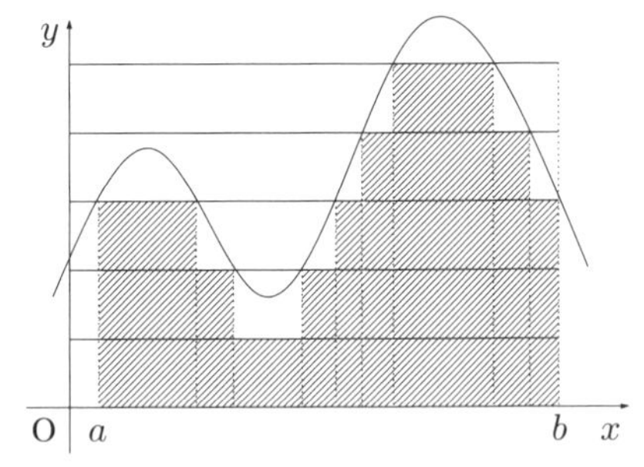

図2.3　ルベーグ積分のイメージ図.

と書いて，これを分布関数 F による関数 g の**リーマン=スティルチェス** (Riemann–Stieltjes) **積分**，あるいは単に**リーマン型積分**という．特に，

$$\int_a^b g(x)\,\mathrm{d}F(x) = \lim_{\epsilon\downarrow 0}\int_{[a+\epsilon,b]} g(x)\,\mathrm{d}F(x) = \int_{(a,b]} g(x)\,\mathrm{d}F(x)$$

などと書く．$\int_{-\infty}^{b} g(x)\,\mathrm{d}F(x)$ や $\int_{-\infty}^{\infty} g(x)\,\mathrm{d}F(x)$ などについても同様に定める．

記号 $\mathrm{d}F$ は「差分 $\Delta F := F(a_i) - F(a_{i-1})$ の極限」という気持ちであり，特に，$F(x) = x$ のとき $\mathrm{d}F(x) = \mathrm{d}x$ と書く．これが大学初年度に「微積分学」で習う定積分 (リーマン積分) である．

注意 2.2.6. リーマン型積分も，ルベーグ型と同様に，F が (局所) 有界変動関数に対しても同様に定義される．

このリーマン=スティルチェス積分とルベーグ=スティルチェス積分との大きな違いは，**リーマン型では定義域** $[a,b]$ **を** Δ **で分割しているのに対し** (**図2.2**)，**ルベーグ型では** g **の値域を分割している点である** (**図2.3**).

図を描いてみると明らかなように, 1 次元の場合，どちらの積分も関数 g と x 軸とで挟まれる部分の面積を求めようとするものであるから，g が区分的に連続であるような場合にはこの違いはほとんどないが，以下のような例では顕著に現れる．

例 2.2.7. F を $[0,1]$ 上の分布とする．関数 $g : [0,1] \to \mathbb{R}$ は以下のように定める．

$$g(x) = \begin{cases} 1 & x \in \mathbb{Q} \cap [0,1] \\ 0 & x \notin \mathbb{Q} \cap [0,1] \,. \end{cases}$$

ただし，$\mathbb{Q}$ は有理数全体の集合とする．このとき，$[0,1]$ 上で分布関数 F によるリーマン型積分を考えると，明らかに

$$R_+ = F(1) - F(0) = 1, \quad R_- = 0$$

となるので，g は F-リーマン可積分にならない．ところが，ルベーグ型によれば，確率測度 F の完全加法性により，

$$\int_{[0,1]} g(x)\, F(\mathrm{d}x) = F(\mathbb{Q} \cap [0,1]) = \sum_{x \in \mathbb{Q} \cap [0,1]} F(\{x\}) \leq 1$$

となって，分布 F が決まれば積分値は確定する．特に F が連続型なら $\int_0^1 g(x)\, F(\mathrm{d}x) = 0$ である．したがって，g は F-可積分である．

このように，一般にはリーマン型積分ができないような関数でもルベーグ型なら積分値が確定することが多い．しかも，$|g|$ が F-リーマン可積分になる場合には，g はルベーグの意味でも可積分になり，2 つの積分値は一致する．

定理 2.2.8 (ルベーグ型積分とリーマン型積分)**.** F を分布関数とする．また，$I = [a,b] \subset \mathbb{R}$ とし，関数 $g : I \to \mathbb{R}$ に対して $|g|$ は F-リーマン可積分であるとする．このとき，

$$(\text{ルベーグ型}) \quad \int_I g(x)\, F(\mathrm{d}x) = \int_I g(x)\, \mathrm{d}F(x) \quad (\text{リーマン型})$$

が成り立つ．

***Proof*.** 積分の定義により g は非負値関数として示せば十分である．また，リーマン可積分性により g が I 上有界であることに注意して，定数 $m \leq M$ に対して $m \leq g(x) \leq M$ とする．

今，区間 $[a,b]$ を 2^n 等分することで，分割 $\Delta :\quad a = a_0 < a_1 < \cdots < a_n = b$ を $a_k = (b-a)k/2^n$ $(k = 0, 1, \ldots, 2^n)$ となるようにとる．また，

$$g_\Delta^1(x) := g(a)\mathbf{1}_{\{x=a\}} + \sum_{k=1}^{n} \inf_{x \in [a_{k-1}, a_k]} g(x) \mathbf{1}_{(a_{k-1}, a_k]}(x)$$

$$g^2_\Delta(x) := g(a)\mathbf{1}_{\{x=a\}} + \sum_{k=1}^n \sup_{x\in[a_{k-1},a_k]} g(x)\mathbf{1}_{(a_{k-1},a_k]}(x)$$

と定めると，分割 Δ の作り方から，ある可測関数 g^1, g^2 が存在して，$g^1_\Delta \uparrow g^1$, $g^2_\Delta \downarrow g^2$ であり，任意の $x \in I$ に対して，

$$m \le g^1_\Delta(x) \le g^1(x) \le g(x) \le g^2(x) \le g^2_\Delta(x) \le M.$$

したがって，後述の単調収束定理 (定理 4.1.4) とその系 4.1.5 によって，

$$\begin{aligned}\lim_{|\Delta|\to 0}\int_I g^1_\Delta(x)\,F(\mathrm{d}x) &= \int_I g^1(x)\,F(\mathrm{d}x) \le \int_I g^2(x)\,F(\mathrm{d}x) \\ &\le \lim_{|\Delta|\to 0}\int_I g^2_\Delta(x)\,F(\mathrm{d}x)\end{aligned}$$

一方，(2.12)，(2.13) の記号を用いると

$$R_- = \lim_{|\Delta|\to 0}\int_I g^1_\Delta(x)F(dx) \le \lim_{|\Delta|\to 0}\int_I g^2_\Delta(x)F(dx) = R_+$$

だが，仮定より g は F-リーマン可積分であったから，

$$R_+ = R_- = \int_I g(x)\,\mathrm{d}F(x)$$

となって結論を得る．□

注意 2.2.9.　このような事実があるので，$F(\mathrm{d}x)$ と $\mathrm{d}F(x)$ の記号はあまり区別せず，積分が存在すればどちらもルベーグ=スティルチェス積分の意味で用いるのが一般的である．

上の定理は $I = [a, b]$ に限定しているが，I は $\mathbb{R}$ 上のどんな区間でも同様である．この定理により，可積分関数の具体的な積分計算はリーマン積分によればよい．

2.2.2　より具体的な積分計算

さて，期待値は分布や分布関数 F によるルベーグ型積分で表され，しかもその積分は，多くの場合リーマン型積分で計算可能であることがわかった．特に，分布関数 F が以下のように表されるとき，積分計算は通常の定積分と全く同様に計算できる．

定義 2.2.10.　分布関数 F が区間 $[a, b]$ で**絶対連続**であるとは，非負値関数 f で，

ルベーグ測度 μ に関する積分 $\int_a^b f(x)\,\mu(\mathrm{d}x)$ が有限となるものが存在して,

$$F(x) - F(a) = \int_a^x f(y)\,\mu(\mathrm{d}y), \quad x \in (a,b] \tag{2.14}$$

と書けることである．このとき，f を F の**微分** (**商**) という．

上の定義で，右辺の積分はルベーグ積分の意味であるが，f が可積分なので，定理 2.2.8 によってリーマン積分と解釈しても構わない．特に F が区分的に微分可能ならば[*3]，微分可能な点で $F'(x) = f(x)$ であり，f は分布 F の確率密度関数である (A.1.2 節を参照).

注意 2.2.11. F の "絶対連続性" はもともと定義 A.1.3 のように与えられ，上記の定義はそれと同値である．しかし，定義 1.3.10, (2) で密度関数が存在する確率変数を「絶対連続型」と呼んだのは定義 2.2.10 の形式からである．分布関数 F が $\mathbb{R}$ 上で絶対連続のとき，分布関数 F から定まる分布 $F : \mathcal{B} \to [0,1]$ は

$$F(A) = \int_A f(x)\,\mu(\mathrm{d}x), \quad A \in \mathcal{B} \tag{2.15}$$

で与えられるが (演習 4 も参照)，このとき，**分布** F **はルベーグ測度に関して絶対連続**であるといい，以下のように表記する．

$$f = \frac{\mathrm{d}F}{\mathrm{d}\mu}$$

f を F のルベーグ測度 μ に関する**ラドン=ニコディム** (Radon–Nikodym) **微分**という (A.1 節も参照せよ).

絶対連続な分布 F とそのラドン=ニコディム微分 f に関して次の定理が成り立つ．上は 1 次元で述べたが多次元でも同様であるので，ここでは多次元の形式で書いておく．

定理 2.2.12. $(\mathbb{R}^d, \mathcal{B}_d)$ 上の分布 F がルベーグ測度 μ_d に関して絶対連続であるとし，そのラドン=ニコディム微分 (確率密度) を f とする．このとき，可測関数 $g : \mathbb{R}^d \to \mathbb{R}$ に対して，

---

*3 (2.14) のように書ける F がいつも区分的に微分可能になるわけではない．例えば伊藤[1], p.145 には (2.14) を満たすがどんな有理数上でも微分不可能な関数の例がある．

$$\int_{\mathbb{R}^d} g(x)\,F(\mathrm{d}x) = \int_{\mathbb{R}^d} g(x)f(x)\,\mu_d(\mathrm{d}x).$$

Proof. 関数 g に対して，(2.5) と同様にすることで，近似単関数列 $g_n(x) \to g(x)$ を作ることができる．このとき，g_n はあるボレル集合列 $A_{k,n}\,(k = 1,2,\ldots,m_n) \in \mathcal{B}_d$ に対して，

$$g_n(x) = \sum_{k=0}^{m_n} \alpha_{k,n}\mathbf{1}_{A_{k,n}}, \quad \bigcup_{k=0}^{m_n} A_{k,n} = \mathbb{R}^d$$

と書ける．すると，

$$\begin{aligned}\int_{\mathbb{R}^d} g_n(x)\,F(\mathrm{d}x) &= \sum_{k=0}^{m_n} \alpha_{k,n}F(A_{k,n}) = \sum_{k=0}^{m_n} \alpha_{k,n}\int_{A_{k,n}} f(x)\,\mu_d(\mathrm{d}x)\\ &= \sum_{k=0}^{m_n}\int_{A_{k,n}} g_n(x)f(x)\,\mu_d(\mathrm{d}x) = \int_{\mathbb{R}^d} g_n(x)f(x)\,\mu_d(\mathrm{d}x).\end{aligned}$$

ここで，g_n は正値で単調増加であることに注意して両辺で $n \to \infty$ をとると，左辺はルベーグ=スティルチェス積分の定義によって $\int_{\mathbb{R}^d} g(x)\,F(\mathrm{d}x)$ に収束し，右辺は後述の「単調収束定理」(定理 4.1.4) によって $\int_{\mathbb{R}^d} g(x)f(x)\,\mu_d(\mathrm{d}x)$ に収束するので，結論の式が得られる． □

以上のことから次の定理を得る．

定理 2.2.13 (期待値の具体的計算法)**.** $\mathbb{R}^d$-値確率変数 X の分布関数 F が $\mathbb{R}^d$ で絶対連続で確率密度関数 f を持つとする．このとき，

$$\mathbb{E}[g(X)] = \int_{\mathbb{R}^d} g(x)f(x)\,\mathrm{d}x.$$

注意 2.2.14 (結局のところ $\cdots$：初学者のために)**.** さて，結果として，$\mathbb{R}^d$-値確率変数 $X \sim F$ の期待値を計算するときには次のように考えてよい．

$$\begin{aligned}\mathbb{E}[g(X)] &= \int_{\mathbb{R}^d} g(x)\,F(\mathrm{d}x)\\ &= \begin{cases} (\text{離散型}) & \displaystyle\sum_{k=1}^{\infty} g(x_k)p(x_k) \quad (p \text{ は } X \text{ の確率関数})\\ (\text{“連続型”}) & \displaystyle\int_{\mathbb{R}^d} g(x)f(x)\,\mathrm{d}x \quad (f \text{ は } X \text{ の密度関数}).\end{cases}\end{aligned}$$

最初の $\int_{\mathbb{R}^d} g(x)\, F(\mathrm{d}x)$ は，離散型と連続型の期待値をまとめて表現する単なる記号と思っていても差し支えない．“連続型”と書いたのは本来は絶対連続型と書くべきだが，最初は“連続型=絶対連続型”として教えてしまうことが多い．応用上の具体的な例では，密度関数を持つような分布を扱うことが多いからである．だから，最初は上記のような理解でも応用上はあまり困らないだろう．しかし，後の期待値に関する極限定理のためにも，**期待値の定義 (定義 2.1.5) は知っていなければならない．**

例 2.2.15 (離散分布によるスティルチェス積分)． 実数 $x_i \in \mathbb{R}$ $(i = 1, 2, \ldots, n)$ と $p_i > 0$ $(i = 1, 2, \ldots, n)$ で $\sum_{i=1}^n p_i = 1$ となる正数に対して，

$$F(x) = \sum_{i=1}^n p_i \mathbf{1}_{\{x_i \le x\}} = \sum_{i=1}^n p_i \Delta_{x_i}(x), \quad x \in \mathbb{R}$$

とする．この F は離散型の分布関数になっていることに注意せよ．

このような不連続関数による $g : \mathbb{R} \to \mathbb{R}$ のルベーグ=スティルチェス積分は，$X \sim F$ に対する期待値 $\mathbb{E}[g(X)]$ を思い出して

$$\int_{\mathbb{R}} g(x)\, F(\mathrm{d}x) = \sum_{i=1}^n p_i g(x_i)$$

と書ける．次のように機械的に考えてもよい．分布関数 F を“形式的に”微分すると，ディラック関数を用いて

$$f(x) = F'(x) = \sum_{i=1}^n p_i \delta_{x_i}(x)$$

と書けて，これを確率密度関数とみなせば，

$$\begin{aligned}\int_{\mathbb{R}} g(x)\, F(\mathrm{d}x) &= \int_{\mathbb{R}} g(x)\, f(x)\, \mathrm{d}x \\ &= \sum_{i=1}^n p_i \int_{\mathbb{R}} g(x)\, \delta_{x_i}(x)\, \mathrm{d}x = \sum_{i=1}^n p_i g(x_i)\end{aligned}$$

となる．

この例は統計学において重要である．データ $X_1, X_2, \ldots, X_n$ が得られたとき，$p_i \equiv 1/n$ とおいて，

$$\widehat{F}_n(x) = \frac{1}{n}\sum_{i=1}^{n} \mathbf{1}_{\{X_i \le x\}}$$

なる離散型分布関数を**経験分布関数** (empirical distribution) という．$\widehat{F}_n$ はデータの分布の**推定量** (estimator) としてしばしば用いられる．すなわち，現実のデータを解析するときには分布 F は未知であるから，適当な連続分布のモデルを当てはめにくい場合には，このような離散的な分布関数を作って "分布関数の代用" とするのである．例えば，データが分布 F から得られたものであると考えると，$\mathbb{E}[g(X)] = \int_{\mathbb{R}} g(x)\,F(\mathrm{d}x)$ なる期待値の推定には，F を推定量 $\widehat{F}_n$ で置き換えて，

$$\int_{\mathbb{R}} g(x)\,\widehat{F}_n(\mathrm{d}x) = \frac{1}{n}\sum_{i=1}^{n} g(X_i)$$

とし，これを $\mathbb{E}[g(X)]$ の推定量として用いるのである．$g(x) = x$ の場合が，いわゆる日常的に用いられる "平均" である．

2.2.3　積分の順序交換について：フビニの定理

次に，多次元確率ベクトルの期待値計算で重要となる "**積分の順序交換**" に関する基本的な結果を述べておく．意外と意識されないのだが，例えば2重積分は**無条件では交換できない！** 以下のような例がある．

例 2.2.16.　以下の重積分を考える．

$$\int_{(0,1]\times(0,1]} \frac{x^2 - y^2}{(x^2 + y^2)^2}\,\mathrm{d}x\mathrm{d}y$$

これを x から先に積分すると，

$$\int_0^1 \mathrm{d}y \int_0^1 \frac{\partial}{\partial x}\left(-\frac{x}{x^2 + y^2}\right)\mathrm{d}x = -\int_0^1 \frac{\mathrm{d}y}{1 + y^2} = -\frac{\pi}{4}$$

また，y から先に積分すると，

$$\int_0^1 \mathrm{d}x \int_0^1 \frac{\partial}{\partial y}\left(\frac{y}{x^2 + y^2}\right)\mathrm{d}y = \int_0^1 \frac{\mathrm{d}x}{x^2 + 1} = \frac{\pi}{4}$$

となって符号が変わってしまうため，この例では積分の順序交換 (逐次積分) は適切でない．積分の順序交換は様々な応用上いたるところで行われるため，そのための条件は正確に記憶しておかねばならない．

定義 2.2.17. F_1, F_2 をそれぞれ d_1, d_2 次元のルベーグ=スティルチェス測度 (注意 1.3.9) とする．このとき，$\mathcal{B}_d (d = d_1 + d_2)$ 上のルベーグ=スティルチェス測度 G で，任意の $A \in \mathcal{B}_{d_1}$，$B \in \mathcal{B}_{d_2}$ と $E = A \times B \in \mathcal{B}_d$ に対して，

$$G(E) = F_1(A)F_2(B)$$

となるものが一意に存在する．このような G を，F_1, F_2 による**直積測度** (product measure) といい，$G = F_1 \times F_2$ などと書く．

注意 2.2.18. 3 つ以上の測度に対する直積測度は帰納的に定義すればよい．特に，$F_1, \ldots, F_n$ による直積測度は $\displaystyle\prod_{i=1}^{n} F_i$ などと表す．

定理 2.2.19 (フビニ (Fubini) の定理)**.** F_1, F_2 をそれぞれ d_1, d_2 次元のルベーグ=スティルチェス測度とし，$d = d_1 + d_2$ とする．$\mathcal{B}_d$ 上の直積測度 $G = F_1 \times F_2$ と可測関数 $g : \mathbb{R}^d \to \mathbb{R}$ に対して以下の (1)，(2) が成り立つ．

(1) 関数 g が G-可積分ならば，

(i) $\displaystyle\int_{\mathbb{R}^{d_1}} g(x,y)\, F_1(\mathrm{d}x), \int_{\mathbb{R}^{d_2}} g(x,y)\, F_2(\mathrm{d}y)$ は，それぞれ，$\mathcal{B}_{d_2}, \mathcal{B}_{d_1}$-可測である．

(ii) 以下のような積分の順序交換 (逐次積分) が成り立つ．

$$\begin{aligned}\iint_{\mathbb{R}^d} g(x,y)\,(F_1 \times F_2)(\mathrm{d}x, \mathrm{d}y) &= \int_{\mathbb{R}^{d_2}} F_2(\mathrm{d}y) \int_{\mathbb{R}^{d_1}} g(x,y)\, F_1(\mathrm{d}x) \\ &= \int_{\mathbb{R}^{d_1}} F_1(\mathrm{d}x) \int_{\mathbb{R}^{d_2}} g(x,y)\, F_2(\mathrm{d}y). \end{aligned} \tag{2.16}$$

(2) 任意の $(x,y) \in \mathbb{R}^{d_1} \times \mathbb{R}^{d_2}$ で $g(x,y) \geq 0$ のとき，上記 (i), (ii) が成り立つ．特に，等式 (2.16) は 3 つの積分が ∞ になる場合にも成り立つ．すなわち，いずれか 1 つの積分が ∞ ならば，他の 2 つの積分も ∞ である．

注意 2.2.20. 上記定理に関する注意を述べておく．

- (2) では，g に G-可積分性は不要である．
- F_1, F_2 が確率分布のときは G も確率分布[*4]になり，

[*4] $G(\mathbb{R}^d) = 1$ ということ．

$$\iint_{\mathbb{R}^d} g(x,y)\,G(\mathrm{d}x,\mathrm{d}y) = \mathbb{E}[g(X,Y)].$$

ただし，X, Y はそれぞれ分布 F_1, F_2 を持つような確率変数である．後でわかるが，直積測度 G は X, Y が "互いに独立" な場合の 2 次元確率ベクトル (X,Y) の分布になっている (定理 3.1.7).

演習 12.　例 2.2.16 が逐次積分できなかったのはどこが問題なのか考えよ．

フビニの定理は (2) のように被積分関数 g が非負値の場合が特に有用である．例えば (1) を用いるには "g が G-可積分" であることを確認しなければならないが，この確認のために (2) を用いることができる．以下，簡単のために $d_1 = d_2 = 1$ として G は 2 次元の分布と仮定しておくと，(2) を用いて，

$$\begin{aligned}\left|\iint_{\mathbb{R}^2} g(x,y)\,G(\mathrm{d}x,\mathrm{d}y)\right| &\le \iint_{\mathbb{R}^2} |g(x,y)|\,G(\mathrm{d}x,\mathrm{d}y)\\ &= \int_{\mathbb{R}} F_2(\mathrm{d}y)\int_{\mathbb{R}} |g(x,y)|\,F_1(\mathrm{d}x)\end{aligned}$$

となる．$|g| \ge 0$ となることから，最後の等号に (2) を用いている．このように逐次積分に直すことができれば直接計算できる場合が多く，(右辺)$< \infty$ が示されれば，"g が G-可積分" であることが示され，今度は絶対値抜きの $g(x,y)$ に対して (1) のフビニの定理が適用できる．

フビニの定理を用いて，有界変動関数のルベーグ=スティルチェス積分に対する部分積分公式が証明できる．

定理 2.2.21 (スティルチェス型部分積分)**.**　実数 $a < b$ に対し，F, G を $[a,b]$ 上の有界変動関数とする．このとき以下が成り立つ．

$$\begin{aligned}&F(b)G(b) - F(a)G(a)\\ &= \int_a^b F(x-)\,G(\mathrm{d}x) + \int_a^b G(x)\,F(\mathrm{d}x) \qquad (2.17)\\ &= \int_a^b F(x-)\,G(\mathrm{d}x) + \int_a^b G(x-)\,F(\mathrm{d}x) + \sum_{x\in(a,b]} \Delta F(x)\cdot\Delta G(x). \qquad (2.18)\end{aligned}$$

ただし，$\Delta F(x) = F(x) - F(x-)$ である．

Proof. 直積測度 $F \times G$ に対して，関数 F, G が有界変動であることに注意すると，

$$|(F \times G)((a,b] \times (a,b])| = |F((a,b])G((a,b])| < \infty.$$

したがって，フビニの定理 (定理 2.2.19, (1)) により，

$$\begin{aligned}
&[F(b) - F(a)][G(b) - G(a)] \\
&= \int_a^b F(\mathrm{d}t) \int_a^b G(\mathrm{d}s) = \iint_{(a,b]\times(a,b]} (F \times G)(\mathrm{d}t, \mathrm{d}s) \\
&= \iint_{(a,b]\times(a,b]} \mathbf{1}_{\{s \le t\}} (F \times G)(\mathrm{d}t, \mathrm{d}s) + \iint_{(a,b]\times(a,b]} \mathbf{1}_{\{s > t\}} (F \times G)(\mathrm{d}t, \mathrm{d}s) \\
&= \int_a^b \left[\int_{[s,b]} F(\mathrm{d}t) \right] G(\mathrm{d}s) + \int_a^b \left[\int_t^b G(\mathrm{d}s) \right] F(\mathrm{d}t).
\end{aligned}$$

ここで，注意 2.2.2, (2.11) の表現に注意すると，

$$\int_a^b \left[\int_{[s,b]} F(\mathrm{d}t) \right] G(\mathrm{d}s) = \int_a^b \left[\{F(s) - F(s-)\} + \int_s^b F(\mathrm{d}t) \right] G(\mathrm{d}s).$$

したがって，

$$\begin{aligned}
&[F(b) - F(a)][G(b) - G(a)] \\
&= \int_a^b [F(s) - F(s-)]\, G(\mathrm{d}s) \\
&\quad + \int_a^b [F(b) - F(s)]\, G(\mathrm{d}s) + \int_a^b [G(b) - G(t)]\, F(\mathrm{d}t) \\
&= F(b)\,[G(b) - G(a)] + G(b)\,[F(b) - F(a)] \\
&\quad - \int_a^b F(x-)\, G(\mathrm{d}x) - \int_a^b G(x)\, F(\mathrm{d}x).
\end{aligned}$$

これを整理すれば (2.17) が得られる．また，(2.17) から (2.18) への変形は，

$$\begin{aligned}
\int_a^b G(x)\, F(\mathrm{d}x) &= \int_a^b [G(x-) + \Delta G(x)]\, F(\mathrm{d}x) \\
&= \int_a^b G(x-)\, F(\mathrm{d}x) + \sum_{x \in (a,b]} \Delta F(x) \cdot \Delta G(x)
\end{aligned}$$

となることに注意すればよい．最後の和は F と G が同時に "ジャンプ"する点での瞬間的な増分を表している． □

注意 2.2.22. 式 (2.17) を少し変形して，

$$\int_a^b F(x-)\,G(\mathrm{d}x) = \big[F(x)G(x)\big]_a^b - \int_a^b G(x)\,F(\mathrm{d}x)$$

と書くとわかりやすいかもしれない．特に，F, G がそれぞれ密度関数 f, g を持つとすると (このとき $F(x) = F(x-)$ である)，

$$\int_a^b F(x)g(x)\,\mathrm{d}x = \big[F(x)G(x)\big]_a^b - \int_a^b G(x)f(x)\,\mathrm{d}x$$

となり，よく見知った部分積分公式であろう．

例 2.2.23 (期待値と裾関数). 実数値確率変数 X の分布 F に対する期待値を計算したりその存在を判定する場合，分布の**裾関数** (tail function)

$$\overline{F}(x) := \mathbb{P}(X > x) = 1 - F(x)$$

を使うと便利である．例えば，以下が成り立つ．

$$\mathbb{E}[X] = \int_0^\infty \overline{F}(x)\,\mathrm{d}x - \int_{-\infty}^0 F(x)\,\mathrm{d}x. \tag{2.19}$$

特に，X が非負値確率変数ならば，

$$\mathbb{E}[X] = \int_0^\infty \overline{F}(x)\,\mathrm{d}x. \tag{2.20}$$

これは密度関数を使わずに期待値を計算する方法として有力な公式である．

証明にはフビニの定理を用いるのが賢明である．

$$\begin{aligned}
\mathbb{E}[X] = &\int_0^\infty \left(\int_0^\infty \mathbf{1}_{(-\infty,x]}(y)\,\mathrm{d}y\right) F(\mathrm{d}x) \\
&+ \int_{-\infty}^0 \left(-\int_{-\infty}^0 \mathbf{1}_{[x,\infty)}(y)\,\mathrm{d}y\right) F(\mathrm{d}x) \\
= &\int_0^\infty \left(\int_y^\infty F(\mathrm{d}x)\right) \mathrm{d}y - \int_{-\infty}^0 \left(\int_{-\infty}^y F(\mathrm{d}x)\right) \mathrm{d}y \quad (\text{フビニの定理}) \\
= &\int_0^\infty \overline{F}(x)\,\mathrm{d}x - \int_{-\infty}^0 F(x)\,\mathrm{d}x.
\end{aligned}$$

上記フビニの定理を用いるところでは定理 2.2.19, (2) を用いているので，積分が発散する場合でも (2.19) や (2.20) は成り立つ．

この証明ではまず部分積分を使いたくなるだろうが，そうするとうまくいかない．簡単のために非負値変数 X を考えると，部分積分により，

$$\mathbb{E}[X] = -\int_0^\infty x\,\overline{F}(\mathrm{d}x) = -\left[x\overline{F}(x)\right]_0^\infty + \int_0^\infty \overline{F}(x)\,\mathrm{d}x$$

となる．$0 \leq \overline{F}(x) \leq 1$ であるので $\lim_{x\to 0} x\overline{F}(x) = 0$ であるが，$\lim_{x\to\infty} x\overline{F}(x)$ は不定形となり，これが 0 に収束するかどうかが問題となりやっかいである (後述の定理 2.2.25 参照).

演習 13. 確率変数 X が $\{1, 2, 3, \dots\}$ に値をとる離散型のとき，

$$\mathbb{E}[X] = \sum_{k=1}^\infty \mathbb{P}(X \geq k)$$

となることを示せ．

定理 2.2.24 (モーメント公式)**.** 非負値確率変数 X に対して，その裾関数を $\overline{F}(x)$ とすると以下が成り立つ．

$$\mathbb{E}[X^p] = p\int_0^\infty x^{p-1}\overline{F}(x)\,\mathrm{d}x, \quad p > 0. \tag{2.21}$$

Proof. 例 2.2.23 と同様にして，フビニの定理を用いて証明できる．

$$\begin{aligned}
\mathbb{E}[X^p] &= \int_0^\infty \left(\int_0^\infty \mathbf{1}_{\{y\leq x^p\}}\,\mathrm{d}y\right) F(\mathrm{d}x) \\
&= \int_0^\infty \left(\int_{y^{1/p}}^\infty F(\mathrm{d}x)\right)\mathrm{d}y \quad (\text{フビニの定理}) \\
&= \int_0^\infty \overline{F}(y^{1/p})\,\mathrm{d}y \quad (y = x^p \text{ と置換}) \\
&= p\int_0^\infty x^{p-1}\overline{F}(x)\,\mathrm{d}x.
\end{aligned}$$

したがって (2.19) などと同様，積分が発散する場合でも (2.21) は成り立つ．□

定理 2.2.25 (可積分性の必要条件)**.** 非負値確率変数 X は分布 F に従うとする．$p > 0$ に対して以下が成り立つ．

$$\mathbb{E}[X^p] < \infty \quad \Rightarrow \quad \lim_{x\to\infty} x^p \overline{F}(x) = 0. \tag{2.22}$$

Proof.　部分積分によって

$$\mathbb{E}[X^p] = -\left[x^p \overline{F}(x)\right]_0^\infty + p\int_0^\infty x^{p-1}\overline{F}(x)\,\mathrm{d}x < \infty.$$

定理2.2.24の結果より，右辺の初項は0とならなければならないから結論を得る．□

この逆はかならずしも成り立たない．例えば非負値確率変数 X の分布が，ある定数 $c > 0$ に対して

$$\overline{F}(x) \sim \frac{c}{x\log x}, \quad x \to \infty$$

であるとすると，$x\overline{F}(x) \to 0$ となるが，

$$\mathbb{E}[X] = \int_0^\infty \overline{F}(x)\,\mathrm{d}x > \lim_{M\to\infty}\int_M^{\mathrm{e}^M} \frac{c}{x\log x}\,\mathrm{d}x = \lim_{M\to\infty}\int_{\log M}^M \frac{c}{y}\,\mathrm{d}y = \infty$$

となって平均は存在しない．

定理 2.2.26 (可積分の十分条件)**.**　非負値確率変数 X が分布 F に従うとする．このとき，ある $\epsilon > 0$ に対して，

$$\lim_{x\to\infty} x^{p+\epsilon}\overline{F}(x) = 0 \quad \Rightarrow \quad \mathbb{E}[X^p] < \infty. \tag{2.23}$$

Proof.　十分大きな $M > 0$ に対して $x > M$ なら $x^{p+\epsilon}\overline{F}(x) < \delta$ となるような定数 $\delta > 0$ をとると，定理2.2.24により

$$\begin{aligned}\mathbb{E}[X^p] &= p\int_0^\infty x^{p-1}\overline{F}(x)\,\mathrm{d}x = p\int_0^\infty x^{p+\epsilon}\overline{F}(x)\frac{1}{x^{1+\epsilon}}\,\mathrm{d}x \\ &\le p\int_0^M x^{p-1}\overline{F}(x)\,\mathrm{d}x + p\delta\int_M^\infty \frac{\mathrm{d}x}{x^{1+\epsilon}} < \infty.\end{aligned}$$

□

先の例で見たように，$\epsilon = 0$ としてはこの定理は成立しない．

2.3 分布を特徴付ける量や関数

現象を表す確率分布は様々であり，かならずしも以前紹介したようなきれいなモデルでは与えられないことも多い．このようなときは，分布の特徴を表す量を観測から推測したりして，そのモデルを考えることが必要になる．ここでは，分布を特徴付ける様々な量を紹介する．

2.3.1 積率 (モーメント)

定義 2.3.1. 実数値確率変数 X と $k \in \mathbb{N}$ に対して，

$$\mu_k := \mathbb{E}[X^k], \qquad \alpha_k := \mathbb{E}[(X - \mu_1)^k]$$

とおく．このとき，μ_k を k 次の**積率** (**モーメント**, moment)，α_k を k 次の**中心積率** (central moment) という．特に，以下のような呼び名がある．

- $\mu := \mu_1$: **平均** (mean)
- $\sigma^2 := \mathrm{Var}(X) := \alpha_2$: **分散** (variance)
- $\sigma := \sqrt{\mathrm{Var}(X)}$: **標準偏差** (standard deviation)
- $\gamma_1 := \alpha_3/\sigma^3$: **歪度** (skewness)
- $\gamma_2 := \alpha_4/\sigma^4$: **尖度** (kurtosis)
  ($\gamma_2' = \alpha_4/\sigma^4 - 3$ とすることもある：演習 14)

平均は分布の "中心" (密度関数の重心) を表す量であり，分散はその "中心" からのばらつき (広がり) を表す量である．平均と分散がわかれば，その分布のおおよその形がイメージできる．

分布の形をさらに詳しく検討するには歪度，尖度を見ることも重要である．密度関数が平均の軸に関して対称ならば $\alpha_3 = 0$ となるので，γ_1 が 0 に近いほど，直感的に分布は左右対称に近く，$\gamma_1 > 0$ となると右に裾を引く形状になる．また，密度関数 f の面積は 1 と決まっているので，密度関数の中心付近が尖って細くなれば，その分密度関数の左右の裾が厚くなり，α_4 の値は大きくなるであろう．つまり，γ_2 が大きいほど，直感的に密度関数は尖って見えると考えられる (**図 2.4**)．ただ，この説明は直感的なもので図も典型的なものを描いており，必ずしもこの説明に合わないこともあるので，あくまで目安の量と思って

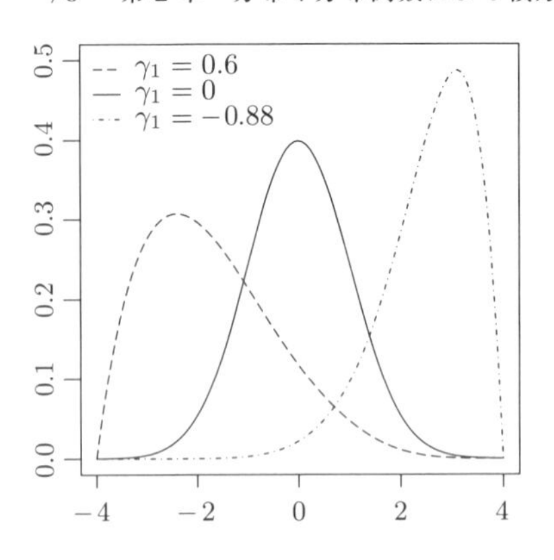

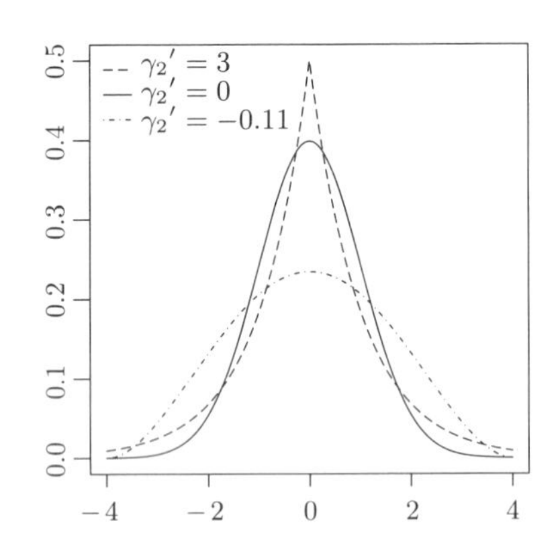

図2.4　密度関数の歪度 (左図)，尖度 (右図) による違い.

おくべきである.

演習 14.　正規分布 $N(\mu, \sigma^2)$ では，μ は平均，σ^2 は分散を表すことを示せ．また，これらの値によらず，$\gamma_1 = 0$，$\gamma_2 = 3$ となることを示せ.

※ $\gamma_2' = \alpha_4/\sigma^4 - 3$ **とするのは，正規分布で** $\gamma_2' = 0$ **と基準化するためである.**

演習 15.　X の歪度と尖度は X の線形変換 $aX + b$ $(a \neq 0, b \in \mathbb{R})$ に対して不変であることを示せ.

※これが歪度・尖度を σ **で割って基準化する意味である.**

上記の記号を用いて，モーメントに関する重要な性質を挙げておく.

定理 2.3.2.　確率変数 X が平均 μ，分散 σ^2 を持つとする.

(1)　分散公式：

$$\mathrm{Var}(X) = \mathbb{E}[X^2] - (\mathbb{E}[X])^2 \geq 0.$$

したがって，特に，

$$|\mathbb{E}[X]| \leq \sqrt{\mathbb{E}[X^2]}.$$

このように，**2次の積率が存在すれば平均も存在する** (下記 (4) 参照).

(2)　定数 $a, b \in \mathbb{R}$ に対して，

$$\mathrm{Var}(aX + b) = a^2 \mathrm{Var}(X).$$

(3) $Z := \dfrac{X-\mu}{\sigma}$ とおくと,

$$\mathbb{E}[Z]=0, \quad \mathrm{Var}(Z)=1.$$

X から Z への変換を**正規化** (normalization)[*5]という.

(4) $1 \leq p < q$ を満たす実数 p, q に対して,

$$|\mathbb{E}[X^q]| < \infty \ \Rightarrow \ |\mathbb{E}[X^p]| < \infty.$$

Proof. (1)–(3) は容易なので省略する. (4) は以下のような不等式評価でできる.

$$\begin{aligned} |\mathbb{E}[X^p]| &\leq \mathbb{E}\left[|X|^p \mathbf{1}_{\{|X|\leq 1\}}\right] + \mathbb{E}\left[|X|^p \mathbf{1}_{\{|X|>1\}}\right] \\ &\leq 1 + \mathbb{E}\left[|X|^q \mathbf{1}_{\{|X|>1\}}\right] \leq 1 + \mathbb{E}[|X|^q]. \end{aligned}$$

ここで, 期待値の定義から $|\mathbb{E}[X^q]| < \infty$ ならば $\mathbb{E}[|X|^q] < \infty$ であったから (注意 2.1.6) 結論を得る. □

2.3.2 分布を特徴付ける関数たち

定義 2.3.3. $\mathbb{N}$-値確率変数 X に対して,

$$P_X(t) := \mathbb{E}\left[t^X\right], \quad |t| < 1$$

で定まる関数 P_X を X の**確率母関数** (probability generating function) という.

次の定理が「確率母関数」の名前の由来である.

定理 2.3.4. 十分小さな $\epsilon > 0$ に対して, 確率母関数 P_X は $(-\epsilon, \epsilon)$ で無限回微分可能で,

$$p_n = \frac{P_X^{(n)}(0)}{n!}, \quad n = 1, 2, \ldots.$$

ただし, $P_X^{(n)}$ は P_X の n 階導関数である.

Proof. X の確率関数を

$$p_k := \mathbb{P}(X = k), \quad k = 1, 2, \ldots, \quad \sum_{k=1}^{\infty} p_k = 1$$

[*5] **標準化** (standardization) ともいう.

と書き，$P_n(t) = \sum_{k=1}^{n} t^k p_k$ とおくと，十分小さな $\epsilon > 0$ に対して，P_n は P_X に $[-\epsilon, \epsilon]$ 上各点で収束し，微分 $P_n'(t)$ は $t \in [-\epsilon, \epsilon]$ に関して一様収束するので (演習 16)，微積分学における項別微分定理が使えて $(-\epsilon, \epsilon)$ 上で $P_X'(t) = P_\infty'(t)$ が成り立つ．すなわち，$P_X'(t) = \sum_{k=1}^{\infty} kt^{k-1} p_k$ であり，$t = 0$ として $P_X'(0) = p_1$ を得る．

同様にして，任意の自然数 n に対して $P_X^{(n)}$ が項別微分可能であることが帰納的にわかり，

$$P_X^{(n)}(t) = \sum_{k=n}^{\infty} k(k-1)\cdots(k-n+1)t^{k-n} p_k$$

より，$P_X^{(n)}(0) = n! p_n$ となって結論を得る． □

演習 16. 上記証明における関数 P_n について，その k 階微分 $P_n^{(k)}$ は十分小さな $\epsilon > 0$ に対して $[-\epsilon, \epsilon]$ 上一様収束することを示せ．

(ヒント) $P_n^{(k)}$ が $[-\epsilon, \epsilon]$ 上で**一様コーシー列**[*6]になることを示せ．

定理 2.3.4 から直ちに以下のことがわかる．

系 2.3.5 (離散分布と確率母関数の対応). 離散型確率変数 X, Y の分布 F_X, F_Y と，確率母関数 P_X, P_Y に対して，

$$F_X \equiv F_Y \quad \Leftrightarrow \quad P_X \equiv P_Y.$$

ただし，$\equiv$ は左辺と右辺が恒等的に等しいことを表す．すなわち，分布と確率母関数は 1 対 1 に対応する．

この事実により，離散分布が等しいかどうかを見るには，その確率母関数が等しいかどうかを確認してもよい．

連続型確率変数でも同様な性質を満たすものがあると便利であるが，以下の特性関数がそのような性質を持っている．特性関数は離散型確率変数にも定義できるので，こちらが計算できるならより便利な関数である．

定義 2.3.6. $\mathbb{R}^d$-値確率変数 X に対して，

[*6] 関数列 $\{f_n\}_{n\in\mathbb{N}}$ が $A \subset \mathbb{R}$ に対して $\sup_{x\in A} |f_n(x) - f_m(x)| \to 0$ $(n, m \to \infty)$ を満たすとき，この関数列は**一様コーシー条件**を満たすといい，このことは関数列の一様収束と同値になる．例えば，杉浦[5]，定理 IV.13.3 を見よ．

$$\phi_X(t) := \mathbb{E}\left[e^{it^\top X}\right], \quad t \in \mathbb{R}^d, \quad i = \sqrt{-1}$$

を，X の**特性関数** (characteristic function) という．ただし，$t^\top$ は t の転置を表す．

特性関数は解析学における**フーリエ変換** (Fourier transform) であり，例えば，X が確率密度関数 f_X を持つとき，

$$\phi_X(t) = \int_{\mathbb{R}^d} e^{it^\top x} f_X(x)\,\mathrm{d}x =: \mathscr{F} f_X(t), \quad t \in \mathbb{R}^d$$

である．このときの逆フーリエ変換は

$$\mathscr{F}^{-1} g(x) = \frac{1}{(2\pi)^d} \int_{\mathbb{R}^d} e^{-ix^\top t} g(t)\,\mathrm{d}t, \quad x \in \mathbb{R}^d$$

であり，$\phi_X \in L^1(\mathbb{R}^d)$ ならば，

$$\mathscr{F}^{-1}\phi_X(x) = \mathscr{F}^{-1}\mathscr{F} f(x) = f(x)$$

となることが知られており (逆変換公式)，f_X と ϕ_X には 1 対 1 の対応がつきそうであろう．実際，以下が成り立つ．

定理 2.3.7 (分布と特性関数の対応)**.** $\mathbb{R}^d$-値確率変数 X, Y の分布関数 F_X, F_Y と，特性関数 ϕ_X, ϕ_Y に対して以下が成り立つ．

$$F_X \equiv F_Y \quad \Leftrightarrow \quad \phi_X \equiv \phi_Y.$$

すなわち，分布と特性関数は 1 対 1 に対応する．

Proof. $\Leftarrow$ を示せば十分である．簡単のため $d = 1$ の場合のみ示すが，証明には以下の**レヴィ** (Lévy) **の反転公式**を用いる[*7]．

補題 2.3.8 (レヴィの反転公式)**.** 実数値確率変数 X の分布関数を F_X，特性関数を ϕ_X とするとき，F_X の任意の連続点 $a, b\ (a < b)$ に対して，

$$F_X(b) - F_X(a) = \lim_{T\to\infty} \frac{1}{2\pi} \int_{-T}^{T} \frac{e^{-ibt} - e^{-iat}}{-it} \phi_X(t)\,\mathrm{d}t. \tag{2.24}$$

[*7] この補題の証明は省略するが，例えば，西尾[6]には d 次元バージョンが証明付きで示されている．それを使えば，d 次元の場合の証明も以下と全く同様にできる．

さて，集合 $\mathcal{A}$ を $(a,b]$ なる形の区間で点 a,b が F_X, F_Y の連続点になるようなもの全体とする．このとき，任意の x に対して，$B = (-\infty, x]$ とすると，定理 1.3.2, (5)より F_X, F_Y の不連続点は高々可算個しかないから，ある $A_n = (a_n, b_n] \in \mathcal{A}\,(n = 1, 2, \ldots)$ が存在して，$a_n \downarrow -\infty$, $b_n \downarrow x$ となるように B を A_n で近似できる．このとき，$\phi_X \equiv \phi_Y$ ならば，レヴィの反転公式により

$$F_X(b_n) - F_X(a_n) = F_Y(b_n) - F_Y(a_n) \quad n = 1, 2, \ldots$$

であるから，両辺で $n \to \infty$ とすれば分布関数の右連続性により，

$$F_X(x) = F_Y(x)$$

となって分布の同等性 $F_X \equiv F_Y$ を得る．□

$|e^{it^\top X}| \leq 1$ であるから，特性関数は任意の確率変数に対して存在する．この性質は理論的に扱いやすく，以下のような定理が得られる．

定理 2.3.9.　実数値確率変数 X が，自然数 $n \in \mathbb{N}$ に対して $\mathbb{E}[|X|^n] < \infty$ を満たせば，ϕ_X は $\mathbb{R}$ 上 n 回連続微分可能であり，特に，以下が成り立つ．

$$(-i)^n \phi_X^{(n)}(0) = \mathbb{E}[X^n] < \infty.$$

ただし，$\phi_X^{(n)}$ は ϕ_X の n 階導関数である．

※この定理の証明は初等的な統計学の教科書ではあまり述べられない．それは後述する極限定理を用いるからであろう．したがって，順序的には後で証明すべきだが，特性関数の利用法として標準的な方法なので，あえてここで述べておく．難しいと思えば，4.1 節の後にここへ戻ってくればよい．

***Proof*.**　ϕ_X の微分を行うとき，期待値と微分の交換[*8]ができたとすると，

$$\phi_X^{(n)}(t) = \mathbb{E}\left[\frac{\partial^n}{\partial t^n} e^{itX}\right] = \mathbb{E}\left[(iX)^n e^{itX}\right]$$

となる．このような交換ができるための十分条件は，後で定理 4.1.12, (4.9) で述べられることになるが，ここでは，これを先取りして利用することにする．

[*8] 確率・統計学における多くの解析でこの種の交換操作は頻出する．いつも交換できるわけではなくそのための条件をしっかり理解しておくことが重要である．

そこで，条件 (4.9) を確認する．まず，$|e^{it^\top X}| \leq 1$ に注意して，任意の $n \in \mathbb{N}$ に対して

$$\sup_{t\in\mathbb{R}} \left| \frac{\partial^n}{\partial t^n} e^{itX} \right| = \sup_{t\in\mathbb{R}} \left|(iX)^n e^{itX}\right| \leq |X|^n$$

であり，最後の $|X|^n$ は仮定により t によらず可積分である．したがって (厳密には帰納法により)，ϕ_X は $\mathbb{R}$ 上 n 回微分可能であり，ルベーグ収束定理 (定理 4.1.7) によって期待値と極限の交換が可能で[*9]，

$$\lim_{h\to 0} \phi_X^{(n)}(t+h) = \mathbb{E}\left[\lim_{h\to 0}(iX)^n e^{i(t+h)X}\right] = \mathbb{E}\left[(iX)^n e^{itX}\right] = \phi_X^{(n)}(t)$$

となって，$\phi_X^{(n)}$ は $\mathbb{R}$ 上連続，すなわち，ϕ_X は n 回連続微分可能である．以上により $\phi_X^{(n)}(0) = i^n \mathbb{E}[X^n]$ となるから結論を得る．□

ϕ_X の計算は複素関数の積分になるところから，実際の計算が面倒になる場合があり，そのようなときには次の積率母関数も便利である．

定義 2.3.10. $\mathbb{R}^d$-値確率変数 X に対して，

$$m_X(t) := \mathbb{E}\left[e^{t^\top X}\right], \quad t \in \mathbb{R}^d$$

を，X の**積率母関数** (moment generating function) という．

積率母関数は解析学における**ラプラス変換** (Laplace transform) であり，例えば，X が確率密度関数 f を持つとき，

$$m_X(t) = \int_{\mathbb{R}} e^{tx} f(x)\,\mathrm{d}x =: \mathscr{L}f(t)$$

である．

積率母関数は，一般に指数オーダーのモーメントを必要とするので，常に存在するとは限らない．例えば，$X \sim Exp(1)$ に対して $m_X(2) = \int_0^\infty e^x\,\mathrm{d}x = \infty$ となる．しかし，原点近傍で積率母関数が求まるとき，次の公式でどんな次数のモーメントも求まる．

定理 2.3.11. 実数値確率変数 X に対し，ある $\epsilon > 0$ をとって，$|t| \leq \epsilon$ なる任意の $t \in \mathbb{R}$ に対して $m_X(t)$ が存在するとき，m_X は $t = 0$ の近傍で無限回微

[*9] これも確率・統計における頻出事項．条件を正確に記憶しておくこと．

分可能で

$$m_X^{(n)}(0) = \mathbb{E}[X^n] < \infty.$$

Proof. 期待値と微分を交換するところは，定理 2.3.9 と同様に考えればよい．すなわち，$t = 0$ の近傍で m_X の微分を行うとき，期待値と微分の交換ができたとすると，

$$\frac{\mathrm{d}^n}{\mathrm{d}t^n} m_X(0) = \mathbb{E}\left[\frac{\partial^n}{\partial t^n} e^{tX}\right]\Big|_{t=0} = \mathbb{E}\left[X^n e^{tX}\right]\Big|_{t=0} = \mathbb{E}[X^n]$$

となる．今，$t = 0$ での微分を考えるので，$\epsilon > 0$ に対して $t \in [-\epsilon/2, \epsilon/2]$ で考えれば十分である．このとき，任意の自然数について，ある定数 $C > 0$ が存在して，$|X|^n \le C \max\{e^{-\epsilon X/2}, e^{\epsilon X/2}\}$ とできることに注意すると，

$$\sup_{t \in [-\epsilon/2, \epsilon/2]} \left|\frac{\partial^n}{\partial t^n} e^{tX}\right| \le |X|^n \sup_{t \in [-\epsilon/2, \epsilon/2]} e^{tX} \le C \max\{e^{-\epsilon X}, e^{\epsilon X}\} \quad a.s.$$

であり，仮定より最後の項は可積分である．したがって，定理 4.1.12 により，期待値と微分の交換は何回でも可能であることがわかり，結論を得る． □

注意 2.3.12. しばしば定理 2.3.9 と混同され，“$\mathbb{E}[|X|^n] < \infty$ ならば $m_X^{(n)}(0) = \mathbb{E}[X^n] < \infty$”が成り立つと勘違いされるが，**これは成り立たない！** 例えば，X の密度関数が

$$f_X(x) = \frac{C}{1 + |x|^3}, \quad x \in \mathbb{R}$$

のとき (ただし，C は $\int_{\mathbb{R}} f_X(x)\,\mathrm{d}x = 1$ にするための規格化定数)，$\mathbb{E}[|X|] < \infty$ であるが，どんな $t \neq 0$ に対しても $m_X(t)$ は存在しない．

演習 17. 上記の注意 2.3.12 の主張を証明せよ．すなわち，$\mathbb{E}[|X|] < \infty$ であるが，どんな $t \neq 0$ に対しても $m_X(t)$ が存在しないことを示せ．

特性関数は絶対値が 1 以下で常に存在して便利だが，しばしば複素積分を計算しなければならず億劫である．そこで，計算しやすい積率母関数を求めておいて，

$m_X(t)$ の t を形式的に it に変えて $\phi_X(t)$ を求める．

という簡便法がとられることがある[*10].

このような形式的操作は，応用上多くの例で成り立つので大体はよいのだが，本来は以下の定理のようにいくらか“条件”が必要であることを心に留めておこう．

定理 2.3.13. ある $\epsilon > 0$ に対して，積率母関数 $m_X(t)$ が $t \in (-\epsilon, \epsilon)$ で存在し，ある関数 g によって $m_X(t) = g(t)$ と表されたとする．この g に対して，$z \in \mathbb{C}$ (複素数全体の集合) として複素関数 $g(z)$ を考えたとき，g が虚軸を含む領域 $D_\epsilon := \{z \in \mathbb{C} \mid |\mathrm{Re}\, z| < \epsilon\}$ 上で正則になるならば，

$$\phi_X(t) = g(it), \quad t \in \mathbb{R}$$

が成り立つ．つまり，$m_X(t)$ の t を形式的に it に変えると $\phi_X(t)$ が得られる．

***Proof*.** 証明には複素解析の知識を用いるので概略のみ記しておく．

まず，$z = t + is \, (t, s \in \mathbb{R})$ に対して，以下のような複素関数を考える．

$$f(z) := \mathbb{E}[e^{zX}] = \mathbb{E}\left[e^{tX}\cos(sX)\right] + i \cdot \mathbb{E}\left[e^{tX}\sin(sX)\right].$$

仮定より，積率母関数 m_X が $|t| < \epsilon$ において存在するなら，複素領域 D_ϵ において f が正則 (複素微分の意味で微分可能) となることが，定理 4.1.12 を用いることで (定理 2.3.11 の証明と同様の議論によって) 証明できる．

一方，実軸上の $z = t \in (-\epsilon, \epsilon)$ に対しては $f(t) = g(t)$ が成り立っている．したがって，複素関数論における「一致の定理」によって g を D_ϵ 上に解析接続できて，$f(z) = g(z) \ (z \in D_\epsilon)$ が成り立つ．すなわち，$z = it \, (t \in \mathbb{R})$ に対して，

$$\phi_X(t) = f(it) = g(it). \qquad \square$$

注意 2.3.14. 統計学では，分布の推定のために特性関数や積率母関数をデータから推定することがあるが，特性関数の方がその有界性のおかげで“安定的に”推定できる[*11]ことが多い．また，特性関数は分布のフーリエ変換でありフーリ

[*10] もし，複素積分を勉強する前ならば，とりあえず本書で用いる具体的な分布ではこの操作は正しいものと考えて使ってもよい．

[*11] 推定値を作ったときに，サンプルによるばらつきが少ない，という意味．

エ逆変換によって常に分布を再現できるところから，統計量の複雑な分布を近似するために特性関数が用いられることもある (例えば，“エッジワース展開” など．吉田[9]を参照されたい)．このため，統計学では特性関数が重宝される．

2.3.3 具体例をいくつか

例 2.3.15 (2 項分布)**.**　$X \sim Bin(n,p)$ とする．例 2.1.3 と演習 9 で計算した平均，2 次モーメントを用いると，

$$\mathrm{Var}(X) = np(1-p).$$

また，特性関数は

$$\begin{aligned}\phi_X(t) &= \sum_{k=0}^{n} e^{itk}\binom{n}{k}p^k(1-p)^{n-k} \\ &= \sum_{k=0}^{n}\binom{n}{k}(pe^{it})^k(1-p)^{n-k} = (pe^{it}+1-p)^n.\end{aligned}$$

例 2.3.16 (ポアソン分布)**.**　$X \sim Po(\lambda)$ とする．例 2.1.4 の計算から，

$$\mathrm{Var}(X) = \mathbb{E}[X^2] - (\mathbb{E}[X])^2 = (\lambda^2+\lambda) - \lambda^2 = \lambda.$$

したがって，ポアソン分布は平均と分散が等しい．

$$\mu = \sigma^2 = \lambda$$

という性質を持っている．ポアソン分布をデータのモデルとして用いる際には，この性質に注意する必要がある．

演習 18.　ポアソン分布 $X \sim Po(\lambda)$，および，幾何分布 $Y \sim Ge(p)$ の特性関数がそれぞれ，

$$\phi_X(t) = \exp\left(\lambda(e^{it}-1)\right), \quad \phi_Y(t) = \frac{p}{1-(1-p)e^{it}}$$

となることを示せ．

例 2.3.17 (正規分布)**.**　$X \sim N(\mu,\sigma^2)$ とする．これは絶対連続型で密度関数は

$$f_X(x) = \frac{1}{\sqrt{2\pi\sigma^2}}e^{-\frac{(x-\mu)^2}{2\sigma^2}}, \quad x \in \mathbb{R}$$

であるから，中心モーメントは，例えば部分積分を用いて計算できて，

$$\alpha_n = \int_{\mathbb{R}} (x-\mu)^n f_X(x)\,\mathrm{d}x = \begin{cases} \dfrac{(2k)!}{2^k \cdot k!}\sigma^{2k} & (n=2k) \\ 0 & (n=2k-1) \end{cases}, \quad k \in \mathbb{N}$$

を得る (n が奇数のときは $X-\mu$ の密度関数が y 軸対称となることに注意).

X の積率母関数を求めるために $Z \sim N(0,1)$ の積率母関数を計算すると，

$$m_Z(t) = \int_{\mathbb{R}} e^{tx} \frac{1}{\sqrt{2\pi}} e^{-\frac{z^2}{2}}\,\mathrm{d}z = \int_{\mathbb{R}} \frac{1}{\sqrt{2\pi}} e^{-\frac{(z-t)^2}{2}+\frac{t^2}{2}}\,\mathrm{d}z = e^{\frac{t^2}{2}}.$$

例 1.3.15 でやった線形変換を考えて，$X = \sigma Z + \mu$ と書くと，

$$m_X(t) = \mathbb{E}\left[e^{t\sigma Z + \mu t}\right] = e^{\mu t} \cdot m_Z(\sigma t) = \exp\left(\mu t + \frac{\sigma^2}{2}t^2\right)$$

と計算できる．

また，特性関数に関しては (実はこの場合は定理 2.3.13 が使える状況になっていて)，

$$\phi_X(t) = m_X(it) = \exp\left(i\mu t - \frac{\sigma^2}{2}t^2\right)$$

としてよい．

例 2.3.18 (指数分布). $X \sim Exp(\lambda)$ とするとき，

$$\mathbb{E}[X] = 1/\lambda, \quad \mathrm{Var}(X) = 1/\lambda^2$$

は容易に計算できるだろう．また，積率母関数の定義式より，

$$m_X(t) = \int_0^\infty \lambda e^{(t-\lambda)x}\,\mathrm{d}x$$

であるが，右辺の積分は $t \geq \lambda$ では存在しない．つまり，

$$m_X(t) = \frac{\lambda}{\lambda - t}, \quad t < \lambda$$

である．一方，領域 $D := \{z \in \mathbb{C} \mid \mathrm{Re}\, z < \lambda\}$ は虚軸を含み，複素関数の知識があると $\lambda/(\lambda - z)$ が D 上で正則であることは確認できるので，定理 2.3.13 が使えて，

$$\phi_X(t) = m_X(it) = \frac{\lambda}{\lambda - it}, \quad t \in \mathbb{R}.$$

ϕ_X では t の制限がなくなることに注意せよ．

確率分布がいつも平均や積率母関数を持つわけではない．

例 2.3.19 (コーシー分布)**.**　$X \sim Ca(0,1)$ とする．密度関数は

$$f_X(x) = \frac{1}{\pi}\frac{1}{1+x^2}, \quad x \in \mathbb{R}$$

である．このとき，期待値を計算しようとすると，

$$\mathbb{E}[|X|] = \frac{1}{\pi}\int_{\mathbb{R}} \frac{|x|}{1+x^2}\,\mathrm{d}x > \frac{2}{\pi}\int_1^\infty \frac{1}{x^{-1}+x}\mathrm{d}x > \frac{2}{\pi}\int_1^\infty \frac{\mathrm{d}x}{x} = \infty.$$

となって発散する．したがって，どんなモーメントも積率母関数も存在しない．

一方，特性関数はもちろん存在するが，

$$\phi_X(t) = \frac{1}{\pi}\int_{\mathbb{R}} \frac{e^{itx}}{1+x^2}\,\mathrm{d}x = \frac{1}{\pi}\int_{\mathbb{R}} \frac{\cos x}{1+x^2}\,\mathrm{d}x + \frac{i}{\pi}\int_{\mathbb{R}} \frac{\sin x}{1+x^2}\,\mathrm{d}x$$

なる積分は，置換や部分積分など初等的な方法では計算できず，複素解析における**留数定理**を利用して求める典型的な定積分である．本書の範囲を逸脱するので詳細は述べないが，適当な留数計算を行うことによって

$$\phi_X(t) = e^{-|t|}, \quad t \in \mathbb{R}$$

となることがわかる．もっと一般に，$X \sim Ca(\mu, \sigma^2)$ ならば，

$$\phi_X(t) = e^{i\mu t - \sigma|t|}, \quad t \in \mathbb{R}$$

となる．

2.4 確率・積率に関する不等式

以下 X, Y は確率空間 $(\Omega, \mathcal{F}, \mathbb{P})$ 上の $\mathbb{R}^d$-値確率変数とし，$x = (x_1, \ldots, x_d) \in \mathbb{R}^d$ に対して，$|x|$ は d 次元ユークリッドノルムとする：

$$|x| := \sqrt{x_1^2 + x_2^2 + \cdots + x_d^2}.$$

2.4.1 確率を上から評価する

以下で述べる不等式は，確率・統計において頻繁に用いられる重要な不等式である．

定理 2.4.1 (マルコフ (Markov) の不等式). 非負関数 $h:\mathbb{R}^d \to \mathbb{R}_+$ に対して $h(X)$ が可積分ならば，任意の $\epsilon > 0$ に対して，

$$\mathbb{P}(h(X) \geq \epsilon) \leq \frac{\mathbb{E}[h(X)]}{\epsilon}.$$

Proof. 例 2.1.2 の事実に注意して確率を書き直すと，

$$\begin{aligned}\mathbb{P}(h(X) \geq \epsilon) &= \mathbb{E}\left[\mathbf{1}_{\{h(X)\geq\epsilon\}}\right] = \mathbb{E}\left[\mathbf{1}_{\{\epsilon^{-1}h(X)\geq 1\}}\right] \\ &\leq \mathbb{E}\left[\epsilon^{-1}h(X)\mathbf{1}_{\{\epsilon^{-1}h(X)\geq 1\}}\right] \leq \epsilon^{-1}\mathbb{E}\left[h(X)\right]. \qquad \square\end{aligned}$$

定理 2.4.2 (チェビシェフ (Chebyshev) の不等式). $(0,\infty)$ 上の正値非減少関数 $\varphi:(0,\infty)\to(0,\infty)$ に対して，$\varphi(|X|)$ は可積分とする．このとき，任意の $\epsilon > 0$ に対して，

$$\mathbb{P}(|X| > \epsilon) \leq \frac{\mathbb{E}[\varphi(|X|)]}{\varphi(\epsilon)}.$$

特に，X^2 が可積分で，平均 μ・分散 σ^2 を持つとき，

$$\mathbb{P}(|X-\mu| > \epsilon) \leq \frac{\sigma^2}{\epsilon^2}.$$

Proof. φ の単調性より，$x \leq y \;\Rightarrow\; \varphi(x) \leq \varphi(y)$ に注意して，

$$\{|X| > \epsilon\} \subset \{\varphi(|X|) \geq \varphi(\epsilon)\} \in \mathcal{F}$$

であるから，両辺の確率をとれば，確率の単調性と $\varphi(\epsilon) > 0$ に注意して，

$$\begin{aligned}\mathbb{P}(|X| > \epsilon) &\leq \mathbb{E}\left[\mathbf{1}_{\{\varphi(|X|)\geq\varphi(\epsilon)\}}\right] = \mathbb{E}\left[\mathbf{1}_{\{\varphi(|X|)/\varphi(\epsilon)\geq 1\}}\right] \\ &\leq \mathbb{E}\left[\frac{\varphi(|X|)}{\varphi(\epsilon)}\mathbf{1}_{\{\varphi(|X|)/\varphi(\epsilon)\geq 1\}}\right] \leq \frac{\mathbb{E}[\varphi(|X|)]}{\varphi(\epsilon)}.\end{aligned}$$

特に，$\varphi(x) = x^2$ $(x \geq \epsilon)$ を考えるとこれは正値非減少であり，

$$\mathbb{P}(|X-\mu| > \epsilon) \leq \frac{\mathbb{E}\left[(X-\mu)^2\right]}{\epsilon^2} = \frac{\sigma^2}{\epsilon^2}. \qquad \square$$

チェビシェフの不等式はマルコフの不等式の一般化である．実際，上のチェビシェフの不等式において，X を非負値な $h(X)$ で置き換え，$\varphi(x) = |x|$ $(x \geq \epsilon)$ のようにおけばこれは正値単調増加であり，定理 2.4.1 のマルコフの不等式が得られる．

2.4.2　積率を上から評価する

定理 2.4.3 (イェンセン (Jensen) の不等式)**.**　凸開集合 $\mathcal{X} \subset \mathbb{R}$ に対し，$f: \mathcal{X} \to \mathbb{R}$ を**凸関数** (convex function) とする．すなわち，任意の $x, y \in \mathcal{X}$ と任意の $\theta \in (0,1)$ に対して，

$$f(\theta x + (1-\theta)y) \leq \theta f(x) + (1-\theta)f(y)$$

を満たすものとする[*12](ただし，f は定数関数ではないとする)．このとき，$\mathcal{X}$ に値をとる任意の確率変数 X に対して，$X, f(X)$ が共に可積分ならば，

$$f(\mathbb{E}[X]) \leq \mathbb{E}[f(X)].$$

等号成立は X が (ほとんど確実に) 定数のときに限る．

Proof.　f の凸性から，以下の不等式が成り立つ (演習 19)：任意の $x_i \in \mathcal{X}$ $(i = 1, 2, \ldots, n)$ と $\sum_{i=1}^{n} \theta_i = 1$ を満たす任意の $\theta_i \in [0,1]$ $(i = 1, 2, \ldots, n)$ に対して，

$$f\left(\sum_{i=1}^{n} \theta_i x_i\right) \leq \sum_{i=1}^{n} \theta_i f(x_i). \tag{2.25}$$

等号は，ある i_0 に対して $\theta_{i_0} = 1$ のときに限り成り立つ．だから X が有限個の値をとる離散型ならば結論は成り立つ．

X が一般の実数値確率変数のとき，X の近似単関数列 $\{X_n\}$ として $\mathcal{X}$ に値をとるものがとれることに注意する[*13]．これを

$$X_n = \sum_{k=1}^{m_n} a_{k,n} \mathbf{1}_{A_{k,n}}$$

の形で書いておくと，$\sum_{k=1}^{m_n} \mathbb{P}(A_{k,n}) = 1$ に注意して (2.25) を用いると，

$$f(\mathbb{E}[X_n]) = f\left(\sum_{k=1}^{m_n} a_{k,n} \mathbb{P}(A_{k,n})\right) \leq \sum_{k=1}^{m_n} f(a_{k,n}) \mathbb{P}(A_{k,n}) = \mathbb{E}[f(X_n)].$$

[*12] 不等号が逆になるような f は**凹関数** (concave function) という．

[*13] (2.5) と同様に考えるが，$X < a$，$X \geq b$ となる集合上ではそれぞれ $X_n = a$，$X_n = b$ と定めておき，あとは値域 $[a, b)$ を 2^n で分割すればよい．

ここで，凸関数は定義域 $\mathcal{X}$ 上連続になる (演習 20) ことに注意すれば両辺で $n \to \infty$ として，期待値の定義より結論を得る． □

演習 19. 不等式 (2.25) を n に関する帰納法で示せ．

演習 20. 凸開集合 $\mathcal{X} \subset \mathbb{R}$ に対して，$f : \mathcal{X} \to \mathbb{R}$ は凸関数とする．

(1) $x < z$ を満たす $x, z \in \mathcal{X}$ と $\theta \in (0,1)$ に対して $y = \theta x + (1-\theta)z$ とおくと，

$$\frac{f(y)-f(x)}{y-x} \le \frac{f(z)-f(x)}{z-x}$$

となることを示せ．つまり，x を固定すれば u の関数 $\frac{f(u)-f(x)}{u-x}$ は単調増加である (ヒント：図を描いてみよ)．

(2) (1) と同様にして，

$$\frac{f(y)-f(x)}{y-x} \le \frac{f(z)-f(y)}{z-y}$$

となることを示せ．

(3) (1), (2) を用いて，点 y において f の左・右微分が存在することを示し，したがって，点 y において左連続，かつ，右連続であり，結果として点 y で連続になることを示せ．

例 2.4.4. $f(x) = |x|$ としてイェンセンの不等式を用いると，$|\mathbb{E}[X]| \le \mathbb{E}[|X|]$ なるよく知られた不等式を得る．

例 2.4.5. X が正値確率変数のとき，$p > 1$ に対して $f(x) = 1/x^p$ $(x > 0)$ とすると，

$$\frac{1}{(\mathbb{E}[X])^p} \le \mathbb{E}\left[\frac{1}{X^p}\right].$$

例 2.4.6 (情報量不等式). $\mathbb{R}$ 上の 2 つの分布関数 $F(x), G(x)$ がそれぞれ微分 f, g を持つとし，確率変数 X は分布関数 F を持つとする．このとき，凸関数 $f(x) = -\log x$ にイェンセンの不等式を用いることによって，

$$\mathbb{E}\left[\log\frac{g(X)}{f(X)}\right] = \int_{\mathbb{R}} \log\frac{g(x)}{f(x)}\,F(\mathrm{d}x) \le 0 \tag{2.26}$$

が成り立つ．ただし，等号は $F(x) \equiv G(x)$ のときに限り成り立つ．本書では詳しく述べないが，この不等式は**最尤推定**の理論など，統計学の様々な場面で重要な役割を果たす (例えば，清水[4]，4.2.2 節などを参照されたい).

例 2.4.7.　$f(x) = |x|^p$ $(p > 1)$ に対してイェンセンの不等式を用いると，$|\mathbb{E}[X]|^p \leq \mathbb{E}[|X|^p]$ であるから，特に，X を $|X|$ に置き換えて整理すると，

$$\mathbb{E}[|X|] \leq (\mathbb{E}[|X|^p])^{1/p} =: \|X\|_{L^p} \tag{2.27}$$

なる不等式を得る．右辺の $\|\cdot\|_{L^p}$ は L^p-**ノルム** (norm) といわれ，

$$\|X\|_{L^p} < \infty$$

となる X は p **次可積分**といわれる．

以下の系は定理 2.3.2, (4) で初等的に証明したが，再度 L^p-ノルムの言葉で書き，イェンセンの不等式を用いる証明も与えておく．

系 2.4.8.　確率変数 X と $q > p > 0$ に対して，

$$\|X\|_{L^p} \leq \|X\|_{L^q}$$

すなわち，確率変数について

$$q \text{ 次可積分} \ \Rightarrow \ p \text{ 次可積分} \quad (p < q)$$

***Proof*.**　不等式 (2.27) を $|X|^p$ $(p > 0)$ に適用し，$\alpha = q/p > 1$ とすると

$$\mathbb{E}[|X|^p] \leq \left(\mathbb{E}\left[(|X|^p)^\alpha\right]\right)^{1/\alpha} \leq (\mathbb{E}[|X|^q])^{p/q} \quad \Leftrightarrow \quad \|X\|_{L^p} \leq \|X\|_{L^q}. \quad \square$$

定理 2.4.9 (ヘルダー (Hölder) の不等式)**.**　実数 p, q は，$1 < p < \infty$, $1/p+1/q = 1$ を満たすとし，確率変数 X, Y はそれぞれ，$p \vee q$ 次可積分とする．このとき，

$$\mathbb{E}[|XY|] \leq \|X\|_{L^p}\|Y\|_{L^q}.$$

ただし，等号成立は，ある $t_1, t_2 \geq 0$, $(t_1, t_2) \neq (0, 0)$ が存在して $t_1|X|^p = t_2|Y|^q$ *a.s.* となるときに限る．

***Proof*.**　$\|X\|_{L^p}\|Y\|_{L^q} = 0$ のとき，$XY = 0$ *a.s.* となり不等式は成り立つ．

$\|X\|_{L^p}\|Y\|_{L^q} > 0$ とする．今，関数 $h(x) = \log x$ の凹性により，$x, y > 0$ に対して次の不等式が成り立つことに注意する．$1/p = \theta$，$1/q = 1 - \theta$ として，

$$\begin{aligned} h\left(\frac{x^p}{p} + \frac{y^q}{q}\right) &= \log\left(\theta x^p + (1-\theta)y^q\right) \\ &\geq \theta \log x^p + (1-\theta)\log y^q = h(xy). \end{aligned}$$

h が単調増加であることから，

$$xy \leq \frac{x^p}{p} + \frac{y^q}{q}.$$

が得られる．ただし，この不等式の等号成立は $x^p = x^q$ のときに限る．この式に $x = \dfrac{|X|}{\|X\|_{L^p}}$，$y = \dfrac{|Y|}{\|Y\|_{L^q}}$ を代入して，両辺で期待値をとれば

$$\frac{\mathbb{E}[|XY|]}{\|X\|_{L^p}\|Y\|_{L^q}} \leq \frac{1}{p} + \frac{1}{q} = 1$$

となって，結論が得られる． □

系 2.4.10. ヘルダーの不等式において，特に，$p = q = 2$ として得られる不等式

$$\left(\mathbb{E}[|XY|]\right)^2 \leq \mathbb{E}[X^2]\mathbb{E}[Y^2]$$

を**シュワルツ** (Schwartz) **の不等式**[*14]という．特に，等号成立は，ある $t_1, t_2 \geq 0$, $(t_1, t_2) \neq (0, 0)$ が存在して $t_1|X| = t_2|Y|$ $a.s.$ となるときに限る．

定理 2.4.11 (ミンコフスキー (Minkovski) の不等式)**.** 確率変数 X, Y が，ある $r \geq 1$ に対して r 次可積分ならば，

$$\|X + Y\|_{L^r} \leq \|X\|_{L^r} + \|Y\|_{L^r}.$$

Proof. $X + Y > 0$ $a.s.$ として示せば十分である．また，$r = 1$ のときは絶対値に関する三角不等式から明らかであるから，$r > 1$ として示す．

$|\cdot|$ の三角不等式：$|X + Y| \leq |X| + |Y|$ に注意して，

$$\begin{aligned} \mathbb{E}[|X+Y|^r] &= \mathbb{E}[|X+Y||X+Y|^{r-1}] \\ &\leq \mathbb{E}[|X||X+Y|^{r-1}] + \mathbb{E}[|Y||X+Y|^{r-1}]. \end{aligned}$$

[*14] **コーシー=シュワルツ** (Cauchy–Schwartz) **の不等式**とも言う．

ここで，ヘルダーの不等式を用いる．$1/r + 1/q = 1$ なる $r, q > 1$ に対して，$q(r-1) = r$ に注意して，

$$\begin{aligned}\mathbb{E}[|X+Y|^r] &\le \|X\|_{L^r}\left(\mathbb{E}[|X+Y|^{q(r-1)}]\right)^{1/q} + \|Y\|_{L^r}\left(\mathbb{E}[|X+Y|^{q(r-1)}]\right)^{1/q} \\ &\le \|X\|_{L^r}\left(\mathbb{E}[|X+Y|^r]\right)^{1-1/r} + \|Y\|_{L^r}\left(\mathbb{E}[|X+Y|^r]\right)^{1-1/r}\end{aligned}$$

となるので，両辺を $(\mathbb{E}[|X+Y|^r])^{1-1/r}$ で割れば結果を得る．　□

例 2.4.12 (L^p 空間)**.**　例 2.4.7 において L^p-ノルム $\|\cdot\|_{L^p}$ を定義した．p 次可積分な確率変数全体を $L^p(\Omega)$ と書き[*15]，$X, Y \in L^p(\Omega)$ に対して $d_p(X, Y) = \|X - Y\|_{L^p}$ とおくと，d_p は $L^p(\Omega)$ 上の距離となる．実際，

- **非負性**：$d_p(X, Y) \ge 0$ (等号は $X = Y$ $a.s.$ のとき)，
- **対称性**：$d_p(X, Y) = d_p(Y, X)$

などは明らかで，ミンコフスキーの不等式が d_p に対する**三角不等式**

$$d_p(X, Z) \le d_p(X, Y) + d_p(Y, Z)$$

を与える．

[*15] ここでは，$X = Y$ $a.s.$ なる X と Y は同一の確率変数とみなす．

3

第3章 確率変数の独立性と相関

3.1 確率変数の独立性

3.1.1 たくさんの事象の独立性

1.2.4 節において，2 つの事象 $A, B \in \mathcal{F}$ の独立性を以下で定義した．

$$\mathbb{P}(A \cap B) = \mathbb{P}(A)\mathbb{P}(B).$$

ここでは，3 つ以上の事象や確率変数の独立性について考える．

定義 3.1.1. 事象の列 $\mathcal{A} = \{A_k\}_{k \in \mathbb{N}}$ $(A_k \in \mathcal{F})$ が与えられたとき，

(1) 任意の $i, j \in \mathbb{N}\,(i \neq j)$ に対して，

$$\mathbb{P}(A_i \cap A_j) = \mathbb{P}(A_i)\mathbb{P}(A_j)$$

が成り立つとき，$\mathcal{A}$ は**組ごとに独立** (pairwise independent) という．

(2) 任意の $n \in \mathbb{N}$ に対して，任意の異なる $i_1, i_2, \ldots, i_n \in \mathbb{N}$ をとり，

$$\mathbb{P}(A_{i_1} \cap \cdots \cap A_{i_n}) = \prod_{k=1}^{n} \mathbb{P}(A_{i_k})$$

が成り立てば，$\mathcal{A}$ は**独立** (independent) という．

注意 3.1.2. (2) の "完全な" 独立性を，習慣として「互いに独立 (mutually independent)」というが,「互いに」というのは "pairwise" と誤解しそうに思われるので，本書では「互いに」は用いないことにする．英語では "totally independent" という言い方もある．

例えば，3 つの事象 A, B, C の独立性を問われると，2 つの場合の類推から，

$$\mathbb{P}(A \cap B \cap C) = \mathbb{P}(A)\mathbb{P}(B)\mathbb{P}(C) \text{ が "独立性"?}$$

と勘違いされることが多い．しかし，次のような例がある．

例 3.1.3.　1つのサイコロを2回投げる試行を考える．2回目に1または2または5が出る事象を A, 2回目に4または5または6が出る事象を B, 2回の目の数の和が9になる事象を C とする．

このとき，事象 C は2回の出目が $(3,6),(6,3),(4,5),(5,4)$ となる場合しかないことに注意すると，

$$\mathbb{P}(A)=\mathbb{P}(B)=\frac{1}{2},\quad \mathbb{P}(C)=\frac{4}{36}$$

であり，また，$\mathbb{P}(A\cap B\cap C)=\dfrac{1}{36}$ であるから，

$$\mathbb{P}(A\cap B\cap C)=\mathbb{P}(A)\mathbb{P}(B)\mathbb{P}(C)$$

が成り立っている．

しかし，ちょっと考えてみると，例えば A,B は直感として "独立" とは思えないだろう．どちらも2回目の事象について述べているので，一方が決まれば他方に影響が出るのは明らかである．また，A,C についても，例えば2回目に1の目が出れば C は起こり得ないので，"独立" ではなさそうである．実際，これらの積事象の確率を求めると，

$$\mathbb{P}(A\cap B)=\frac{1}{6},\quad \mathbb{P}(B\cap C)=\frac{3}{36},\quad \mathbb{P}(C\cap A)=\frac{1}{36}$$

であるから，$\mathbb{P}(A\cap B)\neq\mathbb{P}(A)\mathbb{P}(B),\ldots$ などとなり**組ごとに独立ですらない！**

例 3.1.4 (独立ではないが，組ごとには独立)**.**　1枚のコインを3回投げる試行において，以下の事象を考える．

$$A_1=\{1\text{ 回目と }2\text{ 回目のコインの表裏は同じ}\},$$
$$A_2=\{2\text{ 回目と }3\text{ 回目のコインの表裏は同じ}\},$$
$$A_3=\{3\text{ 回目と }1\text{ 回目のコインの表裏は同じ}\}.$$

このとき，任意の $i\neq j$ に対して，$\mathbb{P}(A_i)=1/2$ であり，

$$\mathbb{P}(A_i\cap A_j)=\mathbb{P}(3\text{ 回とも表裏が同じ})=\left(\frac{1}{2}\right)^3\times 2=\frac{1}{4}$$

となるので，$\{A_1,A_2,A_3\}$ は組ごとに独立である．しかし，

$$\mathbb{P}(A_1 \cap A_2 \cap A_3) = \mathbb{P}(3\text{ 回とも表裏が同じ}) = \frac{1}{4} \neq \mathbb{P}(A_1)\mathbb{P}(A_2)\mathbb{P}(A_3)$$

であるから独立ではない．

しかし，このことも直感的には明らかであろう．$A_1 \cap A_2$ によって 3 回分の目が確定するので，この時点で事象 A_3 の成否は確定している．つまり，A_3 は A_1, A_2 からの影響を受けるので，直感的にも "独立" ではない．

さて，確率変数の独立性も事象の場合にならって定義する．

定義 3.1.5. d 次元確率変数の列 $\boldsymbol{X} = \{X_k\}_{k \in \mathbb{N}}$ が与えられたとき，

(1) 任意の $i, j \in \mathbb{N}\,(i \neq j)$ と，任意の $A_i, A_j \in \mathcal{B}_d$ に対して，

$$\mathbb{P}(X_i \in A_i, X_j \in A_j) = \mathbb{P}(X_i \in A_i)\mathbb{P}(X_j \in A_j)$$

が成り立つとき，$\boldsymbol{X}$ は**組ごとに独立**という．

(2) 任意の $n \in \mathbb{N}$ に対して，任意の異なる $i_1, i_2, \ldots, i_n \in \mathbb{N}$ と $A_{i_1}, \ldots, A_{i_n} \in \mathcal{B}_d$ をとり，

$$\mathbb{P}(X_{i_1} \in A_{i_1}, \ldots, X_{i_n} \in A_{i_n}) = \prod_{k=1}^{n} \mathbb{P}(X_{i_k} \in A_{i_k})$$

が成り立つとき，$\boldsymbol{X}$ は**独立**という．

多くの確率変数の独立性を考えるとき，任意の組み合わせに対する独立性をいちいちチェックするのは面倒であるが，有限個の確率変数に対する独立性は以下と同値になる．

定理 3.1.6. N 個の d 次元確率変数 $X_1, X_2, \ldots, X_N$ が独立であるための必要十分条件は，任意の $A_1, \ldots, A_N \in \mathcal{B}_d$ に対して，

$$\mathbb{P}(X_1 \in A_1, \ldots, X_N \in A_N) = \prod_{i=1}^{N} \mathbb{P}(X_i \in A_i) \tag{3.1}$$

が成り立つことである．

Proof. 必要性は明らかであるから，十分性を示す．任意の $n \in \{1, \ldots, N\}$ に対して，任意の異なる $i_1, i_2, \ldots, i_N \in \{1, \ldots, n\}$ と $A_{i_1}, \ldots, A_{i_n} \in \mathcal{B}_d$ をと

り，式 (3.1) において，番号 $k = i_1, \ldots, i_n$ 以外の A_k についてはすべて $\mathbb{R}^d$ とおけば，$\mathbb{P}(X_k \in \mathbb{R}^d) = 1$ に注意して，

$$\mathbb{P}(X_{i_1} \in A_{i_1}, \ldots, X_{i_n} \in A_{i_n}) = \prod_{k=1}^{n} \mathbb{P}(X_{i_k} \in A_{i_k})$$

を得る． □

有限個の確率変数に対する独立性については，その分布関数や密度関数を見ることで簡単に判定可能である．

定理 3.1.7. 確率変数列 $X_1, \ldots, X_n$ はそれぞれ，分布 $F_1, \ldots, F_n$，確率密度関数 (または確率関数)$f_1, \ldots, f_n$ を持つとする．また，n 次元確率ベクトル $x := (X_1, \ldots, X_n)$ の同時分布を F_X とし，これが同時密度関数 (または同時確率関数)f_X を持つとする．このとき，以下は同値である．

(1)　$X_1, \ldots, X_n$ は独立．

(2)　任意の $x_1, \ldots, x_n \in \mathbb{R}$ に対して，$F_X(x_1, \ldots, x_n) = \prod_{i=1}^{n} F_i(x_i)$.

(3)　任意の $x_1, \ldots, x_n \in \mathbb{R}$ に対して，$f_X(x_1, \ldots, x_n) = \prod_{i=1}^{n} f_i(x_i)$.

(4)　任意の $t_1, \ldots, t_n \in \mathbb{R}$ に対して，$\phi_{F_X}(t_1, \ldots, t_n) = \prod_{i=1}^{n} \phi_{F_i}(t_i)$.

Proof. まず，分布 (密度) 関数と特性関数の 1 対 1 対応 (定理 2.3.7) を考えると，(2) ⇔ (3) ⇔ (4) となることは明らかであろう．(1) ⇒ (2) も定理 3.1.6, (3.1) において $A_i = (-\infty, x_i]$ とすることにより明らかである．

少しギャップがあるのは (2) ⇒ (1) であろう．上述のように (2) は (1) における特殊な A_i に対しての主張だからである．そこで，(2) が (1) の十分条件になることだけ示しておく．以下，簡単のため，$X_1, \ldots, X_n$ らはすべて実数値 (1 次元) 確率変数とするが，一般次元でも同様の証明である．

(2) を仮定する．定理 1.3.3, (a) によれば，各 F_i から確率測度 μ_{F_i} が決まるので，それを用いて $\mu_G = \prod_{i=1}^{n} \mu_{F_i}$ なる直積測度を作ると μ_G は $(\mathbb{R}^n, \mathcal{B}_n)$ 上

の確率測度になる．そこで，この μ_G に対応する分布関数 G を考えると，

$$\begin{aligned}G(x_1,\dots,x_n) &:= \mu_G((-\infty,x_1]\times\cdots\times(-\infty,x_n]) \\ &= \prod_{i=1}^{n}\mu_{F_i}((-\infty,x_i]) = \prod_{i=1}^{n}F_i(x_i) \\ &= F_X(x_1,\dots,x_n)\end{aligned}$$

となって，再び定理 1.3.3, (a) の分布の一意性によって $\mu_G \equiv F_X$ を得る．したがって，任意の $A_1,\dots,A_n \in \mathcal{B}_d$ に対して，

$$\begin{aligned}&\mathbb{P}(X_1\in A_1,\dots,X_n\in A_n) \\ &= \mu_G(A_1\times\cdots\times A_n) = \prod_{i=1}^{n}\mu_{F_i}(A_i) = \prod_{i=1}^{n}\mathbb{P}(X_i\in A_i)\end{aligned}$$

となって，これは独立性である． □

定理 3.1.7 から以下が得られる．証明は読者への演習とする．

系 3.1.8. 確率変数 $X_1,\dots,X_n$ は独立とし，関数 $g_i:\mathbb{R}\to\mathbb{R}\ (i=1,2,\dots,n)$ に対して $g_i(X_i)$ は可積分とする．このとき，$g_1(X_1),\dots,g_n(X_n)$ らもまた独立で，以下が成り立つ．

$$\mathbb{E}\left[\prod_{i=1}^{n}g_i(X_i)\right] = \prod_{i=1}^{n}\mathbb{E}[g_i(X_i)].$$

演習 21. 系 3.1.8 を証明せよ．

注意 3.1.9. よく間違えられることだが，上記定理の逆は成り立たない．すなわち，確率変数 X,Y について，$\mathbb{E}[XY]=\mathbb{E}[X]\mathbb{E}[Y]$ が成り立っても，X,Y は独立とは限らない．例えば，X は密度関数 $f_X(x)=\frac{3}{4}\sqrt{|x|}\ (-1\le x\le 1)$ を持つ確率変数で，Z は X と独立で $\mathbb{E}[Z]=0$ を満たすとする．このとき，$Y=\frac{Z}{X}\mathbf{1}_{\{X\neq 0\}}$ と定めると，$\mathbb{E}[XY]=\mathbb{E}[Z]=0$，$\mathbb{E}[X]=0$，また，

$$\mathbb{E}[Y]=\mathbb{E}[Z]\mathbb{E}\left[\frac{1}{X}\mathbf{1}_{\{X\neq 0\}}\right]=0$$

となり，$\mathbb{E}[XY] = \mathbb{E}[X]\mathbb{E}[Y] = 0$ であるが，$X = 0 \Rightarrow Y = 0$ となるから X と Y は明らかに独立でない[*1].

3.1.2　独立な確率変数列の構成

さて，定理 3.1.7 の (2) ⇒ (1) の証明を参考にすると，独立な確率変数を確率空間上に実現するためには，以下のようにすればよいことがわかる．n 個の分布 $F_1, \ldots, F_n$ が与えられたとき，これらの直積測度 $G := \prod_{i=1}^n F_i$ を作ると，

$$(\Omega, \mathcal{F}, \mathbb{P}) = (\mathbb{R}^n, \mathcal{B}_n, G)$$

は確率空間となる．そこで，写像 $X : \Omega \to \mathbb{R}^n$ を，$\omega = (\omega_1, \ldots, \omega_n) \in \Omega$ に対して，

$$X(\omega) = (X_1(\omega_1), \ldots, X_n(\omega_n)) = (\omega_1, \ldots, \omega_n) \in \mathbb{R}^n$$

なる恒等写像で定義すれば，X は明らかに確率変数でその分布は G となる．また，各 X_i の分布は F_i になる[*2]．ここで X の分布関数を考えると，G の作り方から

$$G(x_1, \ldots, x_n) = \prod_{i=1}^n F_i(x_i)$$

が成り立つので，定理 3.1.7 により $X_1, \ldots, X_n$ は独立である．

特に，各 F_i がすべて同じ分布の場合が重要である．例えば，初等的な統計学では n 回の観測値 $X_1, X_2, \ldots, X_n$ がすべて，未知の同一の分布 F から発生していると考えて，F に関連する未知量を推定することになる．また，その "推定量" は通常，観測を増やしたとき $(n \to \infty)$ の漸近的挙動によって "良さ" が評価されるため，統計学では独立な確率変数の無限列を考えることが標準的である．独立な確率変数の無限列 $X_1, X_2, \ldots$ も同様に構成できるが，詳細は A.2 節を参照されたい．

定義 3.1.10.　確率変数列 $\boldsymbol{X} = \{X_1, X_2, \ldots\}$(有限列でも無限列でもよい) が独

[*1] Y が X を使って書かれているから独立でないといっているのではない．実際，そのような確率変数同士が独立になる例はある．これについて統計学で重要な例を A.3 節に挙げておく．

[*2] 3.3.1 節で述べる「周辺化」．F_i は周辺分布．

立であって，各 X_i がすべて同じ分布に従うとき，$\boldsymbol{X}$ は**独立に同一分布に従う** (independently indentilcally distributed) といい，しばしば,「$\boldsymbol{X}$ **は IID (i.i.d)**」などと略す.

3.1.3 独立な確率変数の和と再生性

IID 観測 $X_1, \ldots, X_n$ の分布の平均 (未知) を知りたいとき，統計学では

$$\overline{X} = \frac{1}{n} \sum_{i=1}^{n} X_i$$

のような算術平均によってその平均を推定しようとする．このような推定の "よさ" を論じるには，$\overline{X}$ の分布の情報が必要である.

本節では，このような独立な確率変数の和の分布について考えよう.

定理 3.1.11. d 次元確率変数 X, Y は独立で，分布はそれぞれ F_X, F_Y とする．このとき，これらの和 $Z := X + Y$ の分布 F_Z は以下を満たす.

$$F_Z(A) = \int_{\mathbb{R}^d} F_X(A - y) F_Y(\mathrm{d}y), \quad A \in \mathcal{B}_d.$$

ただし，$A - y := \{z - y \,|\, z \in A\}$ である．これを $F_Z = F_X * F_Y$ などと表し，分布 F_X と F_Y との**畳込み** (convolution) という．特に，$F_X * F_Y = F_Y * F_X$ である.

Proof. X, Y は独立だから，確率ベクトル (X, Y) の分布は $F_X \times F_Y$ なる直積測度で表される．したがって，$A \in \mathcal{B}_d$ に対して,

$$\begin{aligned} F_Z(A) = \mathbb{P}(X + Y \in A) &= \int_{\mathbb{R}^d} \int_{\mathbb{R}^d} \mathbf{1}_{\{x+y \in A\}} F_X(\mathrm{d}x) F_Y(\mathrm{d}y) \\ &= \int_{\mathbb{R}^d} \left[\int_{A-y} F_X(\mathrm{d}x) \right] F_Y(\mathrm{d}y) = \int_{\mathbb{R}^d} F_X(A - y) F_Y(\mathrm{d}y). \end{aligned}$$

可換性：$F_X * F_Y = F_Y * F_X$ は，フビニの定理 (定理 2.2.19) による. □

系 3.1.12. 定理 3.1.11 において，以下のことが成り立つ.

(1) F_X, F_Y が離散型でその確率関数をそれぞれ p_X, p_Y とすると，F_Z もまた離散型で，その確率関数 p_Z は

$$p_Z(z) = \sum_y p_X(z-y) p_Y(y).$$

ただし，$\sum_y$ は Y の取り得る値すべてに渡る和を表す．

(2) F_X, F_Y が連続型で確率密度 f_X, f_Y を持てば，F_Z も確率密度 f_Z を持ち，

$$f_Z(z) = \int_{\mathbb{R}^d} f_X(z-y) f_Y(y)\,\mathrm{d}y.$$

定理 3.1.13.　定理 3.1.11 において，$F_Z = F_X * F_Y$ の特性関数を考えると，

$$\phi_Z(t) = \phi_X(t) \cdot \phi_Y(t), \quad t \in \mathbb{R}^d.$$

である．また，F_X, F_Y の積率母関数が共に存在すれば，以下も成り立つ．

$$m_Z(t) = m_X(t) \cdot m_Y(t), \quad t \in \mathbb{R}^d.$$

***Proof*.**　特性関数について，

$$\begin{aligned}
\phi_Z(t) &= \int_{\mathbb{R}^d} \int_{\mathbb{R}^d} e^{it^\top x}\, F_X(\mathrm{d}x - y) F_Y(\mathrm{d}y) \\
&= \int_{\mathbb{R}^d} e^{it^\top y} F_Y(\mathrm{d}y) \int_{\mathbb{R}^d} e^{it^\top (x-y)}\, F_X(\mathrm{d}x - y) \\
&= \int_{\mathbb{R}^d} e^{it^\top y} F_Y(\mathrm{d}y) \int_{\mathbb{R}^d} e^{it^\top x}\, F_X(\mathrm{d}x) \\
&= \phi_X(t) \cdot \phi_Y(t).
\end{aligned}$$

積率母関数についても同様である．　□

注意 3.1.14.　定理 3.1.13 の逆として，たとえ $Z = X + Y$ の特性関数が X と Y のそれぞれの特性関数の積に分解できたとしても：$\phi_{X+Y}(t) = \phi_X(t)\phi_Y(t)$ $(t \in \mathbb{R}^d)$，そこから X と Y が独立とは結論できない．上記では変数 t が共通だが，定理 3.1.7, (4) のように ϕ_X と ϕ_Y で変数が異なっていないと意味がない．つまり，独立性を結論するにはあくまで確率ベクトル (X, Y) の特性関数が積に分解されなければならない．

例えば，$X \equiv Y \sim Ca(\mu,\sigma)$ とすると特性関数は $\phi_X(t)=\phi_Y(t)=e^{i\mu t-\sigma|u|}$ であり，$Z=X+Y=2X$ については $\phi_Z(t)=e^{2i\mu t-2\sigma|u|}$ となるので，同じ変数 t に対して $\phi_Z(t)=\phi_X(t)\phi_Y(t)$ は成り立つが，X と $Y\,(\equiv X)$ は独立ではない．

確率分布の中には，畳込みによって不変な分布族がいくつかある．

定義 3.1.15. 独立な d 次元確率変数 X,Y の分布 F_X, F_Y は，あるパラメータ $\theta\in\Theta(\subset\mathbb{R}^m)$ によって添え字付けられる分布族 $\mathcal{G}:=\{G_\theta\,|\,\theta\in\Theta\}$ によって，それぞれ $F_X=G_{\theta_1}$，$F_Y=G_{\theta_2}$ と書けるとする．これらに対して，ある $\theta_3\in\Theta$ が存在して

$$F_X * F_Y = G_{\theta_3}$$

となるとき，分布族 $\mathcal{G}$ は**再生性** (reproductive property) を持つという．

例 3.1.16. 正規分布の族 $\{N(\mu,\sigma^2)\,|\,(\mu,\sigma^2)\in\mathbb{R}\times(0,\infty)\}$ は再生性を持ち，

$$N\left(\mu_1,\sigma_1^2\right) * N\left(\mu_2,\sigma_2^2\right) = N\left(\mu_1+\mu_2,\sigma_1^2+\sigma_2^2\right)$$

となる．このことを確かめるには，定理 3.1.13 を利用するのが簡単である．すなわち，$N(\mu,\sigma^2)$ の特性関数が $\exp\left(i\mu t - t^2\sigma^2/2\right)$ となることに注意して，

$$\begin{aligned}(\text{左辺の特性関数}) &= \exp\left(i\mu_1 t - \frac{\sigma_1^2}{2}t^2\right)\cdot\exp\left(i\mu_2 t - \frac{\sigma_2^2}{2}t^2\right)\\ &= \exp\left(i\{\mu_1+\mu_2\}t - \frac{\sigma_1^2+\sigma_2^2}{2}t^2\right)\\ &= (\text{右辺の特性関数}).\end{aligned}$$

例 3.1.17. 正規分布の他にも，以下のような分布が再生性を持つ．

- **2 項分布**：$Bin(n_1,p) * Bin(n_2,p) = Bin(n_1+n_2,p)$.
- **ポアソン分布**：$Po(\lambda_1) * Po(\lambda_2) = Po(\lambda_1+\lambda_2)$.
- **ガンマ分布**：$\Gamma(\alpha_1,\beta) * \Gamma(\alpha_2,\beta) = \Gamma(\alpha_1+\alpha_2,\beta)$.
  尺度母数 β が共通であることに注意がいる．

注意 3.1.18. ガンマ分布 $\Gamma(\alpha,\beta)$ において，特に $\alpha=1$ のときは指数分布になるが，ガンマ分布の再生性を用いると，

$$Exp(\beta) * Exp(\beta) = \Gamma(2, \beta)$$

となり，**指数分布は再生性を持たない**ことがわかる．

ところで，上の性質を何度も用いると，$Exp(\beta)$ の n 回の畳込みは $\Gamma(n, \beta)$ であり，これは例 1.3.14 で紹介したアーラン分布 $Erl(n, \beta)$ である．

演習 22. 例 3.1.16 にならい，例 3.1.17 の再生性を証明せよ．

例 3.1.19 (正規分布の変換：χ^2 分布)**.** $X \sim N(0,1)$ とするとき，$Y = X^2$ と変換した Y の分布を，例 1.3.16 にならって求めてみよう．まず

$$y = \phi(x) = x^2 \ (x \geq 0) \ \Leftrightarrow \ x = \phi^{-1}(y) = \sqrt{y} \ (y \geq 0)$$

を考えると $\frac{\mathrm{d}}{\mathrm{d}y}\phi^{-1}(y) = \frac{1}{2\sqrt{y}}$ であるから，

$$f_Y(y) = f_X\left(\phi^{-1}(y)\right)\left|\frac{\mathrm{d}}{\mathrm{d}y}\phi^{-1}(y)\right| = \frac{1}{2\sqrt{2\pi}}y^{-1/2}e^{-y/2}, \quad y > 0.$$

同様に，$x < 0$ の場合には

$$y = \phi(x) = x^2 \ (x < 0) \ \Leftrightarrow \ x = \phi^{-1}(y) = -\sqrt{y} \ (y > 0)$$

を考えれば，結局，$f_Y(y) = \frac{1}{\sqrt{2}\Gamma(1/2)}y^{-1/2}e^{-y/2}$ となって，Y はガンマ分布 $\Gamma(1/2, 1/2)$ に従うことがわかる．この分布のことを (自由度 1 の) χ^2 (**カイ自乗**) **分布** (chi-square distribution) といい，$\chi^2(1)$ などと表す．ガンマ分布は統計学ではきわめて頻繁に現れる重要分布である．

χ^2 分布 (ガンマ分布) が再生性を持つことから以下の分布が得られる．

定義 3.1.20 (自由度 n の χ^2 分布)**.** $X_1, \ldots, X_n$ が IID で $N(0,1)$ に従うとき，

$$X_1^2 + \cdots + X_n^2 \sim \Gamma\left(\frac{n}{2}, \frac{1}{2}\right) \tag{3.2}$$

となる．この分布を**自由度** n **の** χ^2 **分布**といい，$\chi^2(n)$ で表す．

この分布が現れる統計学での具体的な例は A.3 節を見よ．

3.2 確率変数の相関と条件付期待値

前節では独立な確率変数について見てきたが，独立でない確率変数同士は互いの分布に影響を及ぼし合い，そのような確率変数同士には「相関 (関係) があ

る」という．本節では，それらの相関の入り方を「条件付分布」という概念で理解する．

3.2.1 相関と相関係数

定義 3.2.1. 実数値確率変数 X, Y の平均をそれぞれ μ_X, μ_Y とするとき，

$$\mathrm{Cov}(X,Y) := \mathbb{E}\left[(X-\mu_X)(Y-\mu_Y)\right]$$

を X, Y の**共分散** (covariance) という．特に，$\mathrm{Cov}(X,X) = \mathrm{Var}(X)$ である．このとき，

$$\rho(X,Y) := \frac{\mathrm{Cov}(X,Y)}{\sqrt{\mathrm{Var}(X)}\sqrt{\mathrm{Var}(Y)}}$$

を X, Y の**相関係数** (correlation)[*3]という．ただし，$\mathrm{Var}(X)\mathrm{Var}(Y) = 0$ のときは $\rho(X,Y) = 0$ と定める．特に，$\rho(X,Y) \neq 0$ のとき，X と Y には**相関がある**といい，$\rho(X,Y) > 0$ なら**正の相関**，$\rho(X,Y) < 0$ なら**負の相関**，$\rho(X,Y) = 0$ のときは**無相関**といわれる．

$\rho(X,Y)$ の値で X, Y の "相関" を見ようとするのは，以下のような事実による．

定理 3.2.2. 実数値確率変数 X, Y が $\mathrm{Var}(X), \mathrm{Var}(Y) < \infty$ を満たすとき，以下が成り立つ．

(1) $\rho(X,Y)$ は存在して，$|\rho(X,Y)| \leq 1$.

(2) X, Y が独立ならば，無相関 ($\rho(X,Y) = 0$) である．

(3) $aX + bY = c$ ($a, b, c \in \mathbb{R}$, $(a,b) \neq (0,0)$) なる線形関係があることと $|\rho(X,Y)| = 1$ は同値である．このとき，特に以下が成り立つ：

$$a > 0 \iff \rho(X,Y) = 1; \quad a < 0 \iff \rho(X,Y) = -1.$$

[*3] **ピアソン** (Peason) **の積率相関係数**ともいわれる．統計学には複数の「相関係数」があり，他にも，スピアマンの順位相関係数 (スピアマンの ρ)，ケンドールの順位相関係数 (ケンドールの τ)，などと呼ばれるものがある．単に「相関係数」という場合，通常はピアソンの相関係数を指す．

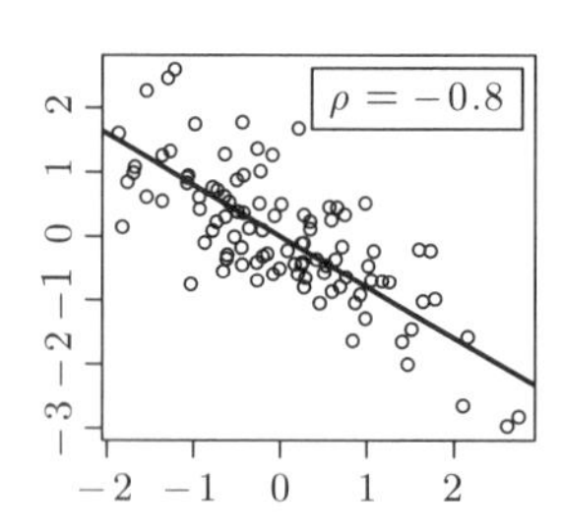

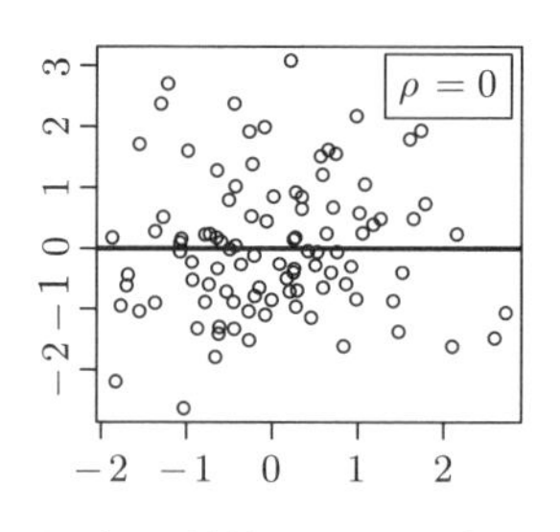

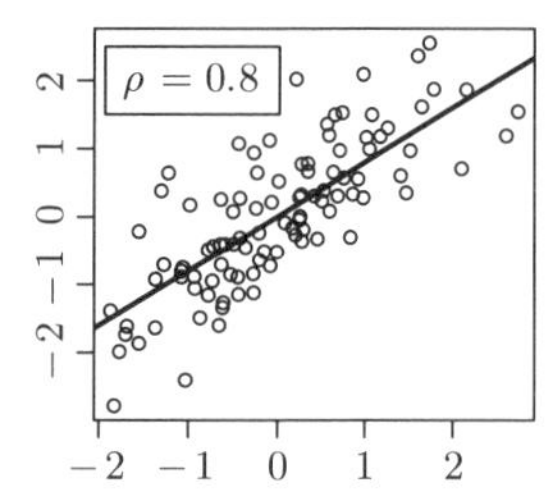

図3.1　2次元データ散布図の相関係数 ρ による違い．無相関データはよく散らばって特別な関係性が見られない．

Proof. (1)　シュワルツの不等式 (系 2.4.10) からわかる．

(2)　独立性から $\mathrm{Cov}(X,Y) = \mathbb{E}[X-\mu_X]\mathbb{E}[Y-\mu_Y] = 0$ (系 3.1.8) より明らか．

(3)　線形関係の十分性は，($b \neq 0$ とすると) $\sqrt{\mathrm{Var}(Y)} = |a/b|\sqrt{\mathrm{Var}(X)}$ となることと $\mathrm{Cov}(X,Y) = |a/b|\mathrm{Var}(X)$ よりわかる．必要性について，$|\rho(X,Y)| = 1$ となるのは (1) の証明で用いたシュワルツの不等式 (系 2.4.10) で等号が成り立つときであり，定数 $t_1, t_2 \geq 0, (t_1,t_2) \neq (0,0)$ に対して $t_1|X-\mathbb{E}[X]| = t_2|Y-\mathbb{E}[Y]|\ a.s.$ となるが，これは X と Y に線形関係があることを示している．□

上記の結果から，相関係数の絶対値が大きければより線形関係に近い関係があり，その符号によって (X,Y) の実現値がどのように分布するかおおよそわかる (**図3.1**)．

注意 3.2.3.　上記 (2) より独立なら無相関であるが，**無相関であることは独立であることを意味しない！**ただし，後述の定理 3.3.10 のように例外はある．

3.2.2　初等的な条件付期待値：離散型

さて，ここからは相関のある確率変数があったとき，一方の値が決まると，それが他方にどのように影響を与えるのかについて，分布の観点から考察するための準備を行う．

事象 $A, B \in \mathcal{F}$ で，$\mathbb{P}(B) \neq 0$ なるものに対して，A の B に関する条件付確

率は

$$\mathbb{P}(A|B) := \frac{\mathbb{P}(A \cap B)}{\mathbb{P}(B)}$$

と定義されるのであった．したがって，確率変数 X が与えられたとき，ある事象 B の下での条件付確率

$$F_{X|B}(x) = \frac{\mathbb{P}(\{X \leq x\} \cap B)}{\mathbb{P}(B)}$$

が定義され，これは注意 1.3.4 に述べた意味で分布関数である．したがって，定理 1.3.3 により，$F_{X|B}$ に対応する確率分布が一意に定まる．これを事象 B に関する X の**条件付分布** (conditional distribution) という．

同様に，X, Y を離散型確率変数とし $\mathbb{P}(Y = y) \neq 0$ とするとき，$\{Y = y\}$ という事象に関する X の条件付分布は以下のような分布関数から定まる分布である．

$$F_{X|Y}(x|y) := \frac{\mathbb{P}(X \leq x, Y = y)}{\mathbb{P}(Y = y)}. \tag{3.3}$$

$\mathbb{P}(Y = y) = 0$ のときには $F_{X|Y}(x|y) \equiv 0$ とする．このとき，対応する分布を $F_{X|Y}$ と書くと，これは離散型分布であり，確率関数は以下のように書ける．

定義 3.2.4. 離散型確率変数 (確率ベクトル)X, Y の確率関数をそれぞれ P_X, P_Y とし，(X, Y) の同時確率関数を $P_{X,Y}$ とする．このとき，

$$P_{X|Y}(x|y) = \begin{cases} \dfrac{P_{X,Y}(x,y)}{P_Y(y)} & (P_Y(y) \neq 0) \\ 0 & (P_Y(y) = 0) \end{cases} \tag{3.4}$$

と定め，$P_{X|Y}(x|y)$ を，X の $Y = y$ の下での**条件付確率関数**という．

次に，条件付分布による期待値を「条件付期待値」として定義する．

定義 3.2.5. 離散型確率変数 (確率ベクトル)X, Y に対して，X は可積分で $\{x_i | i \in \mathbb{N}\}$ の値をとるとする．また，ある $y \in \mathbb{R}$ に対して $\mathbb{P}(Y = y) \neq 0$ とする．このとき，条件付分布 $F_{X|Y}$ による期待値

$$\mathbb{E}[X|Y = y] = \int_{\mathbb{R}} x \, F_{X|Y}(\mathrm{d}x|y) = \sum_{i=1}^{\infty} x_i \, P_{X|Y}(x_i|y) \tag{3.5}$$

を $Y = y$ が与えられた下での X の**条件付期待値** (conditional expectation) と

いう．特に，X が $\mathbf{1}_{\{X \in B\}}$ $(B \in \mathcal{B})$ の形のとき，

$$\mathbb{P}(X \in B|Y = y) := \mathbb{E}[\mathbf{1}_{\{X \in B\}}|Y = y] \tag{3.6}$$

と書いて，$Y = y$ が与えられた下での事象 $\{X \in B\}$ の**条件付確率** (conditional probability) という．

条件付期待値 $\mathbb{E}[X|Y = y]$ は y の関数であり，この y に新たに確率変数 $Y(\omega)$ を代入すると

$$\mathbb{E}[X|Y](\omega) := \mathbb{E}[X|Y = y]\Big|_{y=Y(\omega)} \tag{3.7}$$

なる確率変数ができる．これは，Y の値が未確定の場合の X の条件付期待値と解釈される．

定義 3.2.6.　式 (3.7) で定まる確率変数 $\mathbb{E}[X|Y]$ を，Y が与えられた下での X の条件付期待値という．同様に，$\mathbb{P}(X \in B|Y)$ などで，Y が与えられた下での条件付確率を表す．

これら条件付の量の定義は離散型の場合ごく自然に受け入れられるであろう．では，連続型の場合はどうだろうか？

3.2.3　連続型確率変数に対する条件付期待値

離散型確率変数に対する条件付期待値の定義は，条件付分布による積分であり，自然なものであろう．しかし，(3.4) のような定義は，1点の確率がゼロになるような連続型確率変数に対しては採用できない．ここではまず，天下り的に条件付分布や条件付期待値の定義を与えてしまう．

定義 3.2.7.　連続型確率変数 (確率ベクトル)X, Y がそれぞれ密度関数 f_X, f_Y を持つとし，(X, Y) の同時密度関数を $f_{X,Y}$ とする．このとき，

$$f_{X|Y}(x|y) = \begin{cases} \dfrac{f_{X,Y}(x,y)}{f_Y(y)} & (f_Y(y) \neq 0) \\ 0 & (f_Y(y) = 0) \end{cases} \tag{3.8}$$

と定め，$f_{X|Y}(x|y)$ を X の $Y = y$ の下での**条件付密度関数**という．

この定義は離散型の場合との類似で，なんとなく “それっぽい定義” に見えるだろう．しかし，例えばこの密度関数による積分が，本当に「条件付確率」を

与えるものなのかどうか，それは**本来証明されるべきことである**！実際，6.2 節ではこの定義が "定理 6.2.3" として与えられる．

条件付期待値の本来の定義は「σ-加法族に関する条件付期待値」(6.2.3 節) として与えられ，本節で紹介する条件付期待値は，実はその特別な場合である (定理 6.2.6)．この条件付期待値の意味や詳細については，6.2.3 節で再び詳しく議論するが，そのような難しい概念はここではひとまず後回しにして，上記の定義を信じて条件付分布や条件付期待値を定義することにする．

定義 3.2.8. X, Y を d 次元確率変数とし，$f_{X|Y}$ を (3.8) で与えた条件付密度関数とする．このとき，$x = (x_1, \ldots, x_d) \in \mathbb{R}^d$ に対して，

$$F_{X|Y}(x|y) := \int_{B_x} f_{X|Y}(z|y)\,\mathrm{d}z, \quad B_x = \prod_{i=1}^{d}(-\infty, x_i]$$

で与えられる分布関数に対応する確率分布を $Y = y$ が与えられた下での X の**条件付分布**という．特に，

$$\mathbb{P}(X \in B|Y = y) = \int_B f_{X|Y}(x|y)\,\mathrm{d}x, \quad B \in \mathcal{B}_d \tag{3.9}$$

である．また，X が可積分のとき，

$$\mathbb{E}[X|Y = y] = \int_{\mathbb{R}^d} x f_{X|Y}(x|y)\,\mathrm{d}x \tag{3.10}$$

を $Y = y$ が与えられた下での X の**条件付期待値**と定め，特に，

$$\mathbb{E}[X|Y] = \mathbb{E}[X|Y = y]\Big|_{y=Y} \tag{3.11}$$

を Y が与えられた下での X の条件付期待値という．同様に，

$$\mathrm{Var}(X|Y) = \mathbb{E}[(X - \mathbb{E}[X|Y])^2|Y] \tag{3.12}$$

を Y が与えられた下での X の**条件付分散** (conditional variance) という．

これらの具体例については次節の例でいくつか取り上げることにして，ここでは条件付期待値の計算に関する重要な性質 (公式) を与えておく．

定理 3.2.9. 確率変数 X, Y, Z と，$a, b \in \mathbb{R}$, さらに可測関数 $g : \mathbb{R} \to \mathbb{R}$ に対して，以下が成り立つ．ただし，期待値はいずれも存在するとする．

(1) $\mathbb{E}[1|Y] = 1$.

(2) $\mathbb{E}[aX + bY|Z] = a\mathbb{E}[X|Z] + b\mathbb{E}[Y|Z]$.

(3) $\mathbb{E}[\mathbb{E}[X|Y]] = \mathbb{E}[X]$.

(4) $\mathbb{E}[g(Y)X|Y] = g(Y)\mathbb{E}[X|Y]$.

(5) X と Y が独立なら $\mathbb{E}[X|Y] = \mathbb{E}[X]$.

(6) $\mathrm{Var}(X) = \mathbb{E}[\mathrm{Var}(X|Y)] + \mathrm{Var}(\mathbb{E}[X|Y])$ (**全分散の公式**).

Proof. 1次元連続型の場合のみ示す．多次元の場合も，離散型でも同様である．

(1) 任意の $y \in \mathbb{R}$ に対して $f_{X|Y}(\cdot|y)$ は確率密度であるから，

$$\mathbb{E}[1|Y = y] = \int_{\mathbb{R}} 1 \cdot f_{X|Y}(x|y)\,\mathrm{d}x \equiv 1.$$

(2) 任意の $z \in \mathbb{R}$ に対して，

$$\begin{aligned}
\mathbb{E}[aX + bY|Z = z] &= \int_{\mathbb{R}^2} (ax + by) f_{X,Y|Z}(x, y|z)\,\mathrm{d}x\mathrm{d}y \\
&= a\int_{\mathbb{R}^2} x f_{X,Y|Z}(x, y|z)\,\mathrm{d}x\mathrm{d}y \\
&\quad + b\int_{\mathbb{R}^2} y f_{X,Y|Z}(x, y|z)\,\mathrm{d}x\mathrm{d}y \\
&= a\int_{\mathbb{R}} x f_{X|Z}(x|z)\,\mathrm{d}x + b\int_{\mathbb{R}} y f_{Y|Z}(y|z)\,\mathrm{d}y \\
&= a\mathbb{E}[X|Z = z] + b\mathbb{E}[Y|Z = z].
\end{aligned}$$

最後に $z = Z$ を代入して結論を得る．

(3)
$$\begin{aligned}
\mathbb{E}\big[\mathbb{E}[X|Y]\big] &= \int_{\mathbb{R}} \left(\int_{\mathbb{R}} x f_{X|Y}(x|y)\,\mathrm{d}x \right) f_Y(y)\,\mathrm{d}y \\
&= \int_{\mathbb{R}} \int_{\mathbb{R}} x f_{X,Y}(x|y)\,\mathrm{d}x\mathrm{d}y = \int_{\mathbb{R}} x f_X(x)\,\mathrm{d}x = \mathbb{E}[X].
\end{aligned}$$

(4)
$$\mathbb{E}[g(Y)X|Y=y] = \int_{\mathbb{R}} g(y)xf_{X|Y}(x|y)\,\mathrm{d}x$$
$$= g(y)\int_{\mathbb{R}} xf_{X|Y}(x|y)\,\mathrm{d}x = g(y)\mathbb{E}[X|Y=y]$$

より，$y=Y$ を代入して結論を得る．

(5) X と Y が独立のとき，$f_{X,Y}(x,y) = f_X(x)f_Y(y)$ となることから，$f_{X|Y}(x|y) = f_X(x)$ となって明らかである．

(6) (3), (4) の結果を使う．

$$\begin{aligned}\mathrm{Var}\big(\mathbb{E}[X|Y]\big) &= \mathbb{E}\left[(\mathbb{E}[X|Y]-\mathbb{E}[X])^2\right]\\ &= \mathbb{E}\left[(\mathbb{E}[X|Y])^2\right] - 2\mathbb{E}\left[\mathbb{E}[X|Y]\cdot\mathbb{E}[X]\right] + (\mathbb{E}[X])^2\\ &= \mathbb{E}\left[(\mathbb{E}[X|Y])^2\right] - (\mathbb{E}[X])^2. \end{aligned} \tag{3.13}$$

なぜなら，$\mathbb{E}\big[\mathbb{E}[X|Y]\cdot\mathbb{E}[X]\big] = \mathbb{E}[\mathbb{E}[X\mathbb{E}[X]|Y]] = (\mathbb{E}[X])^2$ と書ける．

また，$\mathrm{Var}(X|Y) = \mathbb{E}[X^2|Y] - (\mathbb{E}[X|Y])^2$ より，(3) を使うと，

$$\mathbb{E}\big[\mathrm{Var}(X|Y)\big] = \mathbb{E}\left[X^2\right] - \mathbb{E}\left[(\mathbb{E}[X|Y])^2\right]. \tag{3.14}$$

(3.13) と (3.14) を辺々加えると，

$$\mathrm{Var}\left(\mathbb{E}[X|Y]\right) + \mathbb{E}\left[\mathrm{Var}(X|Y)\right] = \mathrm{Var}(X).$$ □

注意 3.2.10. (3) の性質は，しばしば "**タワー・プロパティ**(tower property)" といわれ，条件付期待値の本質的な性質である．後述の 6.2 節で述べられる条件付期待値 "$\mathbb{E}[X|Y]$" は，「X と同じ期待値を持つような Y の関数」として定義される．"$\mathbb{E}[X|Y]$" とは，いわば，X を Y によって期待値の意味で近似するもの，というイメージである．

注意 3.2.11. 上記定理 (6) を $\mathrm{Var}(X) = \mathbb{E}\big[\mathrm{Var}(X|Y)\big]$ **と思ってはいけない！** (3) が頻繁に使われる重要な公式であるためか，思わず上記のように間違えてしまうようだ．

3.3 多変量の分布と具体例

$\mathbb{R}^d$-値確率変数のことを**多変量確率変数** (multivariate random variable)，あるいは**多変量確率ベクトル**ともいい[*4]，その分布を**多変量分布** (multivariate distribution) という．特に統計学では多くのデータ $(x_1, x_2, \ldots, x_n)$ を変量として扱うとき，これらを確率ベクトル $(X_1, X_2, \ldots, X_n)$ の実現値だと思って議論するので，多変量分布の計算は実用上重要である．しかしながら，多変量分布の具体的なモデルはそう多くはない．まずは，後で紹介する離散型と連続型それぞれ1つずつの例を知っていれば十分と思う．

3.3.1 多変量分布に対する諸注意

周辺化について

2変量確率ベクトル $Z = (X, Y)$ の同時分布関数 $F_Z : \mathbb{R}^2 \to [0, 1]$ に対して，X, Y それぞれの分布関数は

$$F_X(x) = F_Z(x, \infty), \quad F_Y(x) = F_Z(\infty, x)$$

で与えられるが F_X, F_Y のことを Z の周辺分布関数というのであった (定義 1.3.1)．このとき，分布関数の定義から，F_X, F_Y は明らかに，それぞれ確率変数 X, Y の分布関数である．定理 1.3.3 によると，F_X, F_Y それぞれから分布が定まるが，これらを X, Y に対応する**周辺分布** (marginal distribution) という．周辺分布を求めるには，次のような積分操作をすればよい．

$$F_X(x) = \int_{-\infty}^{x} \int_{-\infty}^{\infty} F_Z(\mathrm{d}x', \mathrm{d}y'),$$
$$F_Y(x) = \int_{-\infty}^{\infty} \int_{-\infty}^{x} F_Z(\mathrm{d}x', \mathrm{d}y').$$

このように1つの変数を残して残りの変数について分布を積分する操作のことを指して，**周辺化**ということがある．特に，Z が同時密度関数 f_Z を持つとき，上の式の両辺を x で微分すれば，

---

*4　特に統計学ではこのように呼ぶことが多い．

$$f_X(x) = \int_{-\infty}^{\infty} f_Z(x, u)\,\mathrm{d}u,$$
$$f_Y(x) = \int_{-\infty}^{\infty} f_Z(u, x)\,\mathrm{d}u$$

と，それぞれ X, Y の密度関数を得るが，これらを Z の**周辺密度** (marginal density) ということがある．以上の話は一般の多変量でも同様である．

例 3.3.1. 周辺分布を調べるには特性関数を用いると便利である．X の特性関数を考えると，$t = (t_1, \ldots, t_d)^\top$ に対して

$$\phi_X(t) = \mathbb{E}\left[\exp\left(i \sum_{k=1}^{d} t_k X_k\right)\right]$$

であるから，特に $s = (0, \ldots, 0, t, 0, \ldots, 0)$(第 k 成分のみが t) とすると，

$$\phi_X(s) = \mathbb{E}\left[e^{itX_k}\right] = \phi_{X_k}(t)$$

となって，周辺分布の特性関数を得ることができる．

変数変換の公式

例 1.3.16 で 1 次元確率変数の密度関数の変換を見たが，この多変量バージョンを確認しておこう．

定理 3.3.2. X を絶対連続型の d 次元多変量確率ベクトルとし，その同時密度関数を f_X とする．$\phi : \mathbb{R}^d \to \mathbb{R}^d$ は全単射で 1 階の偏導関数を持つとする．このとき，$Y = \phi(X)$ の密度関数 f_Y は

$$f_Y(y) = f_X\left(\phi^{-1}(y)\right)\left|\det J_{\phi^{-1}}(y)\right| = \frac{1}{\left|\det J_\phi(y)\right|} f_X\left(\phi^{-1}(y)\right).$$

ここに，$J_\phi(y)$ は関数 $\phi = (\phi_1, \ldots, \phi_d)$ に対する**ヤコビ行列**であり，以下で与えられる．$\nabla = \left(\frac{\partial}{\partial y_1}, \ldots, \frac{\partial}{\partial y_d}\right)$ に対して，

$$J_\phi(y) = \nabla\phi(y) = \begin{pmatrix} \frac{\partial \phi_1}{\partial y_1} & \cdots & \frac{\partial \phi_1}{\partial y_d} \\ \vdots & \vdots & \vdots \\ \frac{\partial \phi_d}{\partial y_1} & \cdots & \frac{\partial \phi_d}{\partial y_d} \end{pmatrix}.$$

特に，$J_{\phi^{-1}}(y) = J_\phi(y)^{-1}$ であるから，$\det J_{\phi^{-1}}(y) = (\det J_\phi(y))^{-1}$.

Proof. Y の分布関数を書いてみる．$A = \prod_{i=1}^{d}(-\infty, x_i]$ とすると，

$$\begin{aligned} F_Y(x) &= \mathbb{P}(\phi(X) \in A) = \mathbb{P}(X \in \phi^{-1}(A)) \\ &= \int_{\phi^{-1}(A)} f_X(z)\,\mathrm{d}z \quad (y = \phi(z) \text{ と置換}) \\ &= \int_A f_X(\phi^{-1}(y))\left|\det J_{\phi^{-1}}(y)\right|\,\mathrm{d}y \end{aligned}$$

となって密度関数の表示を得る．また，逆写像定理より $J_{\phi^{-1}}(y) = J_\phi(y)^{-1}$ であるから，

$$J_\phi(y)J_{\phi^{-1}}(y) = I_d \ (\text{単位行列}) \quad \Rightarrow \quad \det J_\phi(y) \cdot \det J_{\phi^{-1}}(y) = 1. \quad \square$$

3.3.2　離散型：多項分布

1から d の番号のついたボールが箱の中に，それぞれ $m_1, \ldots, m_d$ 個，合計で $m = m_1 + \cdots + m_d$ 個入っているとする．このとき，ボールを無作為に1個取り出し番号を控えて元に戻す試行 (これを**復元抽出**という) を繰り返す．この試行を n 回繰り返すとき，番号 i のついたボールを取り出す回数を X_i と書くことにする．このとき，

$$\mathbb{P}(X_1 = x_1, \ldots, X_d = x_d) = \frac{n!}{x_1! \cdots x_d!} p_1^{x_1} \cdots p_d^{x_d}$$

と書ける．ただし，各 i に対して $p_i = m_i/m$，$\sum_{i=1}^{d} x_i = n$ である．

この例のように，離散型 $\mathbb{N}_0^d$-値多変量確率ベクトル $X = (X_1, \ldots, X_d)^\top$ の同時確率関数が，$\sum_{i=1}^{d} p_i = 1$，$p_i \geq 0$ を満たす定数列 $p = \{p_i\}_{i=1,\ldots,d}$ を用いて

$$p_X(x_1, \ldots, x_n) = \frac{n!}{x_1! \cdots x_d!} p_1^{x_1} \cdots p_d^{x_d}, \quad \sum_{i=1}^{d} x_i = n \tag{3.15}$$

となるような多変量離散分布を，パラメータ (n, p) の**多項分布** (multinominal distribution) といい，

$$X \sim M_d(n, p)$$

と表す．

2 項定理との類似で以下が成り立つことは容易にわかる．

定理 3.3.3 (多項定理)**.** (3.15) で定義される p_X に対して，

$$\sum_x p_X(x_1, \ldots, x_n) = (p_1 + \cdots + p_d)^n = 1.$$

ただし，$\sum_x$ は，$\sum_{i=1}^d x_i = n$ を満たすような $x_1, \ldots, x_d \in \mathbb{N}_0$ すべてに渡ってとる和を表す．したがって，$p(x_1, \ldots, x_n)$ は確率関数である．

例 3.3.4 (積率母関数，周辺分布)**.** $t \in \mathbb{R}^d$ に対して，

$$\begin{aligned} m_X(t) &= \mathbb{E}\left[e^{t^\top X}\right] \\ &= \sum_x \exp\left(\sum_{i=1}^d t_i x_i\right) p_X(x_1, \ldots, x_d) \\ &= \sum_x \frac{n!}{x_1! \cdots x_d!}(e^{t_1}p_1)^{x_1} \cdots (e^{t_d}p_d)^{x_d} \\ &= \left(e^{t_1}p_1 + \cdots + e^{t_d}p_d\right)^n. \end{aligned}$$

最後の等式は多項定理を用いた．したがって，$s = (0, \ldots, 0, t, 0, \ldots, 0)$(第 i 成分のみが t) をとると，

$$m_{X_i}(t) = m_X(s) = (p_i e^t + 1 - p_i)^n.$$

これは 2 項分布の積率母関数と一致する (例 2.3.15) ので，周辺分布は

$$X_i \sim Bin(n, p_i)$$

である．

3.3.3 連続型：多変量正規分布

連続型多変量確率ベクトル $X = (X_1, \ldots, X_d)$ の同時密度関数が，$\mu = (\mu_1, \ldots, \mu_d)^\top \in \mathbb{R}^d$，$\Sigma = (\sigma_{ij})_{1 \le i,j \le d}$ は $d \times d$ の正定値対称行列を用いて

$$f_X(x_1, \ldots, x_d) = \frac{1}{(2\pi)^{d/2}|\det \Sigma|^{1/2}} \exp\left(-\frac{1}{2}(x-\mu)^\top \Sigma^{-1}(x-\mu)\right) \tag{3.16}$$

と与えられているとする[*5]．このような多変量分布を**平均ベクトル** μ，**分散共分散行列** Σ **の多変量正規分布** (multivariate normal distribution) といい[*6]，

$$X \sim N_d(\mu, \Sigma)$$

と表す．連続型の代表的な多変量分布である．

例 3.3.5 (特性関数)**.**　$X \sim N_d(\mu, \Sigma)$ の特性関数は

$$\phi_X(t) = \exp\left(it^\top \mu - \frac{1}{2} t^\top \Sigma t\right) \tag{3.17}$$

で与えられる．これを導出してみよう．

線形代数学からの結果により，対称行列はある直交行列 P を用いて対角化できる (例えば，ハーヴィル[7]，定理 21.5.7．後述する定理 3.3.13 も参照せよ)[*7]ことに注意して，

$$\Sigma = P \cdot \mathrm{diag}(a_1, \ldots, a_d) \cdot P^\top, \quad PP^\top = I_d \text{ (直交性)}$$

とする．ここで，$\mathrm{diag}(a_1, \ldots, a_d)$ は，第 i 対角成分が a_i であるような対角行列である．このとき，$a_1, \ldots, a_d$ は Σ の固有値になり，Σ の正定値性から各 $a_i > 0$，かつ $\det \Sigma = a_1 \cdots a_d$ となることに注意しておく．そこで，

$$\Sigma^{\frac{1}{2}} := P \cdot \mathrm{diag}(\sqrt{a_1}, \ldots, \sqrt{a_d}) \cdot P^\top$$

とおくと，P の直交性により

$$\left(\Sigma^{\frac{1}{2}}\right)^2 = \Sigma, \quad \Sigma^{-1/2} := \left(\Sigma^{\frac{1}{2}}\right)^{-1} = P \cdot \mathrm{diag}(1/\sqrt{a_1}, \ldots, 1/\sqrt{a_d}) \cdot P^\top$$

である．この $\Sigma^{\frac{1}{2}}$ を用いて，

$$Y = \Sigma^{-1/2}(X - \mu)$$

として，定理 3.3.2 を用いると，Y の密度関数は

[*5] Σ の正定値性より $\det \Sigma > 0$ に注意せよ．

[*6] d **次元正規分布**とか，d **次元ガウス分布**ともいう．

[*7] 例 3.3.7 で見るように Σ は X_i の共分散からなる行列であり，定理 3.3.13 により Σ は直交対角化可能である．

$$f_Y(y) = \frac{1}{(2\pi)^{d/2}|\det\Sigma|^{1/2}} \exp\left(-\frac{1}{2}y^\top y\right)|\det\Sigma|^{1/2} = \prod_{i=1}^d \frac{1}{\sqrt{2\pi}} e^{-\frac{y_i^2}{2}}.$$

したがって，定理 3.1.7 により $Y_1, \ldots, Y_d$ は独立で $Y_i \sim N(0,1)$ となることがわかるので正規分布の特性関数 (例 2.3.17) により，

$$\phi_Y(t) = \mathbb{E}\left[e^{it^\top Y}\right] = \prod_{i=1}^d \phi_{Y_i}(t_i) = \exp\left(-\frac{1}{2}t^\top t\right).$$

最後に $X = \Sigma^{1/2}Y + \mu$ となることから，

$$\phi_X(t) = \mathbb{E}\left[e^{it^\top X}\right] = \mathbb{E}\left[e^{it^\top(\Sigma^{1/2}Y+\mu)}\right] = \exp\left(it^\top\mu - \frac{1}{2}t^\top\Sigma t\right)$$

を得る．

演習 23.　$X \sim N_d(0, I_d)$，$Y \sim N_d(\mu, \Sigma)$ とする．ただし，I_d は d 次元単位行列である．このとき，

(1)　$\int_{\mathbb{R}^d} f_X(x)\,\mathrm{d}x = 1$ となることを確認せよ．

(2)　前の例の変数変換を用いて，$\int_{\mathbb{R}^d} f_Y(x)\,\mathrm{d}x = 1$ となることを確認せよ．

演習 24 (線形変換).　$X \sim N_d(\mu, \Sigma)$ に対して，$p \times d$ 行列 A と $b \in \mathbb{R}^p$ を用いて

$$Y = AX + b : \Omega \to \mathbb{R}^p$$

なる p 次元確率ベクトルを考える．このとき，

$$Y \sim N_p(A\mu + b, A\Sigma A^\top)$$

となることを示せ．

多変量正規分布の線形変換に関して次の定理は有用である．これは多変量正規分布の特性関数の形から直ちに得られる．

定理 3.3.6.　確率ベクトル $X = (X_1, \ldots, X_d)^\top$ に対して，以下の (i), (ii) は同値である．

(i)　$X \sim N_d(\mu, \Sigma)$

(ii)　任意の $\alpha = (\alpha_1, \ldots, \alpha_d) \in \mathbb{R}^d$ に対して，

$$\alpha^\top X = \sum_{i=1}^{d} \alpha_i X_i \sim N(\alpha^\top \mu, \alpha^\top \Sigma \alpha).$$

例 3.3.7 (各種モーメント)**.**　多変量正規分布の密度関数の形から，積率母関数が存在することは明らかだから，特性関数 (3.17) の形から

$$m_X(t) = \exp\left(t^\top \mu + \frac{1}{2} t^\top \Sigma t\right).$$

これに定理 2.3.11 を用いて微分すると

$$\mathbb{E}[X_i] = \frac{\partial}{\partial t_i} m_X(0) = \mu_i,$$
$$\mathbb{E}[X_i^2] = \frac{\partial^2}{\partial t_i^2} m_X(0) = \mu_i^2 + \sigma_{ii},$$
$$\mathbb{E}[X_i X_j] = \frac{\partial^2}{\partial t_i \partial t_j} m_X(0) = \mu_i \mu_j + \sigma_{ij}$$

となるので，

$$\mathrm{Cov}(X_i, X_j) = \mathbb{E}[X_i X_j] - \mathbb{E}[X_i]\mathbb{E}[X_j] = \sigma_{ij}$$

となって，これらが μ を平均ベクトル，Σ を分散共分散行列と呼ぶ理由である．

例 3.3.8 (周辺分布)**.**　$X \sim N_d(\mu, \Sigma)$ の周辺密度を調べよう．特性関数が (3.17) で与えられることから，$s = (0, \ldots, 0, t, 0, \ldots, 0)$(第 k 成分のみが t) をとると，

$$\phi_{X_k}(t) = \phi_X(s) = \exp\left(i\mu_k t - \frac{\sigma_{kk}^2}{2}\right)$$

となるので，

$$X_k \sim N(\mu_k, \sigma_{kk}), \quad k = 1, 2, \ldots, d$$

である．つまり，多変量正規分布の各周辺分布はすべて正規分布である．

例 3.3.9 (特に 2 次元正規分布の特徴)**.**　$d = 2$ のとき，$Z = (X, Y)^\top \sim N_2(\mu, \Sigma)$ に対して ($\mu = (\mu_1, \mu_2)^\top$ とする)，X と Y の標準偏差をそれぞれ σ_1, σ_2 と書き，相関係数を $\rho = \frac{\mathrm{Cov}(X,Y)}{\sigma_1 \sigma_2}$ とおくと，

$$\Sigma = \begin{pmatrix} \sigma_1^2 & \rho\sigma_1\sigma_2 \\ \rho\sigma_1\sigma_2 & \sigma_2^2 \end{pmatrix}$$

と書けることに注意する．このとき Z の密度関数 f_Z は以下のよう書ける．

$$f_Z(x,y) = \frac{1}{2\pi\sigma_1\sigma_2\sqrt{1-\rho^2}} \times \\ \exp\left[-\frac{1}{1-\rho^2}\left\{\frac{(x-\mu_1)^2}{2\sigma_1^2} - \frac{\rho(x-\mu_1)(y-\mu_2)}{\sigma_1\sigma_2} + \frac{(y-\mu_2)^2}{2\sigma_2^2}\right\}\right].$$

ここから，$X \sim N(\mu_1, \sigma_1^2)$ の密度関数 f_X をくくりだして整理すると

$$\begin{aligned} f_{Y|X}(y|x) &= f_Z(x,y)/f_X(x) \\ &= \frac{1}{\sqrt{2\pi\sigma_2^2(1-\rho^2)}} \exp\left[-\frac{(y - \{\mu_2 + \rho\sigma_2(x-\mu_1)/\sigma_1\})^2}{2\sigma_2^2(1-\rho^2)}\right] \end{aligned}$$

となって，Y の X に関する条件付密度の表示を得る．この表現より，Y の $X=x$ に関する条件付分布はまた正規分布であり，その分布は

$$Y|_{X=x} \sim N\left(\mu_2 + \rho\frac{\sigma_2}{\sigma_1}(x-\mu_1), \sigma_2^2(1-\rho^2)\right)$$

と書けることがわかる．したがって，

$$\mathbb{E}[Y|X] = \mu_2 + \rho\frac{\sigma_2}{\sigma_1}(X-\mu_1), \quad \mathrm{Var}(Y|X) = \sigma_2^2(1-\rho^2)$$

である．この事実は，$\sigma^2 := \sigma_2^2(1-\rho^2)$ に対して，$\epsilon \sim N(0,\sigma^2)$ を X と独立な確率変数として，

$$Y = \alpha + \beta X + \epsilon$$

と書けることを意味している．ただし，$a = \mu_2 - \rho\mu_1\frac{\sigma_2}{\sigma_1}$，$\beta = \rho\frac{\sigma_2}{\sigma_1}$ である．このような式を，Y に対する X への**線形回帰** (linear regression) という．

また，密度関数の x と y に関する対称性より

$$X|_{Y=y} \sim N\left(\mu_1 + \rho\frac{\sigma_1}{\sigma_2}(y-\mu_2), \sigma_1^2(1-\rho^2)\right)$$

となることもわかる．

また，X と Y が無相関：$\rho = 0$，のとき，密度関数 f_Z の式は，

$$f_Z(x,y)=f_X(x)f_Y(y)$$

となることから，X,Y の無相関性と独立性は同値である．

2 次元正規分布において，X,Y の無相関性と独立性は同等であるが，このことは，一般の d 次元正規分布においても同様に成り立つ．このような同等性は分布一般では成り立たないので，多変量正規分布の著しい特徴といえる．

定理 3.3.10. $X=(X_1,\ldots,X_d)\sim N_d(\mu,\Sigma)$ とする．ある $i,j\ (i\neq j)$ に対し，

$$\mathrm{Cov}(X_i,X_j)=0 \quad \Leftrightarrow \quad X_i \text{ と } X_j \text{ は独立.}$$

特に，

$$\Sigma \text{ が対角行列} \quad \Leftrightarrow \quad X_1,\ldots,X_d \text{ は独立.}$$

Proof. 同時密度関数 (3.16)(あるいは特性関数 (3.17)) の形と定理 3.1.7 より直ちに導かれるが，詳細な証明は読者への演習とする． □

演習 25. 定理 3.3.10 を証明せよ．

3.3.4 多変量確率ベクトルの平均・分散共分散行列

前節において $X=(X_1,\ldots,X_d)\sim N_d(\mu,\Sigma)$ の $\mu=(\mu_i)_{1\leq i\leq d}$ を平均ベクトル，$\Sigma=(\sigma_{ij})_{1\leq i,j\leq d}$ を分散共分散行列と呼んだ．この意味は，例 3.3.7 で見たように，以下のように書けることであった．

$$\mu_i=\mathbb{E}[X_i],\quad \sigma_{ij}=\mathrm{Cov}(X_i,X_j).$$

ここでは，より一般に確率ベクトルの平均ベクトル，分散共分散行列を定めて，重要な性質について述べておこう．

以下，確率変数による任意の行列 $Z=(Z_{ij})_{i,j}$ に対して，

$$\mathbb{E}[Z]=(\mathbb{E}[Z_{ij}])_{i,j}$$

のように，期待値 $\mathbb{E}$ は行列の成分ごとに作用させるものとする．

定義 3.3.11. p 次元確率ベクトル $X=(X_1,\ldots,X_p)^\top$ と q 次元確率ベクトル $Y=(Y_1,\ldots,Y_q)^\top$ に対して，$\mathbb{E}[X]$ を X の**平均ベクトル** (mean vector)，

$$\mathrm{Cov}(X,Y) := \begin{pmatrix} \mathrm{Cov}(X_1,Y_1) & \cdots & \mathrm{Cov}(X_1,Y_q) \\ \vdots & \ddots & \vdots \\ \mathrm{Cov}(X_p,Y_1) & \cdots & \mathrm{Cov}(X_p,Y_q) \end{pmatrix}$$

を X と Y の**分散共分散行列** (variance-covariance matrix) という．特に，$V(X) := \mathrm{Cov}(X,X)$ なる p 次正方行列を**分散行列**という．

定理 3.3.12.　$p,q,k,l \in \mathbb{N}$ とする．2 つの多変量確率ベクトル $X = (X_1,\ldots,X_p)^\top$，$Y = (Y_1,\ldots,Y_q)^\top$ と，定数成分の $(k \times p)$-行列 A，$(l \times q)$-行列 B に対して以下が成り立つ．

(1)　$\mathbb{E}[XY^\top]^\top = \mathbb{E}[YX^\top]$.

(2)　$\mathrm{Cov}(X,Y) = \mathbb{E}[XY^\top] - \mathbb{E}[X]\mathbb{E}[Y]^\top$.

(3)　$\mathbb{E}[AX] = A\mathbb{E}[X]$.

(4)　$\mathrm{Cov}(AX,BY) = A\mathrm{Cov}(X,Y)B^\top$.

Proof.　(1) は行列の転置の性質から明らかであろう．

(2) は $\mathrm{Cov}(X_i,Y_j) = \mathbb{E}[X_iY_j] - \mathbb{E}[X_i]\mathbb{E}[Y_j]$ となることと

$$\mathbb{E}[XY^\top] = \begin{pmatrix} \mathbb{E}[X_1Y_1] & \cdots & \mathbb{E}[X_1Y_q] \\ \vdots & \ddots & \vdots \\ \mathbb{E}[X_pY_1] & \cdots & \mathbb{E}[X_pY_q] \end{pmatrix},$$

$$\mathbb{E}[X]\mathbb{E}[Y]^\top = \begin{pmatrix} \mathbb{E}[X_1]\mathbb{E}[Y_1] & \cdots & \mathbb{E}[X_1]\mathbb{E}[Y_q] \\ \vdots & \ddots & \vdots \\ \mathbb{E}[X_p]\mathbb{E}[Y_1] & \cdots & \mathbb{E}[X_p]\mathbb{E}[Y_q] \end{pmatrix}$$

と書けることから明らかである．

(3) $A = (\boldsymbol{a}_1^\top,\ldots,\boldsymbol{a}_k^\top)^\top$（ただし，各 $\boldsymbol{a}_i$ は p 次元列ベクトル）と書くと，

$$\mathbb{E}[AX] = \begin{pmatrix} \mathbb{E}[\boldsymbol{a}_1^\top X] \\ \vdots \\ \mathbb{E}[\boldsymbol{a}_k^\top X] \end{pmatrix} = \begin{pmatrix} \boldsymbol{a}_1^\top \mathbb{E}[X] \\ \vdots \\ \boldsymbol{a}_k^\top \mathbb{E}[X] \end{pmatrix} = A\mathbb{E}[X].$$

(4) については (1)–(3) から直ちに得られる. □

以下の事実は線形代数学の基本的な応用であるが，統計学で重要な事実である.

定理 3.3.13. X, Y をそれぞれ p, q 次元確率ベクトルとする.

(1) 分散行列 $V(X)$ は対称非負定値行列である. 特に，任意の $t(\neq 0) \in \mathbb{R}^P$ に対して，$t^\top X$ が定数でないならば，$V(X)$ は正定値であり，そのすべての固有値は正である.

(2) 分散行列 $V(X)$ は直交対角化可能である. すなわち，ある直交行列[*8] P と非負の定数 $\lambda_1, \ldots, \lambda_p$ が存在して，

$$P^\top V(X)\, P = \mathrm{diag}(\lambda_1, \ldots, \lambda_p)$$

と対角化できる.

(3) 分散共分散行列 $\mathrm{Cov}(X, Y)$ の階数 (rank) が r のとき，ある p 次直交行列 P と q 次直交行列 Q，さらに正の定数 $s_i\,(i = 1, \ldots, r)$ が存在して，

$$P\,\mathrm{Cov}(X, Y)\,Q = D(s_1, \ldots, s_r)$$

とできる. ただし，$D(s_1, \ldots, s_r)$ は第 1 から第 r 番目の対角成分に $s_1, \ldots, s_r$ が現れ，その他の成分は 0 となる $(p \times q)$-行列である.

Proof. (1)　分散行列の対称性は定義から明らか. 非負定値性を示すには，任意の 0 でないベクトル $x = (x_1, \ldots, x_p)^\top \in \mathbb{R}^p$ に対して 2 次形式 $x^\top V(X)x \geq 0$ を示せばよいが，$\mathrm{Cov}(X_i, X_i) = \mathrm{Var}(X_i)$ に注意すると，定理 3.3.12, (4) により

$$x^\top V(X)x = \mathrm{Cov}(x^\top X, x^\top X) = \mathrm{Var}(x^\top X) \geq 0.$$

次に，X が定数成分を持たないときの $V(X)$ の正定値性については，帰納法により $p = 2$ のときを示せば十分である. そこで，ある $x \neq 0$ に対して $V(x^\top X) = 0$ となると仮定する. すなわち，ある $x_0, y_0 \in \mathbb{R}$ で $x_0^2 + y_0^2 \neq 0$

[*8] $PP^\top = I$(単位行列) を満たす P を**直交行列**という.

なるものに対して，

$$\mathrm{Var}(x_0X_1 + y_0X_2) = 0$$

となったとする．ここで，一般性を失うことなく $y_0 \neq 0$ としておく．このとき，ある定数 C が存在して

$$x_0X_1 + y_0X_2 = C \quad a.s.$$

となり，$X_2 = (C - x_0X_1)/y_0$ $a.s.$ と書けるので，任意の $s, t \in \mathbb{R}$ に対して，ある定数 c_0, c_1 が存在して，$sX_1 + tX_2 = c_0 + c_1X_1$ $a.s.$ と書ける．このとき，$\mathrm{Var}(c_0 + c_1X_1) = c_1^2\mathrm{Var}(X_1) = 0$ となり X_1 は定数となってしまうが，これは仮定に反する．

(2) については，ハーヴィル[7]，定理 21.5.7 の系 21.5.9 を，また (3) については同書[7]の定理 21.12.1 の系 21.12.2 を参照されたい． □

注意 3.3.14. 上記 (2) で，一般に正方行列の対角化はいつも可能とは限らないが，$V(X)$ のような対称行列は常に直交対角化可能である．ここで，対角成分に現れる λ_i $(i = 1, \ldots, p)$ は $V(X)$ の (かならずしも相異なるとは限らない) **固有値** (eigen value) であり，対応する**固有ベクトル** (eigen vector) を $\boldsymbol{p}_i$ と書くと

$$V(X)\boldsymbol{p}_i = \lambda_i\boldsymbol{p}_i, \quad i = 1, \ldots, p.$$

対角化のための行列 P は $P = (\boldsymbol{p}_1, \ldots, \boldsymbol{p}_p)$ と作ればよい．これらを用いて，

$$V(X) = P\,\mathrm{diag}(\lambda_1, \ldots, \lambda_p)\,P^\top = \sum_{i=1}^{p} \lambda_i\boldsymbol{p}_i\boldsymbol{p}_i^\top$$

と書けるが，同じ固有値同士をまとめて書いた次の分解

$$V(X) = \sum_{j=1}^{k} \widetilde{\lambda}_j E_j.$$

ただし，k は $\lambda_1, \ldots, \lambda_p$ の中の相異なる固有値の個数で，$S_j = \{i : \lambda_i = \widetilde{\lambda}_i\}$ に対して，$E_j = \sum_{i \in S_j} \boldsymbol{p}_i\boldsymbol{p}_i^\top$ である．このような表現を $V(X)$ の**スペクトル分解** (spectral decomposition) といい，$\widetilde{\lambda}_j$ $(j = 1, \ldots, k)$ を $V(X)$ の**スペクトル** (spectrum) という．

注意 3.3.15. 上記 (3) における対角成分 $s_1, \ldots, s_r$ は $\mathrm{Cov}(X,Y)\mathrm{Cov}(Y,X)$ の (かならずしも相異なるとは限らない) 正の固有値の平方根であり，これらを $\mathrm{Cov}(X,Y)$ の**特異値** (singular-value) という．また，

$$\mathrm{Cov}(X,Y) = P^\top D(s_1, \ldots, s_r) Q^\top$$

のような行列の分解を $\mathrm{Cov}(X,Y)$ の**特異値分解** (singular-value decomposition) という．

特異値分解は $\mathrm{Cov}(X,Y)$ に限らず任意の $(p \times q)$-行列に対して適用できる点が，いわゆる固有値による対角化と異なる利点であり，統計学では多変量解析などでしばしば用いられる重要なテクニックである．

第4章 様々な収束概念と優収束定理

確率変数列 $\{X_n\} = \{X_n\}_{n\in\mathbb{N}}$ の収束

$$\text{“}\lim_{n\to\infty}\text{”}X_n$$

について考えよう．確率変数は Ω 上の可測関数であったから，これは関数列に対する収束の概念であり，収束の意味は様々考えられる．本節では，様々な意味の収束の概念とそれに関する極限定理について解説する．

以下，$|\cdot|$ は $\mathbb{R}^d$ におけるユークリッドノルムとする：

$$|x| = \sqrt{x_1^2 + x_2^2 + \cdots + x_d^2}, \quad x = (x_1, x_2, \ldots, x_d)^\top \in \mathbb{R}^d.$$

4.1 確率変数列の概収束

4.1.1 概収束の定義

“関数列” $X_1, X_2, \ldots$ の収束として，最も考えやすい収束は $\omega \in \Omega$ を止めるごとの収束であろう．これはいわゆる「各点収束」のことを意味するが，確率論では，1.3.5 節, (1.19) にあるように，$\mathbb{P}$-零集合を除いた Ω_0 のような集合上で考える方がより利便性が高い．まずは，そのような収束の定義と，その極限がまた ($\mathcal{F}$-可測の意味で) 確率変数になるのかどうか考えよう．

以下，各 $\omega \in \Omega$ に対して，$\{X_n\}$ の**上極限・下極限**をそれぞれ

$$\limsup_{n\to\infty} X_n(\omega) := \lim_{n\to\infty}\left\{\sup_{k\geq n} X_k(\omega)\right\},$$

$$\liminf_{n\to\infty} X_n(\omega) := \lim_{n\to\infty}\left\{\inf_{k\geq n} X_k(\omega)\right\}.$$

のように定める．ω を固定すれば，これは数列の上極限・下極限と同じである．

定理 4.1.1. $(\Omega, \mathcal{F})$ 上の実数値確率変数列 $\{X_n\}$ が与えられたとき，

$$\inf_{n\in\mathbb{N}} X_n, \quad \sup_{n\in\mathbb{N}} X_n, \quad \liminf_{n\to\infty} X_n, \quad \limsup_{n\to\infty} X_n$$

らはすべて $\mathcal{F}$-可測な確率変数である.

Proof. $\mathcal{F}$-可測性を見るには, 演習 3, (1.4) を確かめればよい.

任意の $\alpha \in \mathbb{R}$ に対して,

$$\left\{\inf_{n\in\mathbb{N}} X_n \le \alpha\right\} = \bigcup_{n=1}^{\infty} \{X_n \le \alpha\} \in \mathcal{F};$$

$$\left\{\sup_{n\in\mathbb{N}} X_n > \alpha\right\} = \bigcup_{n=1}^{\infty} \{X_n > \alpha\} \in \mathcal{F}.$$

より, $\inf_{n\in\mathbb{N}} X_n, \sup_{n\in\mathbb{N}} X_n$ は確率変数であり, さらに

$$\liminf_{n\to\infty} X_n = \sup_{n\in\mathbb{N}} \left(\inf_{k\ge n} X_k\right); \quad \limsup_{n\to\infty} X_n = \inf_{n\in\mathbb{N}} \left(\sup_{k\ge n} X_k\right)$$

と書けるから, $\liminf_{n\to\infty} X_n, \limsup_{n\to\infty} X_n$ も確率変数である. □

定義 4.1.2. 確率空間 $(\Omega, \mathcal{F}, \mathbb{P})$ 上の d 次元確率ベクトル $X_n = (X_n^{(1)}, \dots, X_n^{(d)})$ の列 $\{X_n\}_{n\in\mathbb{N}}$ の各成分に対して,

$$X_*^{(k)} := \liminf_{n\to\infty} X_n^{(k)} = \limsup_{n\to\infty} X_n^{(k)} \quad a.s. \quad (k = 1, \dots, d)$$

となるならば, 写像 $X_* = (X_*^{(1)}, \dots, X_*^{(d)}) : \Omega \to \mathbb{R}^d$ を以下のように表す.

$$X_* = \lim_{n\to\infty} X_n$$

定義 4.1.3. d 次元確率ベクトルの列 $\{X_n\}$, X に対して,

$$\mathbb{P}\left(\lim_{n\to\infty} X_n = X\right) = 1$$

となるとき, X_n は X に**概収束** (almost-sure convergence) するといい,

$$X_n \xrightarrow{a.s.} X \quad (n \to \infty)$$

と書く. 一般には, 1.3.5 節の表記に従って $\lim_{n\to\infty} X_n = X$ $a.s.$ とか, $X_n \to X$ $a.s.$ などと書くことが多い.

概収束は "ほとんどすべて" の $\omega \in \Omega$ を固定したときにできる数列 $\{X_n(\omega)\}$ の収束であり，いわゆる，関数の "各点収束" の概念に相当し，

$$|X_n - X| \xrightarrow{a.s.} 0$$

と同値である．

定理 1.3.23 によれば，確率空間が**完備**ならば $\lim_{n\to\infty} X_n = X \ a.s.$ となるような写像 $X : \Omega \to \mathbb{R}$ は確率変数である．このような X をまとめて，$\{X_n\}$ の**概収束極限**という．

4.1.2　期待値と極限の交換について

確率論や統計学 (特に漸近理論) では，期待値に関する収束を議論することが多い．この際に極めて多用されるテクニックが，これから述べるいくつかの「期待値と極限の交換操作」である．これらは確率論における最重要事項の 1 つであり，その条件と共に正確に記憶しておかねばならない．

定理 4.1.4 (単調収束定理)[*1]**.** 非負値確率変数列 $\{X_n\}_{n\in\mathbb{N}}$ が，ほとんど確実に単調増加列であるとする：$n = 1, 2, \ldots,$ に対して

$$0 \le X_n \le X_{n+1} \quad a.s.$$

このとき，以下が成り立つ．

$$\lim_{n\to\infty} \mathbb{E}[X_n] = \mathbb{E}\left[\lim_{n\to\infty} X_n\right]. \tag{4.1}$$

Proof. $X := \lim_{n\to\infty} X_n \ a.s.$ とおく．ここで，X_n は $a.s.$ に単調増加なので，ある $\omega \in \Omega$ で $X(\omega) = \infty$ となることまで含めると，$a.s.$ に極限 X が存在するとみなしてよい．このとき，任意の n に対して $X_n \le X \ a.s.$ であるから，

$$\lim_{n\to\infty} \mathbb{E}[X_n] \le \mathbb{E}[X] \tag{4.2}$$

は明らかである．ここで，以下の場合分けを考える．

---
*1　Monotone convergence theorem.

(i) $\mathbb{E}[X] < \infty$ のとき，非負確率変数の (近似単関数列による) 期待値の定義により，任意の $\epsilon > 0$ に対して，ある離散型確率変数 Y であって $Y \leq X$ $a.s.$ となるものが存在して，十分大きな n に対して，

$$Y - \epsilon \leq X_n \leq X \quad a.s., \qquad \mathbb{E}[X] - \epsilon \leq \mathbb{E}[Y]$$

とできる．これらより，

$$\mathbb{E}[X] - \epsilon \leq \mathbb{E}[Y] \leq \mathbb{E}[X_n] + \epsilon. \tag{4.3}$$

ここで，$\epsilon > 0$ は任意なので，n を大きくすることで，

$$\mathbb{E}[X] \leq \lim_{n\to\infty} \mathbb{E}[X_n] \tag{4.4}$$

を得る．(4.2), (4.4) により結論の式を得る．

(ii) $\mathbb{E}[X] = \infty$ のとき，$\mathbb{E}[X]$ の定義により，任意の $N > 0$ に対して，ある離散型確率変数 Y が存在して，

$$\mathbb{E}[Y] > N, \quad Y \leq X \quad a.s.$$

したがって，(4.3) と同様の議論によって，

$$N < \mathbb{E}[Y] \leq \mathbb{E}[X_n] + \epsilon.$$

$N > 0$ は任意であったから，$\lim_{n\to\infty} \mathbb{E}[X_n] = \infty$ となって，このときも結論の式が成り立つ．□

この定理の主張のポイントは，概収束極限 $X(\omega) := \lim_{n\to\infty} X_n(\omega)$ が発散してもよいという点である．すなわち，もし $X = \infty$ $a.s.$ となるときには右辺の期待値も発散するということも主張の一部である．また，$\lim_{n\to\infty} \mathbb{E}[X_n] < \infty$ であれば，その概収束極限 $X := \lim_{n\to\infty} X_n$ に対して $\mathbb{E}[X] < \infty$ である．したがって，非負値単調増加でさえあれば定理は適用できる．

以下の系は単調収束定理から直ちに得られるが，ぜひ記憶にとどめて使いこなせるようにしていただきたい．

系 4.1.5. 確率変数列 $\{X_n\}_{n\in\mathbb{N}}$ が，ほとんど確実に，下に有界な単調増加列 (あるいは上に有界な単調減少列) であるとする：ある実数 $l \in \mathbb{R}$ が存在して，

$$l \leq X_n \leq X_{n+1} \quad a.s. \quad (\text{あるいは } X_{n+1} \leq X_n \leq l \quad a.s.)$$

このとき，(4.1) が成り立つ．

Proof. 単調増加な場合の証明には，$Y_n := X_n - l$ なる非負値単調増加列に単調収束定理を用いればよい．単調減少な場合には．$Y_n := l - X_n$ が非負値単調増加になることから，上記の場合に帰着する． □

確率論は $\mathbb{P}(\Omega) = 1$ という特殊な場合を考えているので，$\mathbb{E}[Y_n] = \mathbb{E}[X_n] - l$ のように，$l \in \mathbb{R}$ がいつも $\mathbb{P}$-可積分になるところがポイントである[*2]．

定理 4.1.6 (ファトゥの補題)[*3]**.** 非負値確率変数列 $X_n \geq 0$ $a.s.$ に対して，

$$\mathbb{E}\left[\liminf_{n\to\infty} X_n\right] \leq \liminf_{n\to\infty} \mathbb{E}\left[X_n\right]. \tag{4.5}$$

Proof. $Y_n := \inf_{k \geq n} X_k$ とおくと，$\{Y_n\}$ は非負値単調増加な確率変数列であり，

$$\lim_{n\to\infty} Y_n = \liminf_{n\to\infty} X_n.$$

かつ，任意の $k \geq n$ に対して $Y_n \leq X_k$ となることに注意する．$\{Y_n\}$ には単調収束定理が使えるので，

$$\begin{aligned}\mathbb{E}\left[\liminf_{n\to\infty} X_n\right] &= \mathbb{E}\left[\lim_{n\to\infty} Y_n\right] = \lim_{n\to\infty} \mathbb{E}[Y_n] \\ &\leq \lim_{n\to\infty} \left(\inf_{k\geq n} \mathbb{E}[X_k]\right) = \liminf_{n\to\infty} \mathbb{E}[X_n].\end{aligned}$$

□

ファトゥの補題も非負値確率変数列に対するものであるが，系 4.1.5 と同様に下に有界な確率変数列へ拡張できる．

演習 26. 下に有界な確率変数列 $\{X_n\}$：ある $l \in \mathbb{R}$ が存在して $X_n \geq l$ $a.s.$ に対して，(4.5) が成り立つことを示せ．

演習 27. (1) 単調増加だが下に有界でない確率変数列で，単調収束定理の結論 (4.1)

[*2] 一般の測度空間では定数関数は可積分とは限らないので，こうはできない．

[*3] Fatou's lemma.

が成り立たないような反例を挙げよ．

(2) ファトゥの補題の不等式 (4.5) において，等号が成立しない (真に不等号 $<$ が成り立つ) ような例を挙げよ．

定理 4.1.7 (ルベーグ収束定理)**.** 確率変数列 $\{X_n\}$ は概収束し：$X_n \xrightarrow{a.s.} X$，ある (n によらない) 可積分な確率変数 Y が存在して，

$$\sup_{n\in\mathbb{N}} |X_n| \leq Y \quad a.s. \tag{4.6}$$

を満たすとする．このとき，以下が成り立つ：

$$\lim_{n\to\infty} \mathbb{E}[X_n] = \mathbb{E}\left[\lim_{n\to\infty} X_n\right] = \mathbb{E}[X] < \infty. \tag{4.7}$$

Proof. 仮定より，$Y - X_n \geq 0$ $a.s.$ となることと，$\sup_{n\in\mathbb{N}} X_n = -\inf_{n\in\mathbb{N}}(-X_n)$ の関係に注意してファトゥの補題を用いると，

$$\begin{aligned}\mathbb{E}[Y] - \mathbb{E}\left[\limsup_{n\to\infty} X_n\right] &= \mathbb{E}[Y] + \mathbb{E}\left[\liminf_{n\to\infty}(-X_n)\right] \\ &= \mathbb{E}\left[\liminf_{n\to\infty}(Y - X_n)\right] \leq \liminf_{n\to\infty} \mathbb{E}[Y - X_n] = \mathbb{E}[Y] - \limsup_{n\to\infty} \mathbb{E}[X_n].\end{aligned}$$

両辺から $\mathbb{E}[Y]$ を引いて $\limsup_{n\to\infty} \mathbb{E}[X_n] \leq \mathbb{E}\left[\limsup_{n\to\infty} X_n\right]$ を得る．全く同様に，$X_n + Y \geq 0$ $a.s.$ に対して再びファトゥの補題を用いることで $\mathbb{E}\left[\liminf_{n\to\infty} X_n\right] \leq \liminf_{n\to\infty} \mathbb{E}[X_n]$ が示される．したがって，

$$\limsup_{n\to\infty} \mathbb{E}[X_n] \leq \mathbb{E}\left[\limsup_{n\to\infty} X_n\right] = \mathbb{E}[X] = \mathbb{E}\left[\liminf_{n\to\infty} X_n\right] \leq \liminf_{n\to\infty} \mathbb{E}[X_n]$$

となって結論を得る． □

注意 4.1.8. ルベーグ収束定理は，**優収束定理** (dominated convergence theorem) ともいわれる．特に，Y として正の定数をとれるとき，**有界収束定理** (bounded convergence theorem) ということもある．

ルベーグ収束定理の証明を少し修正すると以下のようなバージョンが得られる．

系 4.1.9. 確率変数列 $\{X_n\}$ は X に概収束し，ある確率変数列 $\{Y_n\}$ が存在して

$$|X_n| \leq Y_n \quad a.s. \tag{4.8}$$

かつ，$Y_n \xrightarrow{a.s.} Y$; $\mathbb{E}[Y_n] \to \mathbb{E}[Y] < \infty$ であれば (4.7) が成り立つ．

Proof. 証明は定理 4.1.7 と同様であるから，概略的なものにとどめる．$Y_n \pm X_n \geq 0$ $a.s.$ に対してファトゥの補題を用いると，

$$\mathbb{E}[Y \pm X] \leq \liminf_{n\to\infty} \mathbb{E}[Y_n \pm X_n] = \mathbb{E}[Y] + \liminf_{n\to\infty} \mathbb{E}[(\pm X_n)]$$

この両辺から $\mathbb{E}[Y] < \infty$ を引けば結論が得られる． □

例 4.1.10. 任意の確率変数 X に対して，その特性関数 $\phi_X(t)$ は常に $\mathbb{R}$ 上連続である．実際，任意の $\theta \in \mathbb{R}$ に対して $|e^{i\theta X}| \leq 1$ であるから，有界収束定理により，

$$\lim_{h\to 0} \phi_X(t+h) = \lim_{h\to 0} \mathbb{E}\left[e^{i(t+h)X}\right] = \mathbb{E}\left[\lim_{h\to 0} e^{i(t+h)X}\right] = \phi_X(t)$$

となるので，任意の $t \in \mathbb{R}$ において連続である．

例 4.1.11. ルベーグ収束定理の条件 (4.6) は十分条件であって必要条件ではない．確率空間 $(\Omega, \mathcal{F}, \mathbb{P})$ を

$$\Omega = (0,1), \quad \mathcal{F} = \mathcal{B}_1 \cap (0,1), \quad \mathbb{P} = \mu \text{ (ルベーグ測度)}$$

として定め，$\omega \in \Omega$ に対して確率変数列 $\{X_n\}$ を以下で定める．

$$X_n(\omega) = n\mathbf{1}_{A_n}(\omega), \quad A_n = \left(\frac{1}{n}, \frac{1}{n} + \frac{1}{n^2}\right)$$

このとき，X_n の作り方から，$n \to \infty$ のとき

$$X_n \to 0 \quad a.s.; \quad \mathbb{E}[X_n] = n \cdot \mathbb{P}(A_n) = \frac{1}{n} \to 0$$

となるので，

$$\lim_{n\to\infty} \mathbb{E}[X_n] = \mathbb{E}\left[\lim_{n\to\infty} X_n\right] = 0$$

となって (4.7) が成り立つ．ところが，この $\{X_n\}$ に対して条件 (4.6) を満たすような Y は存在しない．これを示すために，確率変数 Z を

$$Z(\omega) = \frac{1}{\omega}, \quad \omega \in \Omega$$

で定める．このとき A_n 上で $Z \leq |X_n|$ となることに注意する．さて，もし (4.6) を満たす Y が存在したとすると，任意の $n \in \mathbb{N}$ に対して A_n 上で $Z \leq |X_n| \leq Y$ であるから，十分小さな $\epsilon > 0$ に対して，

$$Z(\omega) \leq \sup_{n\in\mathbb{N}} |X_n(\omega)| \leq Y(\omega), \qquad \omega \in (0,\epsilon) \subset \Omega$$

でなければならない．ところが，Z は $(0,\epsilon)$ 上で可積分でないから，これは Y の可積分性と矛盾する．

このように，(4.6) が成り立たなくとも (4.7) が成り立つことはある．

演習 28. 期待値と極限の交換 (4.7) が成り立たない確率変数列の例を挙げよ．

パラメータを含む期待値を微分するという操作は，定理 2.3.9 や定理 2.3.11 のようにモーメントを求める際や様々な証明の過程で頻繁に現れるが，それは無条件でできる操作ではない．ここで，一般的な条件を確認しておく．

定理 4.1.12. 開集合 $\mathcal{T} \subset \mathbb{R}$ に対し，関数 $F : \mathcal{T} \times \mathbb{R} \to \mathbb{R}$ は $\mathcal{T}$ 上で偏微分可能とし，確率変数 X に対して，$\mathbb{E}[F(t,X)] < \infty$ $(t \in \mathcal{T})$ とする．このとき，ある可積分な確率変数 Y が存在して

$$\sup_{t\in\mathcal{T}} \left| \frac{\partial}{\partial t} F(t,X) \right| \leq Y \quad a.s. \tag{4.9}$$

を満たせば，以下が成り立つ．

$$\frac{\mathrm{d}}{\mathrm{d}t}\mathbb{E}[F(t,X)] = \mathbb{E}\left[\frac{\partial}{\partial t}F(t,X)\right], \quad t \in \mathcal{T}.$$

Proof. 微分の定義より，

$$\frac{\mathrm{d}}{\mathrm{d}t}\mathbb{E}[F(t,X)] = \lim_{h\to 0} \mathbb{E}\left[\frac{F(t+h,X) - F(t,X)}{h}\right] \tag{4.10}$$

ここで，平均値の定理により，ある $\theta \in (0,1)$ が存在して，

$$\left|\frac{F(t+h,X) - F(t,X)}{h}\right| = \left|\frac{\partial}{\partial t}F(t+\theta h, X)\right| \leq Y \quad a.s.$$

したがって，(4.10) に優収束定理を適用できて，

$$\frac{\mathrm{d}}{\mathrm{d}t}\mathbb{E}[F(t,X)] = \mathbb{E}\left[\lim_{h\to 0}\frac{F(t+h,X) - F(t,X)}{h}\right] = \mathbb{E}\left[\frac{\partial}{\partial t}F(t,X)\right]. \quad \square$$

例 4.1.13. 定理 4.1.12 の使い方のよい例が定理 2.3.9，定理 2.3.11 の証明である．これらをもう一度復習されたい．

4.2 様々な確率的収束の概念とその強弱

4.2.1 確率収束，L^p-収束，分布収束

さて，確率変数列に対する収束の概念として，概収束以外のものを紹介しよう．

定義 4.2.1. d 次元確率ベクトルの列 $\{X_n\}$，X が，任意の $\epsilon > 0$ に対して

$$\lim_{n\to\infty} \mathbb{P}(|X_n - X| > \epsilon) = 0 \tag{4.11}$$

となるとき，X_n は X に**確率収束** (convergence in probability) するといい，

$$X_n \xrightarrow{p} X, \quad (n \to \infty)$$

と表す．$\mathbb{P}\text{-}\lim_{n\to\infty} X_n = X$ などと書くこともある．

確率収束の定義のポイントは,「どんな $\epsilon > 0$ に対しても」(4.11) が成り立つという点に注意しておく．

補集合を考えて (4.11) を

$$\lim_{n\to\infty} \mathbb{P}(|X_n - X| \le \epsilon) = 1$$

のように書くと，しばしば概収束との違いに困惑する人がいる．概収束は“ω を止めたとき”の数列 $\{X_n(\omega)\}$ の収束であり「確率変数列 (関数列) の収束」であるが，確率収束はあくまで X_n が X に近くなる確率の収束であって，**関数 X_n 自体の収束を意味するものではない！**この違いを明確にしておくには，次の例を記憶しておくのがよいだろう．

例 4.2.2. 確率空間 $(\Omega, \mathcal{F}, \mathbb{P})$ を

$$\Omega = [0,1), \quad \mathcal{F} = \mathcal{B}_1 \cap [0,1), \quad \mathbb{P} = U[0,1) \ ([0,1) \text{ 上の一様分布})$$

のように定めておく．この上に次の確率変数列を考える．

$$X_{n,k} = \mathbf{1}_{A_{k,n}}(\omega), \quad A_{k,n} = \big[(k-1)2^{-n}, k2^{-n}\big)$$

として，群数列

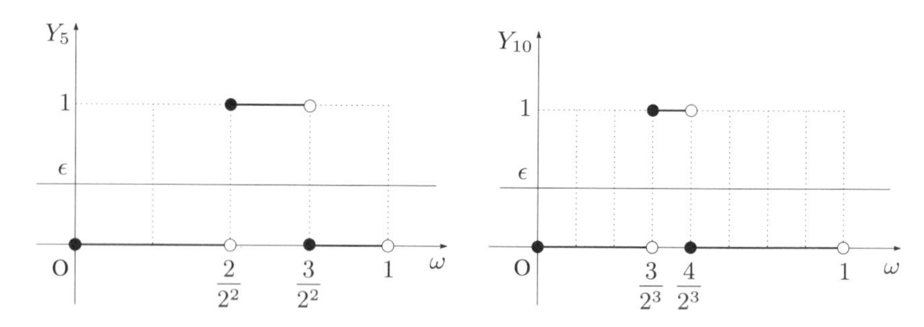

図 4.1　$Y_5 = X_{2,3}$ のグラフ (左図) と $Y_{10} = X_{3,4}$ のグラフ (右図).

$$\underbrace{X_{1,1}, X_{1,2}}_{n=1} \mid \underbrace{X_{2,1}, X_{2,2}, X_{2,3}, X_{2,2^2}}_{n=2} \mid \underbrace{X_{3,1}, X_{3,2}, \ldots, X_{3,2^3}}_{n=3} \mid \cdots$$

を順に $Y_1 = X_{1,1}, Y_2 = X_{1,2}, Y_3 = X_{2,1}, \ldots,$ などとして確率変数列 $\{Y_m\}$ を定める．このとき，Y_m の属する群が n のとき，$m = m_n$ と書くことにする．例えば，$Y_2 = Y_{2_1}$，$Y_3 = Y_{3_2}$ などと書ける．このとき，$\lim_{n\to\infty} m_n = \infty$ であることに注意しておく．

この関数列 $\{Y_{m_n}\}$ の動きを $\Omega = [0,1)$ 上の任意の 1 点 $\omega_0 \in \Omega$ で止まって観察すれば，高さ 1 で長さ 2^{-n} の線分が左から右にスクロールし，右端までくると左端に戻り，線分の長さを半分にしてまた右に動いていく，というように観察されるであろう (**図 4.1** 参照).

つまり，ω_0 の上を何度でも線分が往来するので，Y_{m_n} の値は 0 と 1 で振動して

$$\liminf_{n\to\infty} Y_{m_n} = 0, \quad \limsup_{n\to\infty} Y_{m_n} = 1.$$

したがって，Y_m **は概収束しない**．ところが，n が増えるにつれて線分はどんどん短くなる．ここで，線分の長さは $|Y_m| > 0$ となる確率を表すので，これはこの確率がどんどん小さくなることを意味する．実際，任意の $\epsilon \in (0,1)$ に対して，

$$\mathbb{P}(|Y_{m_n}| > \epsilon) = 2^{-n} \to 0, \quad (n \to \infty)$$

となるので，Y_m **は 0 に確率収束する** ($Y_m \xrightarrow{p} 0$).

このように，確率収束は概収束より弱い収束の概念である．

定義 4.2.3. d 次元確率ベクトルの列 $\{X_n\}$，X は，各 $n \in \mathbb{N}$ に対して，ある $p > 0$ で $\mathbb{E}[|X_n|^p] < \infty$ であるとする．このとき，

$$\lim_{n\to\infty} \mathbb{E}[|X_n - X|^p] = 0$$

ならば，X_n は X に p **次平均収束** (convergence in L^p)，あるいは L^p-**収束**するといい，

$$X_n \xrightarrow{L^p} X, \quad (n \to \infty)$$

と表す．$L^p\text{-}\lim_{n\to\infty} X_n = X$ などと書くこともある．

注意 4.2.4. 平均収束における L^p の記号の意味は例 2.4.7，例 2.4.12 を参照せよ．すなわち，L^p-収束とは $\|X_n - X\|_{L^p} = d_p(X_n, X) \to 0$ という L^p-ノルムによる X_n と X の距離の収束である．

定義 4.2.5. d 次元確率ベクトルの列 $\{X_n\}$，X が，$\mathbb{R}^d$ 上の任意の有界連続関数 f に対して

$$\lim_{n\to\infty} \mathbb{E}[f(X_n)] = \mathbb{E}[f(X)]$$

を満たすとき，X_n は X に**分布収束** (convergence in distribution)，あるいは**法則収束** (convergence in law) するといい，

$$X_n \xrightarrow{d} X, \quad (n \to \infty)$$

と表す．$X_n \Rightarrow X$ とか，$X_n \rightsquigarrow X$ のように書かれることもある．

注意 4.2.6. X_n, X の分布をそれぞれ $P_n := \mathbb{P} \circ X_n^{-1}$，$P := \mathbb{P} \circ X^{-1}$ として，$X_n \xrightarrow{d} X$ の定義を書き換えると，

$$\lim_{n\to\infty} \int_{\mathbb{R}} f(x)\, P_n(\mathrm{d}x) = \int_{\mathbb{R}} f(x)\, P(\mathrm{d}x)$$

であり，ここから「分布 P_n が P へ収束する」という雰囲気が理解されるだろう．これを $P_n \Rightarrow P$ などと書いて，確率測度 (分布)P_n の**弱収束** (weak convergence) という．つまり，$X_n \xrightarrow{d} X$ とは分布の弱収束である．

注意 4.2.7. 分布の弱収束は統計学においてきわめて重要な役割を果たす．例えば，n 個の観測から作った統計量の分布 P_n を知りたいとき，多くの場合 P_n は複雑でよくわからない．しかし，観測数を増やしたとき $(n \to \infty)$，$P_n \Rightarrow P$ となることがわかっていれば，P_n の代用として P を用いることができるだろう．5.2 節で述べる「中心極限定理」は後でこのように用いられ (例 5.2.5)，多くの統計的手法が，その極限分布である正規分布を基に作られている．逆に，P を近似するのに P_n を用いてもよい．例 2.2.15 で述べた経験分布によって未知の分布を推測するような場合がこれにあたる．実際，経験分布は $n \to \infty$ のとき真の分布に弱収束することが示される (例 5.1.6 参照)．

以下の同値条件は分布収束を「分布関数」で言い換えるものである．

定理 4.2.8. d 次元確率ベクトルの列 $\{X_n\}, X$ に対して以下の (1)–(3) は同値である．

(1) $X_n \xrightarrow{d} X,\ (n \to \infty)$.

(2) $D \subset \mathbb{R}^d$ の境界を ∂D と書くとき，$F_X(\partial D) = 0$ なる[*4]任意の d 次元ボレル集合に対して，

$$\lim_{n\to\infty} F_{X_n}(D) = F_X(D).$$

特に，$x \in \mathbb{R}^d$ が F_X の連続点であれば，$F_{X_n}(x) \to F_X(x)$.

(3) 任意の $t \in \mathbb{R}^d$ に対して，

$$\lim_{n\to\infty} \phi_{X_n}(t) = \phi_X(t).$$

Proof. (1) $\Leftrightarrow$ (2) は 7.4 節で述べる Portmanteau の補題 (補題 7.4.1) の一部である．(1) $\Rightarrow$ (3) は，関数 $\theta \mapsto e^{i\theta}$ が有界連続関数であることから，分布収束の定義より直ちに得られる．残りは (3) $\Rightarrow$ (1) で，この方向が応用上最もよく用いられるが，証明には少し準備がいるので本書では割愛する．証明は例えば，Kallenberg[14]，Theorem 5.3 などを参照のこと．しかし，定理 2.3.7 で示した，分布と特性関数の 1 対 1 の対応を考えれば，雰囲気は納得できるであろう． □

[*4] このような D を F_X-**連続集合** (continuity set) という．

注意 4.2.9. 分布収束には **Portmanteau の補題** (補題 7.4.1) として知られるいくつかの同値条件があり，上記定理の (2) はその一部である．この補題は数理統計，とりわけ漸近統計には欠かせない道具で，分布収束を示すにはこれらの同値条件から便利なものを選んで証明するのがよい．

(2) において，分布収束の同値条件が F_X の連続点における分布関数の収束である必要性については，後述の注意 7.4.2 を参照されたい．

4.2.2 各種収束の関係

各収束の強弱について以下が成り立つ．

定理 4.2.10. 確率変数列 $\{X_n\}$ に対して，

(1) 概収束するならば，確率収束する．

(2) L^p-収束 $(p > 0)$ するならば，確率収束する．

(3) 確率収束すれば分布収束する．

Proof. (1) 有界収束定理 (注意 4.1.8) を使って，

$$\lim_{n\to\infty} \mathbb{P}(|X_n - X| > \epsilon) = \lim_{n\to\infty} \mathbb{E}\left[\mathbf{1}_{\{|X_n - X| > \epsilon\}}\right] = \mathbb{E}\left[\lim_{n\to\infty} \mathbf{1}_{\{|X_n - X| > \epsilon\}}\right] = 0.$$

(2) チェビシェフの不等式 (定理 2.4.2) を $\varphi(x) = x^p$ に適用して，

$$\lim_{n\to\infty} \mathbb{P}(|X_n - X| > \epsilon) \le \lim_{n\to\infty} \frac{1}{\epsilon^p}\mathbb{E}|X_n - X|^p = 0.$$

(3) 定理 4.2.8, (3) より，$\phi_{X_n}(t) \to \phi_X(t)$ を示せばよい．簡単のため X_n, X らは実数値確率変数として示す．

任意の $\delta > 0$ に対して，

$$\begin{aligned} |\phi_{X_n}(t) - \phi_X(t)| &\le \mathbb{E}\left[|e^{itX_n} - e^{itX}| \cdot \left(\mathbf{1}_{\{|X_n - X| \le \delta\}} + \mathbf{1}_{\{|X_n - X| > \delta\}}\right)\right] \\ &\le \mathbb{E}\left[|e^{itX_n} - e^{itX}| \cdot \mathbf{1}_{\{|X_n - X| \le \delta\}}\right] + 2\mathbb{P}(|X_n - X| > \delta) \end{aligned}$$

ここで，関数 $\theta \mapsto e^{it\theta}$ の連続性より，任意の $\epsilon > 0$ に対してある $\delta > 0$ をとって，$|x - y| < \delta$ ならば $|e^{itx} - e^{ity}| < \epsilon/2$ とできるので，上の $\delta > 0$ をこのようにとっておけば，

$$|\phi_{X_n}(t) - \phi_X(t)| \le \epsilon/2 + 2\mathbb{P}(|X_n - X| > \delta)$$

また，$X_n \xrightarrow{p} X$ の仮定より，上の $\epsilon, \delta > 0$ に対して十分大きな N_0 をとると，$n \ge N_0$ なる任意の n に対して $\mathbb{P}(|X_n - X| > \delta) < \epsilon/4$ とできるので，結局，任意の $\epsilon > 0$ に対して $n \ge N_0$ ととれば，

$$|\phi_{X_n}(t) - \phi_X(t)| < \epsilon/2 + 2 \cdot \epsilon/4 = \epsilon$$

がいえる．これはすなわち $\phi_{X_n}(t) \to \phi_X(t)$ であり，題意は示された．　□

注意 4.2.11.　定理 4.2.10 の各 (1)–(3) において，逆はいずれも正しくない．

(1)　逆が成り立たないことは例 4.2.2 ですでに見た．

(2)　例 4.2.2 と同じ確率空間を考えて，定数 $q > 0$ に対して，$X_n = n\mathbf{1}_{(0,n^{-q})}(\omega)$ とおく．このとき，任意の $\epsilon > 0$ に対して $\mathbb{P}(|X_n| > \epsilon) = n^{-q} \to 0$ $(n \to \infty)$ となって $X_n \xrightarrow{p} 0$ であるが，$p > q$ に対して，

$$\mathbb{E}\left[|X_n|^p\right] = n^{p-q} \to \infty, \quad n \to \infty$$

となるので，X_n は L^p-収束しない．

(3)　各収束の定義からわかるように，概収束，確率収束，L^p-収束は X_n と X が同じ確率空間上に定義されている必要があるが，分布収束は分布 (関数) の収束と同値であるので，各 X_n がすべて別々の確率空間に定義されていてもよい．このことから，分布収束が成り立っても，概収束や確率収束，L^p-収束は必ずしも成り立たないことが理解されるだろう．

以下のような特殊な場合だけ，定理 4.2.10, (3) の逆が成り立つ．

定理 4.2.12.　実数値確率変数列 $\{X_n\}$ と定数 $c \in \mathbb{R}$ に対して，$n \to \infty$ のとき，

$$X_n \xrightarrow{p} c \quad \Leftrightarrow \quad X_n \xrightarrow{d} c.$$

Proof.　$\Leftarrow$) を示せばよい．定数 c の分布関数 F は

$$F(x) = \mathbf{1}_{[c,\infty)}(x) \quad (x = c \text{ 以外では連続})$$

となることに注意すると，定理 4.2.8, (1) と (2) の同値性より，

$$F_n(x) := \mathbb{P}(X_n \le x) \to F(x), \quad x \neq c.$$

したがって，任意の $\epsilon > 0$ に対して，

$$\begin{aligned}\mathbb{P}(|X_n - c| > \epsilon) &= \mathbb{P}(X_n > c + \epsilon) + \mathbb{P}(X_n < c - \epsilon) \\ &\le 1 - F_n(c+\epsilon) + F_n(c-\epsilon) \\ &\to 1 - F(c+\epsilon) + F(c-\epsilon) = 0\end{aligned}$$

となって確率収束する． □

以下は概収束と L^p-収束 $(p \ge 1)$ との関係である．

定理 4.2.13. $p \ge 1$ に対して，確率変数列 $X, \{X_n\}$ は p 次可積分とし，$X_n \xrightarrow{a.s.} X$ とする．このとき，

$$X_n \xrightarrow{L^p} X \quad \Leftrightarrow \quad \mathbb{E}\left[|X_n|^p\right] \to \mathbb{E}\left[|X|^p\right].$$

Proof. $X_n \xrightarrow{L^p} X$ を仮定すると，ミンコフスキーの不等式 (定理 2.4.11) より

$$\left|\|X_n\|_{L^p} - \|X\|_{L^p}\right| \le \|X_n - X\|_{L^p} \to 0, \quad n \to \infty.$$

逆に $\mathbb{E}\left[|X_n|^p\right] \to \mathbb{E}\left[|X|^p\right]$ を仮定する．

$$Y_n := 2^p(|X_n|^p + |X|^p), \quad Y := 2^{p+1}|X|^p$$

とおくと，

$$|X_n - X|^p \le |Y_n| \quad a.s.$$

であり，仮定により $Y_n \xrightarrow{a.s.} Y$，かつ $\mathbb{E}[Y_n] \to \mathbb{E}[Y]$ となるから，ルベーグ収束定理の系 4.1.9 を用いて

$$\lim_{n\to\infty} \|X_n - X\|_{L^p}^p = \mathbb{E}\left[\lim_{n\to\infty} |X_n - X|^p\right] = 0$$

となって証明が終わる． □

4.3 確率変数列の同時収束

4.3.1 同時収束はいつ成り立つのか？

ここまで確率変数 (ベクトル) の収束について述べてきたが，例えば，個々に何らかの意味で収束する確率変数列 $\{X_n\}, \{Y_n\}$ があったとき，それらを組にした新しいベクトル $(X_n, Y_n)^\top$ は収束するだろうか？例えば，各 X_n, Y_n が分布収束しても，それは周辺分布の収束であり，$(X_n, Y_n)^\top$ の同時分布が収束するかどうかは明らかなことではない．統計学では複雑なデータの関数の合成を扱うので，このような問題は本質的になる．本節では，このような確率ベクトルの同時収束について考察する．

以降では表記の簡略化のため，$\top$ は適宜省略するので注意されたい．例えば，k 次元ベクトル $x = (x_1, \ldots, x_k)^\top \in \mathbb{R}^k$ と l 次元ベクトル $y = (y_1, \ldots, y_l)^\top \in \mathbb{R}^l$ に対して，単に (x, y) と書いて，

$$(x, y) := (x_1, \ldots, x_k, y_1, \ldots, y_l)^\top \in \mathbb{R}^{k+l}$$

なる $k + l$ 次元ベクトルとして扱う．

定理 4.3.1. X_n, Y_n を確率空間 $(\Omega, \mathcal{F}, \mathbb{P})$ 上に定義された確率ベクトル (次元は違ってもよい) とする．ある確率ベクトル X, Y が存在して，$* = a.s.$，p，または $L^p\,(p \geq 1)$ に対して，$n \to \infty$ のとき，

$$X_n \xrightarrow{*} X, \quad Y_n \xrightarrow{*} Y$$

が成り立つならば，上記と同じ意味での同時収束が成り立つ．

$$(X_n, Y_n) \xrightarrow{*} (X, Y), \quad n \to \infty.$$

Proof. $Z_n = (X_n, Y_n)$，$Z = (X, Y)$ とする．

<u>$* = a.s.$ のとき</u>：　$X_n \to X\ a.s.$ の除外集合を N_1，$Y_n \to Y\ a.s.$ の除外集合を N_2 とし，$N = N_1 \cup N_2$ に対して $\Omega' = \Omega \setminus N$ とおくと，$\mathbb{P}(\Omega') = 1$ となることに注意する．このとき，任意の $\omega' \in \Omega'$ に対して，

$$X_n(\omega') \to X(\omega'), \quad Y_n(\omega') \to Y(\omega')$$

は数ベクトルの収束であるから，明らかに

$$|Z_n(\omega') - Z(\omega')| = \sqrt{\{X_n(\omega') - X(\omega')\}^2 + \{Y_n(\omega') - Y(\omega')\}^2}$$
$$\to 0, \quad n \to \infty$$

であり，したがって，$Z_n \xrightarrow{a.s.} Z$.

$* = p$ のとき：　確率収束の定義より，任意の $\epsilon > 0$ に対して，

$$Q_n := \mathbb{P}(|Z_n - Z| > \epsilon) \to 0, \quad n \to \infty$$

を示せばよい．ここで，以下の簡単な不等式

$$|Z_n - Z| \le |X_n - X| + |Y_n - Y| \tag{4.12}$$

に注意すると，

$$\begin{aligned} Q_n &\le \mathbb{P}(|X_n - X| + |Y_n - Y| > \epsilon) \\ &\le \mathbb{P}(|X_n - X| > \epsilon/2 \text{ または，} |Y_n - Y| > \epsilon/2) \\ &\le \mathbb{P}(|X_n - X| > \epsilon/2) + \mathbb{P}(|Y_n - Y| > \epsilon/2) \to 0. \end{aligned}$$

$* = L^p\ (p \ge 1)$ のとき：　不等式 (4.12) とミンコフスキーの不等式 (定理 2.4.11) を用いて，

$$\begin{aligned} \|Z_n - Z\|_{L^p} &\le \||X_n - X| + |Y_n - Y|\|_{L^p} \\ &\le \|X_n - X\|_{L^p} + \|Y_n - Y\|_{L^p} \to 0. \end{aligned}$$

□

注意 4.3.2.　上の定理は $* = d$ では成り立たないので，反例を挙げておこう．コインを 1 回投げたとき，$X_n, Y_n\ (n = 1, 2, \dots)$ を以下のように定める．

$$X_n = \begin{cases} 1 - (-1)^n & (\text{表}) \\ 1 + (-1)^n & (\text{裏}) \end{cases}, \qquad Y_n = \begin{cases} 1 & (\text{表}) \\ 0 & (\text{裏}) \end{cases}.$$

このとき，X_n がとる値は**表 4.1** のようになり，したがって，X_n の分布関数は n の偶奇にかかわらず

表 4.1　X_n の分布 (周辺分布). p は確率.

X_n の値	表 $(p=1/2)$	裏 $(p=1/2)$
n が偶数	0	2
n が奇数	2	0

$$F_{X_n}(x) = \frac{1}{2}\mathbf{1}_{[0,\infty)}(x) + \frac{1}{2}\mathbf{1}_{[2,\infty)}(x)$$

となる. つまり, X_n の分布 F_{X_n} は n によらないので, X を分布 F_{X_n} を持つような確率変数とすれば, $X_n \xrightarrow{d} X$ である. また, Y_n は n に関して不変なので $Y = Y_n$ $a.s.$ なる確率変数 Y に対して, 明らかに $Y_n \xrightarrow{p} Y$(したがって $Y_n \xrightarrow{d} Y$ でもある) がいえる.

さて, このとき (X_n, Y_n) の分布を考えると**表 4.2** のようになる. すなわち, n の偶奇によって (X_n, Y_n) の同時分布は交互に入れ替わるので, 同時分布はいかなる分布にも収束しない.

表 4.2　(X_n, Y_n) の同時分布. p は確率.

(X_n, Y_n) の値	表 $(p=1/2)$	裏 $(p=1/2)$
n が偶数	(0,1)	(2,0)
n が奇数	(2,1)	(0,0)

4.3.2　同時分布収束：スラツキーの定理

このように, 一般には周辺分布の収束は同時分布の収束を意味しないが, 以下の特別な場合には同時分布の収束が成り立つ. この結果は統計学においてきわめて重要である.

定理 4.3.3 (スラツキーの定理)[*5]**.** k 次元確率ベクトルの列 $\{X_n\}, X$ と, l 次元確率ベクトルの列 $\{Y_n\}$ が, 定数ベクトル $c \in \mathbb{R}^l$ に対して, $n \to \infty$ のとき,

$$X_n \xrightarrow{d} X, \quad Y_n \xrightarrow{p} c$$

を満たすとする. このとき, 以下の同時収束が成り立つ.

[*5] Slutsky.「スラツキーの補題」ともいわれる.

$$(X_n, Y_n) \xrightarrow{d} (X, c), \quad n \to \infty.$$

***Proof*.** 以下では $k = l = 1$ として示すが，一般の場合も証明は同様である．

定理 4.2.8 を用いて，任意の $(t, s) \in \mathbb{R}^2$ に対して，特性関数の収束

$$\phi_{(X_n, Y_n)}(t, s) \to \phi_{(X,c)}(t, s), \quad n \to \infty$$

を示せばよい．三角不等式を用いて，

$$\begin{aligned}
&|\phi_{(X_n,Y_n)}(t,s) - \phi_{(X,c)}(t,s)| \\
&\quad \leq \left|\mathbb{E}\left[e^{itX_n + isY_n} - e^{itX_n + isc}\right]\right| + \left|\mathbb{E}\left[e^{itX_n + isc} - e^{itX + isc}\right]\right| \\
&\quad = \left|\mathbb{E}\left[e^{itX_n + isc}(e^{is(Y_n - c)} - 1)\right]\right| + \left|e^{isc}\mathbb{E}\left[e^{itX_n} - e^{itX}\right]\right| \\
&\quad \leq \mathbb{E}\left[\left|e^{is(Y_n - c)} - 1\right|\right] + \left|\phi_{X_n}(t) - \phi_X(t)\right|.
\end{aligned}$$

最後の辺の第 2 項は $X_n \xrightarrow{d} X$ の仮定によって 0 に収束するので，第 1 項の収束を示せばよい．そこで，任意の $\epsilon > 0$ に対して，

$$\begin{aligned}
\mathbb{E}\left[\left|e^{is(Y_n - c)} - 1\right|\right] &\leq 2\mathbb{P}(|Y_n - c| > \epsilon) + \mathbb{E}\left[\left|\left(e^{is(Y_n - c)} - 1\right)\mathbf{1}_{\{|Y_n - c| \leq \epsilon\}}\right|\right] \\
&\leq 2\mathbb{P}(|Y_n - c| > \epsilon) + \epsilon|s|
\end{aligned}$$

が成り立つことに注意する．ここで，最後の不等式には，$|e^{i\theta} - 1| \leq |\theta|$ の関係式を用いた．最後の第 1 項は $Y_n \xrightarrow{p} c$ によって 0 収束する．また，$\epsilon > 0$ は任意だったので，$\epsilon \downarrow 0$ ととることで，第 2 項はいくらでも小さくできる[*6]．これで証明は終わった． □

確率ベクトルの (同時) 分布収束を示すのは一般には難しいことが多いが，これを 1 次元の分布収束に帰着させる**クラメール=ウォルドの方法** (Cramèr–Wold device) といわれるテクニックがある．

定理 4.3.4. 確率ベクトルの列 $\{X_n\} = (X_n^{(1)}, \ldots, X_n^{(d)})^\top$，$X = (X^{(1)}, \ldots, X^{(d)})^\top$ に対して，以下の (i)，(ii) は同値である．

[*6] 初学者は，この証明の最後を ϵ-N 論法を用いて厳密に記述してみることをお勧めする．

(i) $X_n \xrightarrow{d} X \quad (n \to \infty)$

(ii) 任意の $t \in \mathbb{R}^d$ に対して，$t^\top X_n \xrightarrow{d} t^\top X \quad (n \to \infty)$

Proof. 証明は特性関数の収束 (定理 4.2.8) を考えれば容易なので，詳細は演習とする. □

演習 29. 定理 4.3.4 を示せ.

4.3.3 連続写像定理

以下の定理は**連続写像定理** (continuous mapping theorem) といわれ，統計学では頻繁に用いられる.

定理 4.3.5 (連続写像定理)**.** d 次元確率ベクトルの列 $\{X_n\}, X$ が

$$X_n \xrightarrow{*} X, \quad n \to \infty$$

を満たすとする．ただし，収束の意味は $* = a.s.$, p, または d である．このとき，$\mathbb{R}^d$ 上の任意 $f \in C(\mathbb{R}^d)$ に対して[*7]，同じ意味での収束

$$f(X_n) \xrightarrow{*} f(X), \quad n \to \infty$$

が成り立つ.

※ 以下では 7 章の結果を先取りし，少々特殊なテクニックを用いた証明を紹介する．この種の議論を覚えておくと，数理統計学の様々な証明の場面 (特に統計量の収束の議論) で有効であるので，ここでは演習も兼ねてあえて取り上げてみた．標準的な証明は，例えば，van der Vaart[17], Theorem 2.3. などを参照されたい.

Proof.

$* = a.s.$ のとき： 定理 4.3.1 の証明と同様に，$X_n \xrightarrow{a.s.} X$ を数列の収束と思えば，f の連続性により明らかである.

$* = p$ のとき： ここでは定理 7.2.9 を認めて「概収束部分列の議論」を行う.

$\{f(X_n)\}$ の任意の部分列 $\{f(X_{n'})\}$ をとる．このとき $\{X_{n'}\}$ は $\{X_n\}$ の部分列であるから，定理 7.2.9, (i) ⇒ (ii) により $\{X_{n'}\}$ のさらなる部分列 $\{X_{n''}\}$

[*7] $C(\mathbb{R}^d)$ は $\mathbb{R}^d$ 上の連続関数全体.

で X に概収束するものがとれる．すると $*=a.s.$ の場合の連続写像定理によって $f(X_{n''}) \xrightarrow{a.s.} f(X)$ である．したがって，今度は定理 7.2.9, (ii) ⇒ (i) によって $f(X_n) \xrightarrow{p} f(X)$ である．

$*=d$ のとき：　ここでは "カップリング定理"(定理 7.2.11) を認めて概収束の議論に帰着させてみる．

仮定より $X_n \xrightarrow{d} X$ であるから，定理 7.2.11 によって，$X_n \stackrel{d}{=} \xi_n$，$X \stackrel{d}{=} \xi$ であって，かつ，$\xi_n \xrightarrow{a.s.} \xi$ となるようなものをとることができる．このとき，任意の有界連続関数 g に対して，$g \circ f$ の連続性と有界収束定理に注意して，

$$\begin{aligned}\lim_{n\to\infty} \mathbb{E}[g(f(X_n))] &= \lim_{n\to\infty} \mathbb{E}[g(f(\xi_n))] \quad (X_n \stackrel{d}{=} \xi_n \text{ より}) \\ &= \mathbb{E}[g(f(\xi))] \quad (\text{有界収束定理と } g \circ f \text{ の連続性}) \\ &= \mathbb{E}[g(f(X))] \quad (X \stackrel{d}{=} \xi \text{ より})\end{aligned}$$

となって，確率変数列 $\{f(X_n)\}$ が分布収束の定義 4.2.5 を満たすことが確認できて証明が終わる． □

注意 4.3.6.　上の定理は $* = L^p$ では成り立たない．例えば，$X_n \xrightarrow{L^p} X$ と $f(x) = x^2$ に対して，$f(X_n) = X_n^2$ はその p 乗可積分性すら保証されない．

連続写像定理を用いると以下のようなことが直ちにわかる．

系 4.3.7.　確率変数列 $\{X_n\}, X, \{Y_n\}, Y$ に対して以下を仮定する：$n \to \infty$ のとき，

$$X_n \xrightarrow{*} X, \quad Y_n \xrightarrow{*} Y.$$

ただし，$* = a.s.,\ p,\ d$ のいずれかで，$* = d$ のときには $Y = c$ (定数) とする．このとき，同じ $*$ によって以下が成り立つ．

$$\begin{aligned} X_n \pm Y_n &\xrightarrow{*} X \pm Y, \\ X_n Y_n &\xrightarrow{*} XY, \\ X_n / Y_n &\xrightarrow{*} X/Y \quad (Y \neq 0\ a.s.). \end{aligned}$$

注意 4.3.8. 上記系の $* = d$ の場合を「スラツキーの補題 (定理)」と呼ぶこともある．統計学では様々な統計量の四則演算を行うが，上記の事実を多用してその収束について議論する．

5

第5章 大数の法則と中心極限定理

5.1 大数の法則

5.1.1 大数の弱法則

n 個のデータ $X_1, X_2, \ldots, X_{n-1}, X_n$ が与えられたとき，"平均"を求めよといわれれば，次のような**標本平均** (sample mean)$\overline{X}_n$ を計算するだろう．

$$\overline{X}_n = \frac{1}{n}\sum_{i=1}^{n} X_i.$$

これが日常的に用いられる統計的平均である．このような $\overline{X}_n$ を用いることを正当化する1つの理由は，データがIIDのとき，データ数 n を大きくしていくと，確率変数列 $\{\overline{X}_n\}$ がある意味で真の平均 $\mathbb{E}[X]$ に収束するからであり，この事実は**大数の法則**として知られている．

以下の**大数の弱法則** (weak law of large numbers, WLLN) は証明法と共に基本的で重要であるのでしっかり記憶されたい．

定理 5.1.1 (大数の弱法則). 確率変数列 $X_1, X_2, \ldots$ はIIDで平均 $\mu := \mathbb{E}[X_1]$ と分散 $\sigma^2 := \mathrm{Var}(X_1)$ が存在するならば，

$$\overline{X}_n \xrightarrow{p} \mu, \quad n \to \infty.$$

Proof. 任意の $\epsilon > 0$ に対して，チェビシェフの不等式 (定理 2.4.2) を用いると

$$\begin{aligned}\mathbb{P}(|\overline{X}_n - \mu| > \epsilon) &\le \frac{1}{\epsilon^2}\mathbb{E}\left[\left|\overline{X}_n - \mu\right|^2\right] = \frac{1}{\epsilon^2}\mathbb{E}\left[\left|\frac{1}{n}\sum_{i=1}^{n}(X_i - \mu)\right|^2\right] \\ &= \frac{1}{n^2\epsilon^2}\left\{\sum_{i=1}^{n}\mathrm{Var}(X_i) + 2\sum_{i<j}\mathrm{Cov}(X_i, X_j)\right\}.\end{aligned}$$

ここで，$X_i, X_j\ (i \neq j)$ の独立性より $\mathrm{Cov}(X_i, X_j) = 0$ となることに注意して，

$$\mathbb{P}(|\overline{X}_n - \mu| > \epsilon) \leq \frac{\sigma^2}{n\epsilon^2} \to 0, \quad n \to \infty.$$

(※上記は，実は $\overline{X}_n \xrightarrow{L^2} \mu$ を示していることに注意)　□

注意 5.1.2.　上の証明では 2 乗を展開したときに現れる "クロスターム (交差項)" である $\mathrm{Cov}(X_i, X_j) = \mathbb{E}[(X_i - \mu)(X_j - \mu)]$ が消えるところが本質的になっている．すなわち，$\sum_{i<j} \mathrm{Cov}(X_i, X_j)$ の項は本来 $n(n-1)/2$ 個の和になっており，もし $\mathrm{Cov}(X_i, X_j) \neq 0$ であれば，n^2 で割っても 0 に収束しない．ここにデータの独立性が効いて $\frac{1}{n^2}\sum_{i<j} \mathrm{Cov}(X_i, X_j)$ の項が消えてしまうところが重要である．

5.1.2　大数の強法則

定理 5.1.1 は，「大数の弱法則」の様々なバージョン*1の中の最もシンプルなものであり，その仮定は強すぎる十分条件である．実のところ，次の**大数の強法則** (strong law of large numbers, SLLN) が成り立つ．

定理 5.1.3 (大数の強法則)**.**　確率変数列 $X_1, X_2, \ldots$ は IID とする．このとき，

$$\mathbb{E}[|X_1|] < \infty \quad \Leftrightarrow \quad \overline{X}_n \text{ は概収束する}$$

であり，特に，$\mu := \mathbb{E}[X_1]$ に対して，

$$\overline{X}_n \xrightarrow{a.s.} \mu, \quad n \to \infty,$$

が成り立つ．

Proof.　この証明には少し準備を要するので 7.2.2 節で証明する．　□

注意 5.1.4.　定理 5.1.3 を見ると，定理 5.1.1 の弱法則は無駄に見える．それでも定理 5.1.1 のようなバージョンを挙げたのは，その基本的な証明に注意してほしいからである．例えば，統計学では推定量の**一致性** (consistency) といって，推定量の真値への概収束 (**強一致性**) や確率収束 (**弱一致性**) などを示すこ

*1　舟木[8], 4.1 節や Chung[11], Section 5.2 などを参照．

とがある．後述する定理 5.1.3 の証明 (7.2.2 節) のように，概収束を示すことは難しいことが多いので，弱一致性を示して満足しておくこともある．この際，定理 5.1.1 の証明のように，チェビシェフの不等式を用いてモーメント条件から確率収束 (実は L^2-収束) を導くのは基本的なテクニックである．

例 5.1.5 (平均と分散の推定)**.** 平均 μ と分散 σ^2 を持つ分布 F からの n 個の IID のデータ $X_1, \ldots, X_n$ が与えられたとする．真値 $\theta = (\mu, \sigma^2)$ は通常未知で F の**未知母数** (**パラメータ**) といわれるが，これらを推測することは，分布の推定の第一歩である．

平均 μ については，先述の標本平均 $\overline{X}_n$ を使うのがよい．ここでは μ の推定量という意味で，$\widehat{\mu} := \overline{X}_n$ なる記号で表そう．$\mathbb{E}[|X_1|] < \infty$ とすると，大数の強法則により

$$\widehat{\mu} \xrightarrow{a.s.} \mu, \quad n \to \infty$$

と強一致性 (注意 5.1.4) が成り立つので，標本数 n が大きいとき真値 μ を $\widehat{\mu}$ で代用するのは自然であろう

分散 σ^2 の推定には次の**標本分散** (sample variance) がしばしば用いられる．

$$\widehat{\sigma}^2 := \frac{1}{n}\sum_{i=1}^{n}(X_i - \widehat{\mu})^2 = \widehat{m}_2 - \widehat{\mu}^2.$$

ただし，$\widehat{m}_2 := \frac{1}{n}\sum_{i=1}^{n} X_i^2$ である．この標本分散も真値 σ^2 に対して強一致性を持つ．実際，やはり大数の強法則により $\widehat{m}_2 \xrightarrow{a.s.} \mathbb{E}[X_1^2]$ であるから，連続写像定理 (定理 4.3.5) と系 4.3.7 を用いて以下を得る．

$$\widehat{\sigma}^2 \xrightarrow{a.s.} \mathbb{E}[X_1^2] - (\mathbb{E}[X_1])^2 = \sigma^2.$$

したがって，定理 4.3.1 により

$$\widehat{\theta} = (\widehat{\mu}, \widehat{\sigma}^2) \xrightarrow{a.s.} \theta = (\mu, \sigma^2), \quad n \to \infty$$

なる推定量ベクトル $\widehat{\theta}$ の同時概収束が得られ，真値 θ の推定量としての正当性が得られる．

例 5.1.6 (分布の推定)**.** 分布 F からの IID のデータ $X_1, X_2, \ldots, X_n$ に対して，例 2.2.15 で取り上げた経験分布関数

$$\widehat{F}_n(x) = \frac{1}{n}\sum_{i=1}^{n} \mathbf{1}_{\{X_i \le x\}}, \quad x \in \mathbb{R}$$

を考える．このとき，各 $x \in \mathbb{R}$ に対して，$\mathbf{1}_{\{X_i \le x\}}$ $(i = 1, \ldots, n)$ は平均 $F(x)$ の IID 確率変数列となるので，大数の強法則によって，任意の $x \in \mathbb{R}$ で

$$\widehat{F}_n(x) \xrightarrow{a.s.} F(x), \quad n \to \infty$$

が成り立つ．したがって，分布関数 $\widehat{F}_n(x)$ に対応する分布 $\widehat{F}_n$ は分布 F に弱収束する．$\widehat{F}_n \Rightarrow F$ (注意 4.2.7 参照).

例 5.1.7 (経験分布関数の一様収束)**.** 経験分布関数 $\widehat{F}_n(x)$ については，以下のような一様収束「**グリベンコ=カンテリ** (Glivenko–Cantelli) **の定理**」が知られている．

$$KS_n := \sup_{x \in \mathbb{R}} |\widehat{F}_n(x) - F(x)| \xrightarrow{a.s.} 0, \quad n \to \infty. \tag{5.1}$$

KS_n は**コルモゴロフ=スミルノフ** (Kolmogorov–Smirnov) **統計量**といわれ，データ $X_i\,(i = 1, \ldots, n)$ の真の分布が F に従うかどうかという統計的検定に利用される．(5.1) を証明しておこう．

***Proof*.** 任意の $\epsilon > 0$ を固定すると，分割 $-\infty = x_0 < x_1 < \cdots < x_m = \infty$ を，任意の $k = 1, \ldots, m$ に対して

$$F(x_k-) - F(x_{k-1}) < \epsilon \quad \cdots \ (*)$$

となるようにとることができる[*2]．実際，$F(x_0) = 0$，$F(x_m-) = 1$ なので，x_1 を十分小さく，x_{m-1} を十分大きくとれば $k = 1, m$ に対して $(*)$ は可能である．また，有界閉区間 $[x_1, x_{m-1}]$ においては，分割幅を十分小さくとり，特に F が ϵ より大きなジャンプを持つ点ではそこを分割点とすることにより $(*)$ を達成できる[*3]．$\widehat{F}_n, F$ は単調増加だから，$x_{k-1} \le x < x_k$ $(k = 1, 2, \ldots, m)$ に対して，

[*2] 記号 $F(x-)$ は，定理 1.3.2, (4) で定義した．

[*3] F は有界だから，$\epsilon > 0$ より大きいジャンプ点は有限個しかないことに注意．

$$\widehat{F}_n(x) - F(x) \le \widehat{F}_n(x_k-) - F(x_{k-1}) < \widehat{F}_n(x_k-) - F(x_k-) + \epsilon,$$
$$\widehat{F}_n(x) - F(x) \ge \widehat{F}_n(x_{k-1}) - F(x_k-) > \widehat{F}_n(x_{k-1}) - F(x_{k-1}) - \epsilon.$$

したがって,

$$\sup_{x\in[x_{k-1},x_k)} |\widehat{F}_n(x) - F(x)| \le |\widehat{F}_n(x_k-) - F(x_k-)| + |\widehat{F}_n(x_{k-1}) - F(x_{k-1})| + \epsilon$$

より,

$$KS_n \le \max_{1\le k\le m} |\widehat{F}_n(x_k-) - F(x_k-)| + \max_{1\le k\le m} |\widehat{F}_n(x_{k-1}) - F(x_{k-1})| + \epsilon$$

ここで, 大数の強法則により, 各 $x \in \mathbb{R}$ に対して $\widehat{F}_n(x) \xrightarrow{a.s.} F(x)$ であるから,

$$\limsup_{n\to\infty} KS_n \le \epsilon$$

となり, $\epsilon > 0$ の任意性より結論を得る. □

例 5.1.8 (モンテカルロ法). 大数の法則を利用して, 計算機による**乱数**[*4]を用いて定積分を求めてみよう. 以下の定積分を考える.

$$I = \int_a^b f(x)\,\mathrm{d}x \quad (-\infty < a < b < \infty)$$

ただし, f は与えられた既知の関数である. I を次のように書き換えてみる.

$$I = \int_a^b (b-a)f(x) \cdot \frac{1}{b-a}\,\mathrm{d}x$$

とすると, $1/(b-a)$ は $U(a,b)$ の密度関数であったから, これは

$$I = \mathbb{E}[(b-a)f(X)], \quad X \sim U(a,b)$$

と書くことができる. そこで, 一様分布に従う確率変数 $U \sim U(0,1)$ に対して, $X = a + (b-a)U \sim U(a,b)$ となることに注意して, X と同分布で独立な N 個の**一様乱数** $X_1, X_2, \ldots, X_N$ を計算機上で発生させれば, 大数の強法則によって

[*4] 実際に計算機上で (疑似的に) 発生させた確率変数の実現値を「乱数」と呼ぶ.

$$I_N := \frac{1}{N}\sum_{i=1}^{N}(b-a)f(X_i) \xrightarrow{a.s.} I, \quad N \to \infty$$

である．この概収束によって，N を十分大きくとることによって I の近似値を求めることができる．このような乱数を用いた積分計算を**モンテカルロ法** (Monte Carlo simulation) という．上の原理は多次元の図形の面積・体積を求めるのにも利用できる (演習 30).

演習 30.　計算機を用い，以下の要領で円周率 π の近似値を求めてみよ．

(1)　独立な一様乱数 $U_i, V_i \sim U(0,1)$ $(i = 1, \ldots, N)$ を利用して，正方形 $R = [-1,1] \times [-1,1]$ 内に，2 次元の一様乱数ベクトル $\{Z_i := (X_i, Y_i)\}_{i=1,\ldots,N}$ を発生させよ．ただし，$X_i = 2U_i - 1$, $Y_i = 2V_i - 1$ である．

(2)　R 内の半径 1 の円板 $S := \{(x,y) \in \mathbb{R}^2 | x^2 + y^2 \le 1\}$ を考え，$Z_i \in S$ となった点の個数の割合を求めることにより，

$$r_N := \frac{1}{N}\sum_{i=1}^{N}\mathbf{1}_{\{Z_i \in S\}} \xrightarrow{a.s.} \frac{|S|}{|R|} = \frac{\pi}{4}, \quad N \to \infty$$

となることを示せ．ただし，$|R|, |S|$ はそれぞれ R, S の面積を表す．

(3)　$4r_N \to \pi$ となる様子を観察せよ．図は統計ソフト R で描いた $N = 100$ の場合 (**図 5.1**) と $N = 5000$ の場合 (**図 5.2**) の一結果である．

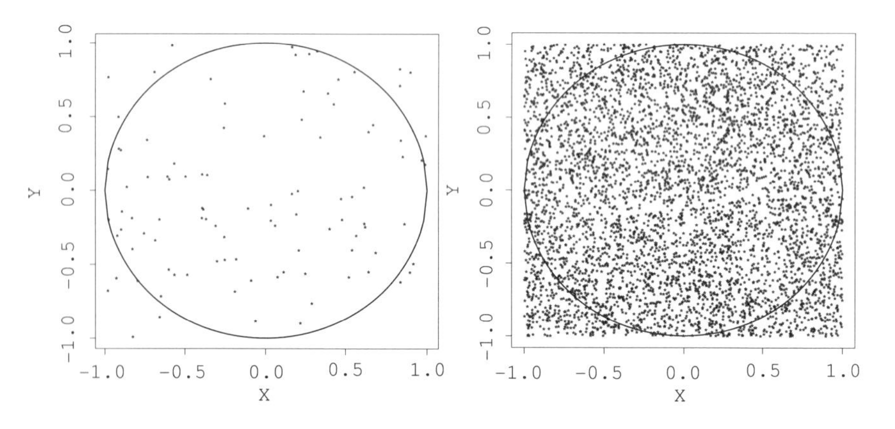

図 5.1　$4r_{100} = 3.32$.

図 5.2　$4r_{5000} = 3.1544$.

5.2 中心極限定理

5.2.1 確率論における“中心的な”極限定理

大数の法則により $\overline{X}_n \xrightarrow{a.s.} \mu$ となることがわかったが，この収束のスピードはどれくらい速いだろうか？ 例えば，実数列 $r_n \to \infty$ に対して，もし $r_n(\overline{X}_n - \mu) \xrightarrow{a.s.} 0$ となるなら，$\overline{X}_n \xrightarrow{a.s.} \mu$ となる速さは $r_n^{-1} \to 0$ より速いということになるし，$r_n(\overline{X}_n - \mu) \xrightarrow{a.s.} \infty$ となるなら $r_n^{-1} \to 0$ より遅いことを意味する．しかし，このような自明な極限が出るような r_n はつまらないだろう．

実は，“ちょうどよい” r_n を選ぶと，$r_n(\overline{X}_n - \mu)$ の分布がある確率分布に弱収束し非自明な極限が現れることがわかる．このような r_n を，$\overline{X}_n$ の**収束率** (rate of convergence) という．

IID 列の和に対する収束率は一般に $\sqrt{n}$ となることが次の**中心極限定理** (central limit thoeorem) からわかる．

定理 5.2.1 (中心極限定理)**.** 確率変数列 $X_1, X_2, \ldots$ は IID で平均 $\mu := \mathbb{E}[X_1]$ と分散 $\sigma^2 := \mathrm{Var}(X_1)$ が存在するとする．このとき，以下の分布収束が成り立つ．

$$\sqrt{n}(\overline{X}_n - \mu) \xrightarrow{d} N(0, \sigma^2), \quad n \to \infty. \tag{5.2}$$

ただし，$N(0, \sigma^2)$ は平均 0，分散 σ^2 の正規分布に従う確率変数である．

注意 5.2.2. $N(\mu, \sigma^2)$ のような記号は“正規分布”を表す記号として使うべきところ，(5.2) では分布 $N(0, \sigma^2)$ に従う“確率変数”として記号を濫用している．しかし，このような記法は標準的である．

注意 5.2.3. 連続関数 $f(x) = x/\sigma$ を考えて連続写像定理を用いると，

$$\frac{\sqrt{n}(\overline{X}_n - \mu)}{\sigma} \xrightarrow{d} N(0, 1) \tag{5.3}$$

のような書き方もできるし，これをさらに書き直すと，

$$\frac{1}{\sqrt{n}} \sum_{i=1}^{n} \frac{X_i - \mu}{\sigma} \xrightarrow{d} N(0, 1) \tag{5.4}$$

と書いてもよい．いずれもよく用いられる表現であり，状況に応じてどの形式にもすぐに書き直せるように理解しておくべきである．

Proof. 表現 (5.4) に注意すると，$Z_k = (X_k - \mu)/\sigma$ として $\frac{1}{\sqrt{n}}\sum_{k=1}^{n} Z_k$ の特性関数 $\phi_n(t)$ が $N(0,1)$ の特性関数に収束することを示せばよい．

$$\phi_n(t) = \mathbb{E}\left[\exp\left(\frac{it}{\sqrt{n}}\sum_{k=1}^{n} Z_k\right)\right] = \prod_{k=1}^{n}\mathbb{E}\left[e^{\frac{it}{\sqrt{n}}Z_k}\right] = \left\{\phi_{Z_1}\left(\frac{t}{\sqrt{n}}\right)\right\}^n.$$

ここで，$\alpha(u)$ を以下の等式で定める．

$$\begin{aligned}\phi_{Z_1}(u) &= \phi_{Z_1}(0) + \phi'_{Z_1}(0)u + \frac{1}{2}\phi''_{Z_1}(0)u^2 + \frac{u^2}{2}\alpha(u)\\ &= 1 - \frac{u^2}{2} + \frac{u^2}{2}\alpha(u).\end{aligned}$$

すると，Taylor の公式により，ある $\theta \in (0,1)$ が存在して，$\alpha(u) = \phi''_{Z_1}(\theta u) - \phi''_{Z_1}(0)$ と書けるから，

$$|\alpha(u)| = \left|i^2\mathbb{E}\left[Z_1^2 e^{i\theta u Z_1}\right] - i^2\mathbb{E}[Z_1^2]\right| \leq \mathbb{E}\left[\left|Z_1^2\left(e^{i\theta u Z_1} - 1\right)\right|\right]$$

であるが，$\left|Z_1^2\left(e^{i\theta u Z_1} - 1\right)\right| \leq 2Z_1^2$, $\mathbb{E}[Z_1^2] < \infty$ より，優収束定理 (定理 4.1.7) が使えて，

$$\alpha(u) \to 0, \quad u \to 0.$$

したがって，$\phi_{Z_1}(u) = 1 - u^2/2 + o(u^2)$ $(u \to 0)$ となるので[*5]，$n \to \infty$ のとき，

$$\begin{aligned}\phi_n(t) &= \left\{1 - \frac{t^2}{2n} + o\left(\frac{1}{n}\right)\right\}^n\\ &= \left(1 - \frac{t^2}{2n}\right)^n + \sum_{k=1}^{n}\binom{n}{k}\left(1 - \frac{t^2}{2n}\right)^{n-k} o\left(\frac{1}{n^k}\right)\\ &= \left(1 - \frac{t^2}{2n}\right)^n + o\left(\sum_{k=1}^{n}\frac{1}{k!}\right)\end{aligned}$$

[*5] $o(a_n)$ は**ランダウの記号**といわれ，漸近論の上では便利な記号である．詳細は 7.1 節を参照．

となるが，$\sum_{k=1}^{n} \frac{1}{k!} = O(1)$ $(n \to \infty)$ であることが証明できるので，(注意7.1.5 によって) 最後の o の項は 0 に収束して

$$\phi_n(t) \to e^{-t^2/2}, \quad n \to \infty.$$

最後の $e^{-t^2/2}$ は $N(0,1)$ の特性関数に他ならない． □

注意 5.2.4. IID 列の和の収束率が $\sqrt{n}$ であることから派生して，統計学で現れる "よい"統計量 (推定量) というものは $\sqrt{n}$ の収束率を持つことが多く，この性質を **$\sqrt{n}$-一致性**などといったりする．実は多くの場合，この $\sqrt{n}$ が統計量の最適な (最も速い) 収束率であることが導かれる．そのため，統計学では $\sqrt{n}$-一致性を持つ統計量をつくることを目標にすることが多い．

中心極限定理は，2 項分布 $Bin(n,p)$ の確率関数が標本数 n の増加に伴い正規分布の密度関数で近似できるという，いわゆる**ド・モアブル=ラプラスの定理**[*6]に始まる．その後，ラプラスやチェビシェフらの仕事を経て定理 5.2.1 のような結果が得られることとなり，この結果が "分散を持つ IID 列ならばなんでもよい"という普遍性を持っていたため,「確率論における "中心的な (central)" 極限定理 (limit theorem)」として広く知られるようになった．これが "中心極限定理 (central limit theorem)" という名前の由来となったようだ[*7]．

5.2.2 統計学への応用

例 5.2.5 (標本平均の漸近分布)**.** 例 5.1.5 と同じ状況を考える．分布 F の平均分散：$\theta = (\mu, \sigma^2)$ が未知のとき，平均 μ は (標本数 n が "大きい"とき) 標本平均 $\widehat{\mu}$ で代用するのであった．このとき，統計学的には，確率変数 $\widehat{\mu} - \mu$ が従う分布がわかると**統計的仮説検定**などに利用できてうれしいのだが，$\widehat{\mu}$ の分布には 3.1.3 節でやったように F の n 回の畳込みを行う必要があって，これはなかなかに面倒である．そこで，$\widehat{\mu} - \mu$ の分布の近似を求めてみよう．

中心極限定理を用いると，

$$\sqrt{n}(\widehat{\mu} - \mu) \xrightarrow{d} N(0, \sigma^2), \quad n \to \infty \tag{5.5}$$

[*6] Shiryaev[16], p.62.

[*7] 例えば，Shiryaev[16], Section III.3, あるいは Le Cam[15]など．

であるから，n が大きいとき上記左辺の分布は $N(0,\sigma^2)$ に大体等しい．このとき，右辺に現れる極限分布を $\widehat{\mu}$ の**漸近分布** (asymptotic distribution) という．

さて，上記を以下のように表現してみる．

$$\sqrt{n}(\widehat{\mu}-\mu) \overset{d}{\approx} N(0,\sigma^2).$$

このとき，正規分布の性質より，

$$\widehat{\mu}-\mu \overset{d}{\approx} \frac{1}{\sqrt{n}}N(0,\sigma^2) = N\left(0, \frac{\sigma^2}{n}\right) \tag{5.6}$$

と近似できるであろう．つまり，$\widehat{\mu}$ は "漸近的に" 正規分布に従うといえる．そこで，(5.5) ような推定量 $\widehat{\mu}$ の性質を**漸近正規性** (asymptotic normality) という．

ところが，(5.6) の右辺では σ^2 が未知量として残っており実用上は問題がある．そこで，標本分散 $\widehat{\sigma}^2$ を用いると，連続写像定理 (定理 4.3.5) と系 4.3.7 によって

$$\frac{\sqrt{n}(\widehat{\mu}-\mu)}{\widehat{\sigma}} \xrightarrow{d} N(0,1), \quad n\to\infty$$

となる[*8]．ただし，$\widehat{\sigma}=\sqrt{\widehat{\sigma}^2}$ である．したがって，n が "大きい" とき

$$\widehat{\mu}-\mu \overset{d}{\approx} N\left(0, \frac{\widehat{\sigma}^2}{n}\right)$$

という近似の妥当性が得られるのである (注意 4.2.7 参照)．

例 5.2.6 (標本分散の漸近分布)．　再び例 5.1.5 と同じ状況を考え，今度は標本分散 $\widehat{\sigma}^2$ の漸近分布を考えてみよう．次の等式が成り立つことに注意する．

$$\begin{aligned}\sqrt{n}\left(\frac{\widehat{\sigma}^2}{\sigma^2}-1\right) &= \frac{1}{\sqrt{n}}\sum_{i=1}^{n}(Y_i-1) - \frac{2(\widehat{\mu}-\mu)}{\sqrt{n}\sigma^2}\sum_{i=1}^{n}(X_i-\mu) + \frac{\sqrt{n}(\widehat{\mu}-\mu)^2}{\sigma^2} \\ &=: Z_n - W_n + V_n.\end{aligned}$$

[*8] このように漸近分布から未知量を消すために標準偏差の推定量 $\widehat{\sigma}$ で割って規格化することを**スチューデント化** (Studentization) といったりする．この名前は t-分布を発見した統計学者 W. Gosset が "Student" のペンネームで論文を発表したことに由来する．

ただし，$Y_i = (X_i - \mu)^2/\sigma^2$ であり，このとき $\mathbb{E}[Y_i] = 1$ に注意しておく．

さて，今，X_i が 4 次モーメントを持つと仮定して，

$$\mathrm{Var}(Y_i) = \mathbb{E}[Y_i^2] - 1 =: \gamma^2 < \infty$$

とおく．このとき，IID 列 $\{Y_n\}$ に関する中心極限定理と系 4.3.7 によって，

$$\begin{aligned} Z_n &= \frac{1}{\sqrt{n}} \sum_{i=1}^{n} (Y_i - 1) \xrightarrow{d} N(0, \gamma^2), \\ W_n &= \frac{2\sqrt{n}(\widehat{\mu} - \mu)}{\sigma^2} (\widehat{\mu} - \mu) \xrightarrow{d} 0, \\ V_n &= \frac{1}{\sqrt{n}\sigma^2} \left[\sqrt{n}(\widehat{\mu} - \mu) \right]^2 \xrightarrow{d} 0 \end{aligned}$$

となることがわかるので，やはり系 4.3.7 により

$$\sqrt{n} \left(\frac{\widehat{\sigma}^2}{\sigma^2} - 1 \right) \xrightarrow{d} N(0, \gamma^2), \quad n \to \infty.$$

したがって，

$$\sqrt{n}(\widehat{\sigma}^2 - \sigma^2) \xrightarrow{d} N(0, \gamma^2 \sigma^4), \quad n \to \infty$$

となって $\widehat{\sigma}^2$ の漸近正規性が得られる．

特に，元のデータ列 $\{X_n\}$ が正規分布 $N(\mu, \sigma^2)$ からのデータであれば，$\mathbb{E}[Y_i^2] = 3$(X_i の尖度) なので $\gamma^2 = 2$ となり，

$$\sqrt{n}(\widehat{\sigma}^2 - \sigma^2) \xrightarrow{d} N(0, 2\sigma^4), \quad n \to \infty$$

となる．

6

第 6 章

再訪・条件付期待値

6.1 確率変数の "情報" という概念

6.1.1 確率変数の情報

確率変数 $X : (\Omega, \mathcal{F}) \to (\mathbb{R}, \mathcal{B})$ が与えられたとき，ある $B \in \mathcal{B}$ に対して $X \in B$ となるときの原像

$$X^{-1}(B) := \{\omega \in \Omega \,|\, X(\omega) \in B\} \in \mathcal{F}$$

を知っていたとする．つまり，事象 $\{X \in B\}$ が起こるのは $X^{-1}(B)$ の中のいずれかの根元事象 ω が起こったときであると知っていたとしよう．例えば，サイコロを投げたとき，出た目を 2 倍した値を返す確率変数

$$X(\omega_k) = 2k, \quad k = 1, \ldots, 6 \quad (\omega_k \text{ は } k \text{ の目が出る根元事象})$$

を考えよう．我々は X **の値がどのような規則で決まるかを知らない**とすると，例えば，$X = 4$ だったと知らされても，どんな根元事象が起こったのか (何の目が出たのか) はわからない．しかし，例えば $X^{-1}(\{4, 6\}) = \{\omega_2, \omega_3\}$ ということ，つまり，「X の値が 4 か 6 ならばサイコロの目は 2 か 3 だ」という "情報" を持っていたとすると，誰かに「X の値は 4 だった」と聞いたとき，サイコロの目は 2, 3 のいずれかだと知ることができる．そこで，もし，

$$\sigma(X) := \{X^{-1}(B) \,|\, B \in \mathcal{B}\} \subset \mathcal{F} \tag{6.1}$$

を知っていたとすると，X の値が何だったか教えてもらいさえすれば，サイコロの目が何であったを確定できる．つまり，$\sigma(X)$ は X の値と ω を対応付ける辞書のような役割をしており，この意味で $\sigma(X)$ はある種 "X の情報" を与えてくれているといえるだろう．

一般に，確率変数 X に対して (6.1) の $\sigma(X)$ は σ-加法族になり (演習 31)，こ

れを X **から生成される** σ-**加法族**という．このような集合族 $\sigma(X)$ を知識として持っているとき，X の値を知れば，“辞書”$\sigma(X)$ を調べることにより，どのような根元事象が起こったのかを知ることができる．この意味で $\sigma(X)$ は “X の情報”と解釈される．

演習 31.　(6.1) で与えられる $\sigma(X)$ が σ-加法族になることを示せ．

$\sigma(X)$ が “X の情報”と解釈されるのは次のような数学的な構造にもよる．例えば，ある関数 f に対して，$Y = f(X)$ なる確率変数 Y を考えると

$$\sigma(Y) = \{X^{-1}\left(f^{-1}(B)\right) \mid B \in \mathcal{B}\} \subset \sigma(X)$$

となるが，f が全単射でないとき，逆の包含関係は成り立たない．実際，$f(x) = x^2$ とすると Y は X の符号の情報を消してしまうので，直観的にも Y の情報 $\sigma(Y)$ は $\sigma(X)$ よりも少ない情報しか持たないであろう．このように，$\sigma(X)$ という σ-加法族を考えると，確率変数の変換による情報の増減を表現できる．

6.1.2　情報は σ-加法族？

前節のことを一般化して，σ-加法族が与えられたとき，それを何者か (例えば確率変数) の “情報”のように思ってみよう．ここで，2つの “情報”$\mathcal{F}_1, \mathcal{F}_2$ が与えられたとき，それらの単なる合併

$$\mathcal{F}_1 \cup \mathcal{F}_2$$

は “情報”といえるだろうか．例えば，$A \neq B \in \mathcal{F}$ に対して，

$$\mathcal{F}_1 = \{\emptyset, A, A^c, \Omega\}, \quad \mathcal{F}_2 = \{\emptyset, B, B^c, \Omega\}$$

とするとき，その合併は

$$\mathcal{F}_1 \cup \mathcal{F}_2 = \{\emptyset, A, B, A^c, B^c, \Omega\}$$

となるが，A と B に関する情報を持っているのに $A \cup B$ を知らないというのは “情報”の概念としては不自然で，むしろ $A \cup B, A \cap B, A^c \cup B, \ldots,$ なども情報として持ち得るであろう．そこで，最低限既知となる情報も含めて $\mathcal{F}_1 \cup \mathcal{F}_2$ を拡大して，

$$\sigma(\mathcal{F}_1 \cup \mathcal{F}_2) := \{\emptyset, A, B, A^c, B^c, A \cup B, A \cap B, A^c \cup B, \ldots, \Omega\}$$

のように $\mathcal{F}_1 \cup \mathcal{F}_2$ を含む最小の σ-加法族 (定義 1.1.12) を合併情報と見るのが自然であろう．これを

$$\mathcal{F}_1 \vee \mathcal{F}_2 := \sigma(\mathcal{F}_1 \cup \mathcal{F}_2)$$

のように書く．もっと多くの情報族 $(\mathcal{F}_\lambda)_{\lambda \in \Lambda}$ の合併に関しては，

$$\bigvee_{\lambda \in \Lambda} \mathcal{F}_\lambda$$

のような記号を用いる．一方，積集合 $\mathcal{F}_1 \cap \mathcal{F}_2$ は明らかに σ-加法族であり，この意味でこれはそのままで $\mathcal{F}_1, \mathcal{F}_2$ の共通情報を表すと解釈できる．

この考え方によれば，情報は σ-加法族の性質を持つべきであり，逆に $\mathcal{F}$ の部分 σ-加法族はある種の情報であると解釈できる．例えば，ある集合 $A \in \mathcal{F}$ を用いて作った σ-加法族 $\mathcal{A} := \{\emptyset, A, A^c, \Omega\}$ は,「事象 A が起こるか，A が起こらないか (A^c)」のどちらか，という情報に対応する．したがって，もし任意の $B \in \mathcal{B}$ に対して $X^{-1}(B) \in \mathcal{A}$ だとすると，$\mathcal{A}$ の元と X^{-1} との対応関係を知っていれば X の値を見ることで A が起こったのか A^c が起こったのかが既知となり，これを数学の言葉で「X は $\mathcal{A}$-可測」と表現しているのである．

6.1.3 情報の独立性

定義 3.1.5 では，確率変数 X, Y が独立であることを次のように定義した：任意のボレル集合 $B_1, B_2 \in \mathcal{B}$ に対して，

$$\mathbb{P}(X \in B_1, Y \in B_2) = \mathbb{P}(X \in B_1)\mathbb{P}(Y \in B_2).$$

これを書き直すと，任意の $A_1 \in \sigma(X), A_2 \in \sigma(Y)$ に対して

$$\mathbb{P}(A_1 \cap A_2) = \mathbb{P}(A_1)\mathbb{P}(A_2)$$

となり，確率変数の独立性とは，言い換えれば X, Y それぞれに関する “情報の独立性” を意味する．複数の “情報” の列に対する独立性についても，確率変数の独立性を拡張して以下のように定義するのが自然であろう．

定義 6.1.1 (σ-加法族の独立性)**.** 確率空間 $(\Omega, \mathcal{F}, \mathbb{P})$ において，ある添字集合 Λ に対して $\mathcal{F}$ の部分集合族の列 $\{\mathcal{F}_\lambda\}_{\lambda\in\Lambda}$ が**独立** (independent) であるとは，任意にとった有限個の $\{\lambda_1, \ldots, \lambda_k\} \subset \Lambda$ に対して，

$$\mathbb{P}(A_{\lambda_1} \cap \cdots \cap A_{\lambda_k}) = \prod_{j=1}^{k} \mathbb{P}(A_{\lambda_j}), \quad A_{\lambda_j} \in \mathcal{F}_{\lambda_j} \ (j = 1, \ldots, k)$$

が成り立つことである．

注意 6.1.2 (確率変数と σ-加法族の独立性)**.** このような定義の下で，確率変数 X と σ-加法族 $\mathcal{F}$ に対して，$\sigma(X)$ と $\mathcal{F}$ が独立になることを，しばしば「X と $\mathcal{F}$ が独立」などと表現する．

6.2 情報による条件付期待値

3.2.3 節では絶対連続型の確率変数に関する条件付期待値の定義を与えた．例えば条件付密度関数 $f_{X|Y}(x|y)$ に対しては，$\mathbb{P}(X \in B|Y = y) = \int_B f_{X|Y}(x|y)\,\mathrm{d}x$ と述べた．しかしながら，これは単に，離散型確率変数の場合の類似として天下り的に与えた定義であり，この定義で本当に X の条件付分布が与えられているかどうかについては何も触れなかった．ここではこのことを再検討し，3.2.3 節で与えた定義 3.2.7–3.2.8 を，今度は「定理」として与えてみよう．

6.2.1 離散型確率変数の場合

離散型確率変数 X, Y を考え，X, Y のとる値をそれぞれ $\{x_i\}_{i=1,2,\ldots}$，$\{y_i\}_{i=1,2,\ldots}$ とする．この場合には $\mathbb{E}[X|Y]$ などは自然に定義されるのであった (3.2.2 節)．

X は可積分であるとして次の期待値を考えてみる．任意の $B \in \mathcal{B}$ に対して

$$\mathbb{E}\big[\mathbb{E}[X|Y]\mathbf{1}_B(Y)\big] = \int_B \mathbb{E}[X|Y = y]\, F_Y(\mathrm{d}y) \tag{6.2}$$

$$= \sum_{j=1}^{\infty}\sum_{i=1}^{\infty} x_i\, P_{X|Y}(x_i|y_j)\mathbb{P}(Y = y_j)\mathbf{1}_B(y_j) \tag{6.3}$$

$$= \sum_{j=1}^{\infty}\sum_{i=1}^{\infty} x_i \mathbf{1}_B(y_j)\,\mathbb{P}(X = x_i, Y = y_j) \tag{6.4}$$

$$= \mathbb{E}[X\mathbf{1}_B(Y)] \tag{6.5}$$

ここで，最後の項 (6.5) を用いて

$$\nu(B) := \mathbb{E}[X\mathbf{1}_B(Y)], \quad B \in \mathcal{B} \tag{6.6}$$

なる $\mathcal{B}$ 上の集合関数 $\nu : \mathcal{B} \to \mathbb{R}$，を考えると X の可積分性により

$$F_Y(B) = 0 \quad \Rightarrow \quad \nu(B) = 0.$$

すなわち，ν は F_Y に関して絶対連続 ($\nu \ll F_Y$) になる (A.1 節参照)．したがって，定理 A.1.2 によりラドン=ニコディム微分 $G := \mathrm{d}\nu/\mathrm{d}F_Y$ が存在して

$$\nu(B) = \int_B G(y)\,F_Y(\mathrm{d}y) = \int_B \mathbb{E}[X|Y = y]\,F_Y(\mathrm{d}y) \tag{6.7}$$

を得るが (最後の等号は (6.2)–(6.6) による)，G の一意性により

$$G(y) = \mathbb{E}[X|Y = y] \quad F_Y\text{-}a.s. \tag{6.8}$$

を得る．したがって，X が可積分ならば $\mathbb{E}[X|Y = y]$ が存在し，それは実はラドン=ニコディム微分 $\mathrm{d}\nu/\mathrm{d}F_Y$ であることがわかった．

6.2.2　連続型確率変数の場合

X, Y が連続型のときには任意の $y \in \mathbb{R}$ に対して $\mathbb{P}(Y = y) = 0$ であり，式 (3.3) は一般に不定形となって離散型のようには条件付分布を定義することができなかった．だから，3.2.3 節ではいったん天下り的に定義を与えて議論を進めたのだが，ここでは離散型のときの条件付期待値が (6.8) と表されたことに注目して，連続型の場合も同様に $\mathbb{E}[X|Y = y]$ が定義できないか考えてみよう．

離散型の条件付期待値は，式 (6.7) によって，

$$\mathbb{E}[X\mathbf{1}_B(Y)] = \mathbb{E}[G(Y)\mathbf{1}_B(Y)], \quad \forall\, B \in \mathcal{B}$$

を満たすような一意な関数 $G(y) = \mathbb{E}[X|Y = y]$ として特徴づけることができた．つまり「X を Y によって "期待値の意味で" 近似する」[*1] ものは本質的に 1 つしかなく，それが条件付期待値 $G(Y)$ ということである．そこで，これを連続型の条件付期待値の定義としても採用しよう．

定義 6.2.1.　X, Y を確率変数とし，X は可積分とする．このとき，ある $\mathcal{B}$-可測関数 $G : \mathbb{R} \to \mathbb{R}$ で

$$\mathbb{E}[X\mathbf{1}_B(Y)] = \mathbb{E}[G(Y)\mathbf{1}_B(Y)], \quad B \in \mathcal{B} \tag{6.9}$$

を満たす $G(y)$ を $\mathbb{E}[X|Y = y]$ と書く．特に，$G(Y) = \mathbb{E}[X|Y]$ である．

注意 6.2.2.　上記の条件付期待値の定義は離散型の条件付期待値の定義と同等である．つまり，離散型の場合はこの定義から始めれば，上述の議論の逆をたどって定義 3.2.5 が導かれる．

では，天下り的だった定義 3.2.8 における条件付期待値の定義を「定理」として証明しよう．

定理 6.2.3.　確率変数 X, Y がそれぞれ密度関数 f_X, f_Y を持つとし，(X, Y) の同時密度関数を $f_{X,Y}$ とする．また，X は可積分とする．このとき，

$$f_{X|Y}(x|y) = \begin{cases} \dfrac{f_{X,Y}(x,y)}{f_Y(y)} & (f_Y(y) \neq 0) \\ 0 & (f_Y(y) = 0) \end{cases} \tag{6.10}$$

と定めると，定義 6.2.1 の意味での条件付期待値は

$$\mathbb{E}[X|Y = y] = \int_{\mathbb{R}} x f_{X|Y}(x|y)\,\mathrm{d}x$$

として与えられ，これは定義 3.2.8 で与えた条件付期待値の定義と一致する．

Proof.　$G(y) = \int_{\mathbb{R}} x f_{X|Y}(x|y)\,\mathrm{d}x$ とおいて，G が等式 (6.9) を満たすことを確認すればよいが，$B \in \mathcal{B}$ を任意にとり，(6.10) を用いて，

$$\mathbb{E}[G(Y)\mathbf{1}_B(Y)] = \int_B \left(\int_{\mathbb{R}} x f_{X|Y}(x|y)\,\mathrm{d}x \right) f_Y(y)\,\mathrm{d}y$$

[*1]　$Y \in B$ という事象に制限すれば $G(Y)$ の期待値は常に X のそれに等しい．

$$= \int_{\mathbb{R}} x \left(\int_B f_{X|Y}(x|y) f_Y(y)\,\mathrm{d}y \right) \mathrm{d}x$$
$$= \int_{\mathbb{R}} \int_B x f_{X,Y}(x,y)\,\mathrm{d}y\mathrm{d}x = \mathbb{E}[X\mathbf{1}_B(Y)]$$

となって (6.9) が示される. □

6.2.3 σ-加法族に関する条件付期待値

次に, 条件付期待値の定義式 (6.9) を次のように書いてみる.

$$\mathbb{E}\left[X\mathbf{1}_{Y^{-1}(B)}\right] = \mathbb{E}\left[G(Y)\mathbf{1}_{Y^{-1}(B)}\right], \quad \forall B \in \mathcal{B}$$

とすると, これは以下と同値である.

$$\mathbb{E}\left[X\mathbf{1}_A\right] = \mathbb{E}\left[G(Y)\mathbf{1}_A\right], \quad \forall A \in \sigma(Y). \tag{6.11}$$

前節と同様に G を解釈すると, Y に関する情報 $\sigma(Y)$ の下では $G(Y)$ は X を期待値の意味で近似していることになる. この意味で, $G(Y)$ を "情報 $\sigma(Y)$ に関する条件付期待値" とも解釈できる. この一般化として, σ-加法族に関する条件付期待値を以下のように定義する

定義 6.2.4. X を可積分な確率変数とする. $\mathcal{F}$ の部分 σ-加法族 $\mathcal{G}$ が与えられたとき, 以下の (i), (ii) を満たす確率変数 G が存在する.

(i) $G : \Omega \to \mathbb{R}$ は $\mathcal{G}$-可測.

(ii) G は可積分で, $\mathbb{E}\left[X\mathbf{1}_A\right] = \mathbb{E}\left[G\mathbf{1}_A\right], \quad A \in \mathcal{G}$.

この G を X **の** $\mathcal{G}$ **に関する条件付期待値** (conditional expectation of X with respect to $\mathcal{G}$) といい, このような G を $\mathbb{E}[X|\mathcal{G}]$ と書く.

注意 6.2.5. 上記定義における G の存在は $\mathbb{E}[X|Y]$ の存在を示したのと同様, ラドン=ニコディムの定理 (定理 A.1.2) からわかる. 実際, $\nu(A) = \mathbb{E}[X\mathbf{1}_A]$ とすると ν は $\mathbb{P}$ に関して絶対連続になるので, $G = \mathrm{d}\nu/\mathrm{d}\mathbb{P}$ である.

定理 6.2.6 (初等的な条件付期待値と情報による条件付期待値の関係). 確率変数 X, Y に対し, X は可積分とする. このとき,

$$\mathbb{E}[X|Y] = \mathbb{E}[X|\sigma(Y)] \quad a.s.$$

が成り立つ.

Proof. $G := \mathbb{E}[X|Y]$, $\widetilde{G} := \mathbb{E}[X|\sigma(Y)]$ とおく. 等式 (6.11) によれば

$$\nu(A) = \mathbb{E}[X\mathbf{1}_A] = \mathbb{E}\left[G\mathbf{1}_A\right], \quad A \in \sigma(Y)$$

であり, また, 定義 6.2.4 によれば

$$\nu(A) = \mathbb{E}[X\mathbf{1}_A] = \mathbb{E}\left[\widetilde{G}\mathbf{1}_A\right], \quad A \in \sigma(Y)$$

であるから, $G, \widetilde{G}$ はいずれもラドン=ニコディム微分 $\mathrm{d}\nu/\mathrm{d}\mathbb{P}$ であるから, その一意性により (定理 A.1.2), $G = \widetilde{G}$ $a.s.$ である. □

以下の性質は重要である.

定理 6.2.7 (条件付期待値の性質)**.** 確率変数 X, Y, および XY は可積分であるとし, $\mathcal{G}$ は $\mathcal{F}$ の部分 σ-加法族とする. このとき, 以下が成り立つ.

(1) $\mathcal{G}_0 = \{\emptyset, \Omega\}$(**自明な σ-加法族**) のとき, $\mathbb{E}[X|\mathcal{G}_0] = \mathbb{E}[X] \quad a.s.$

(2) $a, b \in \mathbb{R}$ に対して, $\mathbb{E}[aX + bY|\mathcal{G}] = a\mathbb{E}[X|\mathcal{G}] + b\mathbb{E}[Y|\mathcal{G}] \quad a.s.$

(3) X と $\mathcal{G}$ が独立なとき, $\mathbb{E}[X|\mathcal{G}] = \mathbb{E}[X] \quad a.s.$

(4) X が $\mathcal{G}$-可測のとき, $\mathbb{E}[XY|\mathcal{G}] = X\mathbb{E}[Y|\mathcal{G}] \quad a.s.$

(5) $\mathcal{G}_1 \subset \mathcal{G}_2$ が $\mathcal{F}$ の部分 σ-加法族のとき, $\mathbb{E}[\mathbb{E}[X|\mathcal{G}_2]\,|\,\mathcal{G}_1] = \mathbb{E}[X|\mathcal{G}_1]$ $a.s.$ 特に, $\mathcal{G}_1 = \mathcal{G}_0$ のときを考えると $\mathbb{E}[\mathbb{E}[X|\mathcal{G}]] = \mathbb{E}[X]$ である.

Proof. (1) $G := \mathbb{E}[X]$ とおくと G は明らかに $\mathcal{G}_0$ 可測である. また, $\emptyset, \Omega \in \mathcal{G}_0$ に対して

$$\mathbb{E}[G\mathbf{1}_\emptyset] = 0 = \mathbb{E}[X\mathbf{1}_\emptyset]; \quad \mathbb{E}[G\mathbf{1}_\Omega] = \mathbb{E}[X] = \mathbb{E}[X\mathbf{1}_\Omega]$$

となるので, G は X の $\mathcal{G}_0$ に関する条件付期待値の定義を満たしている.

(2) (1) の証明と同様に, $G = a\mathbb{E}[X|\mathcal{G}] + b\mathbb{E}[Y|\mathcal{G}]$ が $\mathbb{E}[aX + bY|\mathcal{G}]$ の定義を満たすことを示せばよい.

(3) $G=\mathbb{E}[X]$ とおくと，任意の $A\in\mathcal{G}$ に対して，

$$\mathbb{E}[G\mathbf{1}_A]=\mathbb{E}[X]\mathbb{E}[\mathbf{1}_A]=\mathbb{E}[X\mathbf{1}_A]$$

最後の等式で独立性を使った．G は $\mathcal{G}_0$-可測だったので当然 $\mathcal{G}$-可測である．

(4) $G=X\mathbb{E}[Y|\mathcal{G}]$ とおくとこれは $\mathcal{G}$-可測である．

以下，一般性を失うことなく X,Y は非負値確率変数と仮定する (一般の場合は $X=X^+-X^-$ などと分けて正負別々に示せばよい)．まず X を $\mathcal{G}$-可測な離散型確率変数とすると，一般に

$$X=\sum_{n=1}^{\infty}a_n\mathbf{1}_{A_n}\quad(a_n\geq 0,\ A_n\in\mathcal{G})$$

の形で書けるので，単調収束定理によって $\mathbb{E}$ と $\sum_{n=1}^{\infty}$ の交換ができて，

$$\begin{aligned}\mathbb{E}[G\mathbf{1}_A]&=\mathbb{E}\left[\sum_{n=1}^{\infty}a_n\mathbb{E}[Y|\mathcal{G}]\mathbf{1}_{A_n\cap A}\right]=\sum_{n=1}^{\infty}\mathbb{E}\left[\mathbb{E}[a_nY|\mathcal{G}]\mathbf{1}_{A_n\cap A}\right]\\&=\mathbb{E}\left[Y\sum_{n=1}^{\infty}a_n\mathbf{1}_{A_n\cap A}\right]=\mathbb{E}[XY\mathbf{1}_A]\end{aligned}$$

となって，条件付期待値の定義から $G=\mathbb{E}[XY|\mathcal{G}]$ がわかる．

X が連続型のときは $X_n\uparrow X$ $a.s.$ となる近似単関数列を用いると，X_n は離散型なので上の議論から

$$\mathbb{E}[X_n\mathbb{E}[Y|\mathcal{G}]\mathbf{1}_A]=\mathbb{E}[X_nY\mathbf{1}_A],\quad\forall A\in\mathcal{G}$$

が成り立っていて，この両辺で $n\to\infty$ とすることにより，

$$\mathbb{E}[G\mathbf{1}_A]=\mathbb{E}[X\mathbb{E}[Y|\mathcal{G}]\mathbf{1}_A]=\mathbb{E}[XY\mathbf{1}_A]$$

となって証明が終わる．最後はやはり単調収束定理を使っている．

(5) $G=\mathbb{E}[\mathbb{E}[X|\mathcal{G}_2]\,|\,\mathcal{G}_1]$ とおくと，G は $\mathcal{G}_1$-可測である．次に，任意の $A\in\mathcal{G}_1$ をとると $A\in\mathcal{G}_2$ でもあるので，条件付期待値の定義から

$$\mathbb{E}[G\mathbf{1}_A] = \mathbb{E}\left[\mathbb{E}[\mathbb{E}[X|\mathcal{G}_2]\,|\,\mathcal{G}_1]\mathbf{1}_A\right] = \mathbb{E}\left[\mathbb{E}[X|\mathcal{G}_2]\mathbf{1}_A\right] = \mathbb{E}[X\mathbf{1}_A]$$

となって $G = \mathbb{E}[X|\mathcal{G}_1]$ であることが示される. □

注意 6.2.8. 上記定理において，例えば，確率変数 Z によって $\mathcal{G} = \sigma(Z)$ などと見ることによって，$\mathbb{E}[X|Z]$ のような条件付期待値も同様な性質をもつ．定理の直感的な解釈は以下のとおり．

(1) $\mathcal{G}_0 = \{\emptyset, \Omega\}$ という情報は「Ω のどれかが起こるか，起こらないか」という情報で，$\mathcal{G}_0$ という情報を入手しても何もわからないのと同じこと．つまり，結局普通の期待値しかわからない．

(3) X と無関係な情報 $\mathcal{G}$ があっても X の近似の役には立たず，結局期待値で近似するしかない．

(4) X が $\mathcal{G}$-可測ならば，$X^{-1}(B) \in \mathcal{G}$ より $\sigma(X) \subset \mathcal{G}$．つまり，情報 $\mathcal{G}$ を持っているということは，X の全情報を持っているということであり，$\mathcal{G}$ の下では X がどんな値を取り得るかすべてわかっている (根元事象と X の取り得る値との紐づけができている) ということである．したがって，$\mathcal{G}$ が与えられた下では X の値は**近似する必要がなく**，あたかも確定した定数のように扱える．

(5) 条件付期待値を考えるとき，モザイクを通してテレビ画面を見ているのをイメージするとわかりやすい．$\mathcal{G}_1 \subset \mathcal{G}_2$ ということは $\mathcal{G}_2$ の方がより多くの (詳細な) 情報を持っていることを意味する．粗いモザイクを通して見るのが $\mathbb{E}[\cdot|\mathcal{G}_1]$ で，より細かく見やすくなったのが $\mathbb{E}[\cdot|\mathcal{G}_2]$ である．いくら細かいモザイク $\mathcal{G}_2$ の映像があっても，粗いモザイク $\mathcal{G}_1$ を通して見るとき，その情報は打ち消され，結局 $\mathbb{E}[\cdot|\mathcal{G}_1]$ として見るのと変わらない．この性質が "**タワー・プロパティ**(tower property)" である (注意 3.2.10)．

6.3 条件付期待値に関する収束定理・不等式

σ-加法族に関する条件付期待値に対しても，通常の期待値に関する不等式や極限定理と同様な事柄が成り立つ．証明には，A.4 節の結果を使って条件付期待値を「正則条件付分布」の積分表現に書き換えることで，通常の期待値に関する不等式や極限定理をそのまま適用できる．ここでは細かい証明は割愛し，重要な結果のみを列挙して本章を終えることにする．

命題 6.3.1. 以下，X, X_n, Y は確率変数，$\mathcal{G}$ は $\mathcal{F}$ の部分 σ-加法族とする．

(1) (正値性) $X \geq Y\ a.s.$ ならば $\mathbb{E}[X|\mathcal{G}] \geq \mathbb{E}[Y|\mathcal{G}]\ a.s.$

(2) (絶対値) $|\mathbb{E}[X|\mathcal{G}]| \leq \mathbb{E}[|X|\,|\mathcal{G}]\ a.s.$

(3) (優収束定理) $X_n \to X\ a.s.$ とし，$\underline{n\text{ によらない}}$確率変数 Y で $|X_n| \leq Y\ a.s.$ かつ $\mathbb{E}[Y] < \infty$ となるものが存在すれば，

$$\lim_{n\to\infty} \mathbb{E}[X_n|\mathcal{G}] = \mathbb{E}\left[\lim_{n\to\infty} X_n \middle| \mathcal{G}\right] = \mathbb{E}[X|\mathcal{G}], \quad a.s.$$

(4) (単調収束定理) X_n が下に有界とする：ある定数 c があって $X_n \geq c\ a.s.$ さらに，$X_n \uparrow X\ a.s.$ (単調増加) とする．このとき，

$$\lim_{n\to\infty} \mathbb{E}[X_n|\mathcal{G}] = \mathbb{E}\left[\lim_{n\to\infty} X_n \middle| \mathcal{G}\right] = \mathbb{E}[X|\mathcal{G}], \quad a.s.$$

ここでは，$X = \infty$ であってもよい．

(5) (ファトゥの補題) X_n が下に有界とすると，

$$\mathbb{E}\left[\liminf_{n\to\infty} X_n \middle| \mathcal{G}\right] \leq \liminf_{n\to\infty} \mathbb{E}[X_n|\mathcal{G}], \quad a.s.$$

(6) (期待値の下での微分) $F(z,x) : \mathbb{R} \times \mathbb{R}^d \to \mathbb{R}$ が z で微分可能とする．$|\frac{\partial}{\partial z}F(z,X)| \leq Y\ a.s.$ で $\mathbb{E}[Y] < \infty$ ならば，$\mathbb{E}[F(z,X)|\mathcal{G}]$ は z で微分可能で，

$$\frac{\partial}{\partial z}\mathbb{E}[F(z,X)|\mathcal{G}] = \mathbb{E}\left[\frac{\partial}{\partial z}F(z,X)\middle|\mathcal{G}\right], \quad a.s.$$

定理 6.3.2 (条件付マルコフの不等式)**.** $h : \mathbb{R} \to \mathbb{R}$ を非負値関数，X を $\mathbb{E}[h(X)] < \infty$ なる確率変数，$\mathcal{G}$ は $\mathcal{F}$ の部分 σ-加法族とすると，任意の $\epsilon > 0$ に対して，

$$\mathbb{P}\left(h(X) > \epsilon|\mathcal{G}\right) \leq \frac{1}{\epsilon}\mathbb{E}\left[h(X)|\mathcal{G}\right], \quad a.s.$$

定理 6.3.3 (条件付チェビシェフの不等式)**.**　正値非減少関数 $\varphi : (0,\infty) \to (0,\infty)$ に対して，$\varphi(X)$ は可積分とする．このとき，任意の $\epsilon > 0$ に対して，

$$\mathbb{P}(|X| > \epsilon|\mathcal{G}) \leq \frac{1}{\varphi(\epsilon)}\mathbb{E}[\varphi(|X|)|\mathcal{G}], \quad a.s.$$

定理 6.3.4 (条件付イェンセンの不等式)**.**　$g : \mathbb{R} \to \mathbb{R}$ を凸関数とする．このとき，$\mathbb{E}[X], \mathbb{E}[g(X)] < \infty$ なる確率変数 X と，$\mathcal{F}$ の部分 σ-加法族 $\mathcal{G}$ に対して，

$$g\left(E[X|\mathcal{G}]\right) \leq E\left[g(X)|\mathcal{G}\right], \quad a.s.$$

定理 6.3.5 (条件付ヘルダーの不等式)**.**　$1/p + 1/q = 1$ なる任意の $p, q > 1$ と，$X \in L_p$，$Y \in L_q$ なる確率変数 X, Y，および $\mathcal{F}$ の部分 σ-加法族 $\mathcal{G}$ に対して，

$$\mathbb{E}\left[|XY| \,\middle|\, \mathcal{G}\right] \leq \left(\mathbb{E}\left[|X|^p \,\middle|\, \mathcal{G}\right]\right)^{1/p} \left(\mathbb{E}\left[|Y|^q \,\middle|\, \mathcal{G}\right]\right)^{1/q}, \quad a.s.$$

特に $p = 2$ のときは，条件付コーシー・シュワルツの不等式

$$\mathbb{E}\left[|XY| \,\middle|\, \mathcal{G}\right] \leq \left(\mathbb{E}\left[|X|^2 \,\middle|\, \mathcal{G}\right]\right)^{1/2} \left(\mathbb{E}\left[|Y|^2 \,\middle|\, \mathcal{G}\right]\right)^{1/2}, \quad a.s.$$

定理 6.3.6 (条件付ミンコフスキーの不等式)**.**　確率変数 X, Y が，ある $r \geq 1$ に対して r 次可積分ならば，

$$\left(\mathbb{E}\left[|X+Y|^r \,\middle|\, \mathcal{G}\right]\right)^{1/r} \leq \left(\mathbb{E}\left[|X|^r \,\middle|\, \mathcal{G}\right]\right)^{1/r} + \left(\mathbb{E}\left[|Y|^r \,\middle|\, \mathcal{G}\right]\right)^{1/r}, \quad a.s.$$

第7章 統計的漸近理論に向けて

7

7.1 漸近オーダーの表記法

7.1.1 ランダウの漸近記法：O と o

関数や数列の漸近挙動 (収束や発散) の様子を大雑把に把握したいとき，ごく簡単な関数との比較によって収束や発散のスピードを知ると便利である．例えば，

$$a_n = \frac{n^{1/2} + n^{2/5}\log n}{2n^2}, \quad n \in \mathbb{N} \tag{7.1}$$

は一見複雑だが $a_n \to 0\,(n \to \infty)$ となることは少し考えるとわかるだろう．この収束のスピードを調べるために，やはり 0 に収束するシンプルな数列 $b_n = n^{-1}$ を比較してみると，

$$\frac{a_n}{b_n} = \frac{1}{2\sqrt{n}} + \frac{\log n}{2n^{3/5}} \to 0, \quad n \to \infty$$

となって，同じ 0 に収束する数列であっても a_n の方が "より速く" 0 に収束していることがわかる．これは，漸近的 $(n \to \infty)$ には a_n が n^{-1} より小さいということを意味する．この "小さい" ということを小文字の o を用いて

$$a_n = o\left(n^{-1}\right), \quad n \to \infty \tag{7.2}$$

と書く．いつ a_n が n^{-1} より小さくなるのかを明示するために最後に $n \to \infty$ を明記しておくことは重要である ($n \to 0$ とは大違い！)．

a_n の収束の速さにだけ興味があるならば，(7.1) のような表示のままより，(7.2) の方が一目でわかりやすいだろう．このとき，「**a_n の収束のオーダーは n^{-1} より小さい**」というような言い方をする．一般には以下のように定義する．

定義 7.1.1. 数列 $a_n, b_n\,(n \in \mathbb{N})$ に対して，$a_n/b_n \to 0\,(n \to \infty)$ となるとき，

$$a_n = o(b_n), \quad n \to \infty$$

と書いて，a_n は b_n の**スモール・オーダー** (small order) であるという．

注意 7.1.2. $a_n = o(b_n)$ は「b_n で割ったら 0 に行く」ということなので，当然大きい数列で割って，$a_n = o(n)$ とか $a_n = o(n^{10})$ などと書いても正しいのだが，これでは a_n の収束のオーダーを調べる目的からは離れてしまうので，数学的には正しい式だが，場合によっては意味のない評価になってしまう．実際，$a_n = o(n)\,(n \to \infty)$ と書くと，a_n が収束するのか発散するのかさえ不明である．

a_n の収束が n^{-1} より速いことがわかったので，次にもう少し収束の速い $c_n = n^{-3/2}$ と比べてみよう．このとき，

$$\frac{a_n}{c_n} = \frac{1}{2} + \frac{\log n}{n^{1/10}} \to \frac{1}{2}, \quad n \to \infty.$$

となって 0 でない定数に収束する．これは a_n と c_n に漸近的には定数倍ほどの差しかないことを意味するので，a_n のオーダーとしては $n^{-3/2}$ と“同程度”ということになる．このとき，大文字の O(キャピタル・オー) を用いて，

$$a_n = O(n^{-3/2}), \quad n \to \infty$$

と書く．一般には以下のように定義する．

定義 7.1.3. 数列 $a_n, b_n\,(n \in \mathbb{N})$ に対して，$a_n/b_n\,(n \to \infty)$ が有界となるとき，すなわち，ある定数 $M > 0$ が存在して，

$$-M < \liminf_{n\to\infty} \frac{a_n}{b_n} \le \limsup_{n\to\infty} \frac{a_n}{b_n} < M$$

となるとき，

$$a_n = O(b_n), \quad n \to \infty$$

と書いて，a_n は b_n の**キャピタル・オーダー** (capital order) であるという．

特に，$a_n/b_n \to 1\,(n \to \infty)$ となるときには，

$$a_n \sim b_n, \quad n \to \infty$$

と書いて，a_n と b_n は**漸近同等** (asymptotically equivalent) であるという．

先の例では,

$$a_n \sim \frac{c_n}{2}, \quad n \to \infty$$

となっており，a_n は $c_n/2$ と漸近的に同等である．

注意 7.1.4. 定義より，$a_n = O(b_n)$ では a_n/b_n がかならずしも収束しなくとも，有界な範囲で振動していればよい．また,

$$a_n = o(b_n) \quad \Rightarrow \quad a_n = O(b_n).$$

以上のような $o(b_n)$ や $O(b_n)$ の記号は**ランダウの記号** (Landau's symbol) と呼ばれている．(7.1) という 1 つの数列をとっても，ランダウの記号では無数の表示があり得るが，目的に応じた表示を用いればよい．

注意 7.1.5. 以下の等式はいずれも定義から明らかであろう．

$$\begin{gathered} o(1) + o(1) = o(1); \quad o(1) + O(1) = O(1); \\ O(1)o(1) = o(1); \quad \frac{1}{1 + o(1)} = O(1); \\ o(b_n) = b_n o(1); \quad O(b_n) = b_n O(1); \quad o(O(1)) = o(1). \end{gathered}$$

上の等式は基本的に「**左から右へ読む**」ことを想定している．例えば，$a_n = n$, $b_n = n^{-2} = o(1)$ を考えたとき $a_n b_n = n^{-1} = o(1)$ であるが，$a_n \neq O(1)$ であり，$o(1)$ がいつも $O(1)$ と $o(1)$ の積になっているわけではない．したがって，$O(1)o(1) = o(1)$ をそのまま右から左へ読むことはできない．

7.1.2 確率的ランダウの記号：O_p と o_p

非確率的 (deterministic) な数列の漸近記法と同様に，確率的 (stochastic) な収束についても漸近記法があり，特に，統計学においては多用される記号である．基本的には，前節での収束の意味を「確率収束」に置き換える．

定義 7.1.6. 確率変数列 $\{X_n\}, \{Y_n\}$ に対して，$X_n/Y_n \xrightarrow{p} 0\,(n \to \infty)$ となるとき,

$$X_n = o_p(Y_n), \quad n \to \infty$$

と書いて，X_n は Y_n の**スモール・オーダー**であるという．

次に $O(b_n)$ の確率版であるが，O の定義は「漸近的に有界」であったので，確率版でも同様な定義が必要である．

定義 7.1.7. 確率変数列 $\{X_n\}$ が

$$\lim_{M\to\infty}\sup_{n\in\mathbb{N}}\mathbb{P}(|X_n|>M)=0 \tag{7.3}$$

を満たすとき，$\{X_n\}$ は**確率有界** (bounded in probability)，あるいは (**一様**) **緊密** (**タイト**，uniformly tight) であるといい，

$$X_n=O_p(1),\quad n\to\infty$$

と書く．また，確率変数列 $\{Y_n\}$ に対して $X_n/Y_n=O_p(1)$ となるとき，

$$X_n=O_p(Y_n),\quad n\to\infty,$$

のように書いて，X_n は Y_n の**キャピタル・オーダー**であるという．

特に，$X_n/Y_n\xrightarrow{p}1$ となるときには，

$$X_n\sim Y_n$$

などと書いて，X_n と Y_n は (**確率的に**) **漸近同等**であるという[*1]．

注意 7.1.8. タイトネスの定義 (7.3) は以下と同値である．

$$\lim_{M\to\infty}\limsup_{n\to\infty}\mathbb{P}(|X_n|>M)=0. \tag{7.4}$$

演習 32. (7.3) と (7.4) の同値性を示せ．

注意 7.1.9. 確率変数 X に対する単独の**緊密性** (**タイトネス**, tightness) は

$$\lim_{M\to\infty}\mathbb{P}(|X|>M)=0$$

と定義される．簡単のため X は1次元と思って言い換えると，任意の $\epsilon>0$ に対して，ある $M>0$ が存在して

[*1] $X_n-Y_n=o_p(1)$ となることを "漸近同等" という場合もあり，これは異なる定義である．

$$\mathbb{P}(|X| > M) < \epsilon \quad \Leftrightarrow \quad \mathbb{P}(X \in [-M, M]) > 1 - \epsilon$$

となる．このような性質は "通常の" 確率変数であれば分布関数の性質 (定理 1.3.2, (2)) からいつも成り立つのであるが[*2]，X_n ($n \in \mathbb{N}$) それぞれが緊密であっても，上記の M は n に依存して $\mathbb{P}(X_n \in [-M_n, M_n]) > 1 - \epsilon$ のようになる．一様緊密性は，この M_n が n によらずにとれて，

$$\mathbb{P}(X_n \in [-M, M]) > 1 - \epsilon, \quad \forall n \in \mathbb{N}$$

となることを要求する条件である．つまり，すべての X_n は本質的にある (n によらない) コンパクト集合 $[-M, M]$ に値をとるのだといっている．

上記の考察から，タイトネスとは，密度関数の台 (サポート) のほとんどがコンパクト集合上に "密集している" というイメージであり，分布が収束している場合にタイトネスが成り立ちそうなことが想起されるのではないかと思う．実際，以下が成り立つ．

定理 7.1.10. 確率変数列 $\{X_n\}$ が分布収束すれば確率有界 (タイト) である．

Proof. 任意の $M > 1$ に対して，$f(x) = (1 - (M - |x|)_+)_+$ なる有界連続関数を考えると，

$$0 \le f(x) \le \mathbf{1}_{\{|x| > M-1\}}$$

となることに注意する (**図 7.1**)．$X_n \xrightarrow{d} X$ とすると，分布収束の定義 4.2.5 より

$$\limsup_{n\to\infty} \mathbb{P}(|X_n| > M) \le \lim_{n\to\infty} \mathbb{E}[f(X_n)] = \mathbb{E}[f(X)] \le \mathbb{P}(|X| > M - 1)$$

となるので，両辺で $M \to \infty$ とすれば (7.4) を得る． □

例 7.1.11. $X_n \xrightarrow{p} X$ なる確率変数列 $\{X_n\}$ に対して，上記記号を用いると，

$$X_n = X + o_p(1), \quad n \to \infty$$

[*2] $\mathbb{R} \cup \{\pm\infty\}$ に値をとるような確率変数 X を考えて，$|X| = \infty$ となるような場合が無視できないとき，つまり $F_{|X|}(+\infty) < 1$ となるような特殊な場合を考えると X は緊密でなくなる．このような分布は**不完全分布** (defective distribution) といわれる．本書で考えている分布は定理 1.3.2, (2) のような**完全分布** (proper distribution) である．

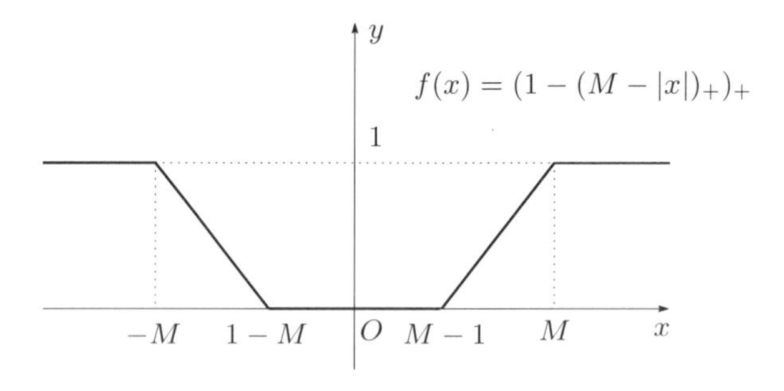

図 7.1　$f(x) = (1 - (M - |x|)_+)_+$ のグラフ.

と書ける．このような書き方であれば，X_n を決める主要な項が X であり，残りは "誤差" のようなもの，という見方ができるであろう．

例 7.1.12.　確率変数列 $\{X_n\}$ がある $p > 0$ に対して $\mathbb{E}[|X_n|^p] = O(1)\,(n \to \infty)$ を満たすとする．この条件の下で $\sup_{n\in\mathbb{N}} \mathbb{E}[|X_n|^p] < \infty$ となることに注意すれば，チェビシェフの不等式 (定理 2.4.2) を用いて，

$$\sup_{n\in\mathbb{N}} \mathbb{P}(|X_n| > M) \leq \frac{\sup_{n\in\mathbb{N}} \mathbb{E}[|X_n|^p]}{M^p} = O\left(M^{-p}\right) \to 0, \quad M \to \infty.$$

したがって，X_n は緊密である．

演習 33.　確率変数列 $\{X_n\}$ が，$n \to \infty$ のとき

$$\mathbb{E}[X_n] = O(1), \quad \mathrm{Var}(X_n) = O(1)$$

を満たすとき，$\{X_n\}$ は緊密となることを示せ．

o_p, O_p についても o, O と同様の等式 (左から右に読む) が成り立つ．

定理 7.1.13.　確率変数列 $\{X_n\}$ に対して，$n \to \infty$ のとき以下が成り立つ．

$$o_p(1) + o_p(1) = o_p(1); \quad o_p(1) + O_p(1) = O_p(1);$$
$$O_p(1)o_p(1) = o_p(1); \quad \frac{1}{1 + o_p(1)} = O_p(1);$$
$$o_p(X_n) = X_n o_p(1); \quad O_p(X_n) = X_n O_p(1); \quad o_p(O_p(1)) = o_p(1).$$

Proof.　これは読者への演習とする．　□

演習 34. 定理 7.1.13 を証明せよ.

通常のランダウの記号との関係は以下のとおりである.

補題 7.1.14. $\mathbb{R}^d$ 上の関数 f は $f(0)=0$ を満たすとし，確率変数列 $\{X_n\}$ は f の定義域に値をとり，$X_n \xrightarrow{p} 0\,(n\to\infty)$ を満たすものとする．このとき，各 $p\geq 0$ に対して以下が成り立つ.

(1) $f(x)=o(|x|^p)\,(x\to 0)$ ならば，$f(X_n)=o_p(|X_n|^p)\,(n\to\infty)$.

(2) $f(x)=O(|x|^p)\,(x\to 0)$ ならば，$f(X_n)=O_p(|X_n|^p)\,(n\to\infty)$.

Proof. $g(x)=f(x)/|x|^p$ とし，$g(0)=0$ と定める．このとき，$f(X_n)=g(X_n)|X_n|^p$ と書けることに注意する．関数 g は $x=0$ で連続であるから，連続写像定理 (定理 4.3.5) によって $g(X_n)\xrightarrow{p} g(0)=0$. これは (1) を示している.

(2) を示そう．仮定より，ある $M,\delta>0$ が存在して，$|x|\leq\delta$ ならば $|g(x)|\leq M$ が成り立つ．したがって，$\mathbb{P}(|g(X_n)|>M)\leq\mathbb{P}(|X_n|>\delta)\to 0\,(n\to\infty)$. すなわち，$g(X_n)$ は確率有界である. □

7.2 概収束に関する種々の結果

本節では，確率変数列の概収束を示すときに有用な**ボレル=カンテリ** (Borel–Cantelli) **の補題**を紹介し，これを用いて証明を残していた大数の強法則 (定理 5.1.3) の証明を試みる．さらに，確率収束や分布収束など，理論的にしばしば扱いづらい収束を，概収束の言葉に言い換えて議論する常套的な方法を紹介する.

7.2.1 ボレル=カンテリの補題

最初に，可算無限個の事象列を扱うときに重要な集合の極限を考えよう.

定義 7.2.1. 事象列 $A_1,A_2,\ldots\in\mathcal{F}$ の**上極限・下極限**をそれぞれ以下で定める.

$$\limsup_{n\to\infty} A_n := \bigcap_{n=1}^{\infty}\bigcup_{k=n}^{\infty} A_k; \qquad \liminf_{n\to\infty} A_n := \bigcup_{n=1}^{\infty}\bigcap_{k=n}^{\infty} A_k.$$

特に，$\limsup_{n\to\infty} A_n = \liminf_{n\to\infty} A_n$ のとき，その極限を $\lim_{n\to\infty} A_n$ と書く．

集合の上・下極限がなぜ上記のような定義になるのであろうか？これには実数列の上極限・下極限の定義を思い出してみればよい．実数列 $\{a_n\}$ に対して，

$$\limsup_{n\to\infty} a_n := \lim_{n\to\infty} \sup_{k\geq n} a_k$$

この上極限の定義は，n より先の上限 $\sup_{k\geq n} a_k$ の極限で，これは単調減少極限である．これを集合の場合に置き換えると，n より先の上限 (より大きな集合) は

$$\bigcup_{k\geq n} A_k$$

これは n に関して単調減少なので，その極限は積集合で定義するのが自然で，

$$\lim_{n\to\infty} \bigcup_{k\geq n} A_k := \bigcap_{n=1}^{\infty} \bigcup_{k=n}^{\infty} A_k$$

という定義が自然に出てくる．この左辺は数列の上極限の定義に似ている．

注意 7.2.2.　事象列の上・下極限の意味は以下のとおり．

- $\omega \in \limsup_{n\to\infty} A_n$ をとると，任意の n に対して，ある $k \geq n$ で $\omega \in A_k$ となる．つまり，$\mathbb{P}\left(\limsup_{n\to\infty} A_n\right)$ は,「A_k という事象が，たびたび，しかし何回でも起こる確率」と解釈できるので，

  $$\mathbb{P}(A_n \text{ i.o.})$$

  などと書かれることもある．i.o. は infinitely often の略である．

- $\omega \in \liminf_{n\to\infty} A_n$ をとると，ある n 以降のすべての k $(\geq n)$ で $\omega \in A_k$ となるので，たびたび起こるどころか，十分先では常に A_k が起こっているという事象を表す．

補題 7.2.3 (ボレル=カンテリの補題 I)**.**　$A_i \in \mathcal{F}$ $(i = 1, 2, \ldots)$ に対して，

$$\sum_{i=1}^{\infty} \mathbb{P}(A_i) < \infty \quad \Rightarrow \quad \mathbb{P}\left(\limsup_{n\to\infty} A_n\right) = 0.$$

Proof. 定理 1.2.17 と確率の劣加法性によって

$$\mathbb{P}\left(\limsup_{n\to\infty} A_n\right) = \mathbb{P}\left(\bigcap_{n=1}^{\infty}\bigcup_{k=n}^{\infty} A_k\right) = \lim_{n\to\infty}\mathbb{P}\left(\bigcup_{k=n}^{\infty} A_k\right)$$
$$\leq \lim_{n\to\infty}\sum_{k=n}^{\infty}\mathbb{P}(A_k) = 0.$$

□

注意 7.2.4. この補題の結論を書き換えると,

$$\mathbb{P}\left(\bigcap_{k=1}^{\infty}\bigcup_{n=k}^{\infty} A_n\right) = 0 \quad\Leftrightarrow\quad \mathbb{P}(A_n \text{ i.o.}) = 0$$

となり, これは, $(A_i)_{i\in\mathbb{N}}$ のうち高々有限個の A_i しか起こらないことを意味する. また, 結論は

$$\mathbb{P}\left(\limsup_{n\to\infty} A_n\right) = 0 \quad\Leftrightarrow\quad \mathbb{P}\left(\liminf_{n\to\infty}(A_n)^c\right) = 1$$

のように書き換えられることにも注意せよ.

例 7.2.5. コインを何度も投げる試行を考える. ただし, 毎回投げるコインは違うものとし, n 回目に投げるコインは表の出る確率が $p_n \in (0,1)$ であるとする. このとき,

$$\sum_{n=1}^{\infty} p_n < \infty \quad\Rightarrow\quad \mathbb{P}(\text{表が出る回数は有限回}) = 1 \tag{7.5}$$

である. 実際, n 回目に表が出れば $X_n = 1$, 裏なら $X_n = 0$ となるような確率変数によって $A_n := \{X_n = 1\} \in \mathcal{F}$ なる事象列を考えると, $X_n \sim Be(p_n)$ に注意して

$$\sum_{n=1}^{\infty}\mathbb{P}(A_n) = \sum_{n=1}^{\infty} p_n < \infty.$$

したがって, ボレル=カンテリの補題 I を使うと $\mathbb{P}\left(\liminf_{n\to\infty} A_n^c\right) = 1$, すなわち,

$$\mathbb{P}\left(\bigcup_{n=1}^{\infty}\bigcap_{k\geq n}\{X_n = 0\}\right) = 1$$

である．これを言い換えると，確率1で，ある $n = N$ が存在して N より先の k に対して $\{X_k = 0\}$(裏が出る)，となり (7.5) が得られる．最後は $\mathbb{P}(A_n \text{ i.o.}) = 0$ と書いて理解してもよい．

例 7.2.6.　確率変数列 $\{X_n\}, X$ が，任意の $\epsilon > 0$ に対して，

$$\sum_{n=1}^{\infty} \mathbb{P}(|X_n - X| > \epsilon) < \infty. \tag{7.6}$$

を満たせば

$$X_n \xrightarrow{a.s.} X, \quad n \to \infty$$

である．このことを示すために，任意の $p \in \mathbb{N}$ に対して，

$$A_n^p := \{|X_n - X| > p^{-1}\}, \quad n \in \mathbb{N}$$

とおくと，(7.6) より $\sum_{n=1}^{\infty} \mathbb{P}(A_n^p) < \infty$ であるから，ボレル=カンテリの補題 I を用いると，任意の $p \in \mathbb{N}$ に対して

$$\mathbb{P}\left(\limsup_{n\to\infty} A_n^p\right) = 0 \quad \Leftrightarrow \quad \mathbb{P}\left(\liminf_{n\to\infty} (A_n^p)^c\right) = 1$$

であるから，

$$\begin{aligned} 1 &= \mathbb{P}\left(\bigcap_{p=1}^{\infty} \left\{\liminf_{n\to\infty} (A_n^p)^c\right\}\right) = \mathbb{P}\left(\bigcap_{p=1}^{\infty} \bigcup_{n=1}^{\infty} \bigcap_{k=n}^{\infty} (A_k^p)^c\right) \\ &= \mathbb{P}\left(\bigcap_{p=1}^{\infty} \bigcup_{n=1}^{\infty} \bigcap_{k=n}^{\infty} \{|X_k - X| \le p^{-1}\}\right). \end{aligned}$$

最後の $\mathbb{P}(\cdot)$ の中身を $\epsilon = p^{-1}$ と書き換えて読み替えると,「任意 $\epsilon > 0$ に対して，ある $n \in \mathbb{N}$ が存在して，$k \ge n$ なるすべての番号 k に対して $|X_k - X| \le \epsilon$ となる確率が1である」となるので，これは $X_n \xrightarrow{a.s.} X$ を意味している．

補題 7.2.7 (ボレル=カンテリの補題 II).　$A_i \in \mathcal{F}$ $(i = 1, 2, \dots)$ が独立ならば，

$$\sum_{i=1}^{\infty} \mathbb{P}(A_i) = \infty \quad \Rightarrow \quad \mathbb{P}\left(\limsup_{n\to\infty} A_n\right) = 1.$$

Proof. $\mathbb{P}\left(\liminf_{n\to\infty} A_n^c\right) = 0$ を示せばよい．定理 1.2.17 を用いて，

$$\mathbb{P}\left(\liminf_{n\to\infty} A_n^c\right) = \mathbb{P}\left(\bigcup_{n=1}^{\infty}\bigcap_{k=n}^{\infty} A_k^c\right) = \lim_{n\to\infty}\lim_{m\to\infty}\mathbb{P}\left(\bigcap_{k=n}^{m} A_k^c\right)$$

$$= \lim_{n\to\infty}\lim_{m\to\infty}\prod_{k=n}^{m}[1-\mathbb{P}(A_k)] \quad (A_k \text{ の独立性})$$

$$\leq \lim_{n\to\infty}\lim_{m\to\infty}\exp\left(-\sum_{k=n}^{m}\mathbb{P}(A_k)\right) = 0.$$

最後は $1 - x \leq e^{-x}$ $(x \geq 0)$ なる不等式を用いた． □

例 7.2.8. サイコロを何回も投げたとき，1 の目は確率 1 で無限回出現する．このことをボレル=カンテリの補題 II を用いて示してみよう．

$A_n = \{n$ 回目に 1 の目が出る$\}$ とすると $A_1, A_2, \ldots$ は独立な事象であり，$\mathbb{P}(A_n) \equiv 1/6$ であるから，

$$\sum_{n=1}^{\infty}\mathbb{P}(A_n) = \infty.$$

したがって，ボレル=カンテリの補題 II によって

$$\mathbb{P}\left(\limsup_{n\to\infty} A_n\right) = \mathbb{P}(A_n \text{ i.o.}) = 1.$$

7.2.2 大数の強法則の証明

定理 5.1.3 で挙げた大数の強法則を証明しよう．この定理の証明はいろいろなバージョンがあるが，もっとも予備知識が少なくて済む Etemadi[13]に従って証明する．ボレル=カンテリの補題が本質的になる．

(再掲) 定理 5.1.3. 確率変数列 $X_1, X_2, \ldots$ は IID とする．このとき，

$$\mathbb{E}[|X_1|] < \infty \quad \Leftrightarrow \quad \overline{X}_n \text{ は概収束する}$$

であり，特に，$\mu := \mathbb{E}[X_1]$ に対して，

$$\overline{X}_n \xrightarrow{a.s.} \mu, \quad n \to \infty,$$

が成り立つ．

Proof. $X_i = X_i^+ - X_i^-$ と分解して考えることにより，以下 $X_i \geq 0$ $a.s.$ と仮定して一般性を失わない.

$\Leftarrow$) $\overline{X}_n$ が概収束するとすると，

$$\frac{|X_n|}{n} = \left| \overline{X}_n - \frac{n-1}{n}\overline{X}_{n-1} \right| \xrightarrow{a.s.} 0$$

となるから，$\mathbb{P}(|X_n| > n \text{ i.o.}) = 0$ であり，ボレル=カンテリの補題 II の対偶によって $\sum_{n=1}^{\infty} \mathbb{P}(|X_n| > n) < \infty$. したがって，例 2.2.23, (2.20) を用いて,

$$\mathbb{E}|X_1| = \int_0^{\infty} \mathbb{P}(|X_1| > x)\,\mathrm{d}x \leq 1 + \sum_{n=1}^{\infty} \mathbb{P}(|X_n| > n) < \infty.$$

これは $\mathbb{E}[X_1] < \infty$ と同値である (注意 2.1.6).

$\Rightarrow$) $\mu = \mathbb{E}[X_1] < \infty$ を仮定する．新しい非負値確率変数列 $\{Y_n\}$ を

$$Y_n := X_n \mathbf{1}_{[0,n]}(X_n)$$

で定め，$S_n = \sum_{i=1}^n X_i$, $T_n = \sum_{i=1}^n Y_i$ とおくと以下の (a), (b) が成り立つ.

(a) ほとんどすべての $\omega \in \Omega$ に対して，ある $N(\omega) \in \mathbb{N}$ が存在して，任意の $n \geq N(\omega)$ に対して $X_n(\omega) = Y_n(\omega)$;

(b) 任意の $\alpha > 1$ と $k_n = [\alpha^n]$(ガウス記号) に対して $T_{k_n}/k_n \xrightarrow{a.s.} \mu$ $(n \to \infty)$.

(a), (b) から直ちに $S_{k_n}/k_n \to \mu \quad a.s.$ が得られるが，任意の $m \in \mathbb{N}$ に対して,

$$0 < \alpha^n - 1 \leq k_n \leq m \leq k_{n+1} \leq \alpha^{n+1}$$

となる $n \in \mathbb{N}$ がとれて，以下の不等式が成り立つ.

$$\begin{aligned}
\frac{\alpha^n - 1}{\alpha^{n+1}} \frac{S_{k_n}}{k_n} &\leq \frac{k_n}{k_{n+1}} \frac{S_{k_n}}{k_n} = \frac{S_{k_n}}{k_{n+1}} \\
&\leq \overline{X}_m \leq \frac{S_{k_{n+1}}}{k_n} = \frac{k_{n+1}}{k_n} \frac{S_{k_{n+1}}}{k_{n+1}} \\
&\leq \frac{\alpha^{n+1}}{\alpha^n - 1} \frac{S_{k_{n+1}}}{k_{n+1}}
\end{aligned}$$

この両辺で $m \to \infty$(したがって $n \to \infty$) とすることによって,

$$\frac{\mu}{\alpha} \le \liminf_{n\to\infty} \overline{X}_n \le \limsup_{n\to\infty} \overline{X}_n \le \alpha\mu, \quad a.s.$$

となり, $\alpha > 1$ は任意だったので, $\alpha \downarrow 1$ とすることによって結論を得る.

$$\overline{X}_n \to \mu \quad a.s., \quad n \to \infty.$$

(a) を証明しよう. 次の確率に注意する.

$$\begin{aligned}
\sum_{n=1}^{\infty} \mathbb{P}(X_n \neq Y_n) = \sum_{n=1}^{\infty} \mathbb{P}(X_n > n) &= \sum_{n=1}^{\infty}\sum_{k=n}^{\infty} \mathbb{P}(k < X_n \le k+1) \\
&= \sum_{k=1}^{\infty} k\mathbb{P}(k < X_n \le k+1) \\
&\le \sum_{k=1}^{\infty} \mathbb{E}\left[X_1 \mathbf{1}_{\{k < X_1 \le k+1\}}\right] = \mathbb{E}[X_1] < \infty.
\end{aligned}$$

したがって, ボレル=カンテリの補題Iにより

$$\mathbb{P}\left(X_n \neq Y_n \text{ i.o.}\right) = 0$$

であり, これは (a) を意味する.

最後に, (b) を示すために, $\mu_n := \mathbb{E}[T_n/k_n]$ として例 7.2.6 の議論を使う. すなわち, 条件 (7.6)

$$\sum_{n=1}^{\infty} \mathbb{P}\left(|T_{k_n}/k_n - \mu_n| > \epsilon\right) < \infty \tag{7.7}$$

が任意の $\epsilon > 0$ に対して成り立つことを示せばよい. チェビシェフの不等式より,

$$\begin{aligned}
\sum_{n=1}^{\infty} \mathbb{P}\left(|T_{k_n}/k_n - \mu_n| > \epsilon\right) &\le \sum_{n=1}^{\infty} \frac{1}{\epsilon^2}\mathbb{E}\left[\left|\frac{1}{k_n}\sum_{i=1}^{k_n}(Y_i - \mu_n)\right|^2\right] \\
&= \frac{1}{\epsilon^2}\sum_{n=1}^{\infty}\frac{1}{k_n^2}\sum_{i=1}^{k_n}\mathrm{Var}(Y_i) \\
&= \frac{1}{\epsilon^2}\sum_{i=1}^{\infty}\mathrm{Var}(Y_i)\sum_{n:k_n \ge i}\frac{1}{k_n^2}.
\end{aligned}$$

このとき，$\displaystyle\sum_{n:k_n\geq i}^{\infty}\frac{1}{k_n^2}\leq\frac{4\alpha^2}{i^2(\alpha^2-1)}$ となることがわかるので，$C_\epsilon:=\frac{4\alpha^2}{\epsilon^2(\alpha^2-1)}$ とおいて，

$$\begin{aligned}\sum_{n=1}^{\infty}\mathbb{P}\left(|T_{k_n}/k_n-\mu_n|>\epsilon\right)&\leq C_\epsilon\sum_{i=1}^{\infty}\frac{1}{i^2}\mathrm{Var}(Y_i)\leq C_\epsilon\sum_{i=1}^{\infty}\frac{1}{i^2}\mathbb{E}\left[X_i^2\mathbf{1}_{[0,i)(X_i)}\right]\\&=C_\epsilon\sum_{i=1}^{\infty}\frac{1}{i^2}\sum_{k=1}^{i}\mathbb{E}\left[X_1^2\mathbf{1}_{[k-1,k)(X_1)}\right]\\&=C_\epsilon\sum_{k=1}^{\infty}\left(\sum_{i=k}^{\infty}\frac{1}{i^2}\right)\mathbb{E}\left[X_1^2\mathbf{1}_{[k-1,k)(X_1)}\right].\end{aligned}$$

ここで，$\sum_{i=k}^{\infty}\frac{1}{i^2}\leq\int_{k-1}^{\infty}x^{-2}\,\mathrm{d}x=\frac{1}{k-1}\leq\frac{2}{k}$ $(k\geq 1)$ に注意して，

$$\begin{aligned}\sum_{n=1}^{\infty}\mathbb{P}\left(|T_{k_n}/k_n-\mu|>\epsilon\right)&\leq 2C_\epsilon\sum_{k=1}^{\infty}\frac{1}{k}\mathbb{E}\left[X_1^2\mathbf{1}_{[k-1,k)(X_1)}\right]\\&\leq 2C_\epsilon\sum_{k=1}^{\infty}\mathbb{E}\left[X_1\mathbf{1}_{[k-1,k)(X_1)}\right]=2C_\epsilon\mu<\infty\end{aligned}$$

したがって，例 7.2.6 の結果により，$T_{k_n}/k_n-\mu_n\to 0$ $a.s.$ であり，また，単調収束定理によって

$$\mu_n=\mathbb{E}[X_n\mathbf{1}_{[0,n]}(X_n)]\to\mathbb{E}[X_1]=\mu\quad a.s.$$

であるから (b) が示され，これで証明が終わった．　□

7.2.3　確率収束を概収束として扱うテクニック

確率収束の定義が使いにくいときには概収束部分列を利用して証明するテクニックがある．概収束は，$\omega\in\Omega$ を固定することで実数列の収束と捉えられるので扱いやすい．キーとなるのは以下の定理である．定理の具体的な使い方については，例えば定理 4.3.5 の証明を参考にされたい．

定理 7.2.9.　確率変数列 $\{X_n\}$ に対して，以下の (i)，(ii) は同値である．

(i)　ある確率変数 X に対して，$X_n\xrightarrow{p}X$.

(ii) 任意の部分列 $\{X_{n'}\} \subset \{X_n\}$ に対して，さらにある部分列 $\{X_{n''}\} \subset \{X_{n'}\}$ が存在して，$X_{n''} \xrightarrow{a.s.} X$.

この定理の証明のために補題を用意する.

補題 7.2.10. 確率変数列 $X, X_1, X_2, \ldots$ に対して，

$$X_n \xrightarrow{p} X \quad \Leftrightarrow \quad \mathbb{E}\left[|X_n - X| \wedge 1\right] \to 0$$

Proof. $X_n \xrightarrow{p} X$ とする．任意の $\epsilon > 0$ に対して，n を十分大きくとれば

$$\mathbb{P}(|X_n - X| > \epsilon/2) \leq \epsilon/2$$

とできる．ここで，$1 = \mathbf{1}_{\{|X_n - X| \leq \epsilon/2\}} + \mathbf{1}_{\{|X_n - X| > \epsilon/2\}}$ の分解に注意して，$\epsilon \in (0, 2)$ ととると，上の不等式を満たすような大きな n に対して，

$$\begin{aligned}\mathbb{E}\left[|X_n - X| \wedge 1\right] &\leq \mathbb{E}\left[\frac{\epsilon}{2}\mathbf{1}_{\{|X_n - X| \leq \epsilon/2\}}\right] + \mathbb{P}(|X_n - X| > \epsilon/2)\\ &\leq \epsilon/2 + \epsilon/2 = \epsilon.\end{aligned}$$

逆に，$\mathbb{E}\left[|X_n - X| \wedge 1\right] \to 0$ とすると，チェビシェフの不等式 (定理 2.4.2) を $\varphi(x) = |x| \wedge 1 \, (x > 0)$ なる正値非減少関数に適用すれば，任意の $\epsilon \in (0, 1)$ に対して，

$$\mathbb{P}(|X_n - X| > \epsilon) \leq \frac{\mathbb{E}\left[|X_n - X| \wedge 1\right]}{\epsilon} \to 0. \qquad \square$$

定理 7.2.9 の証明 (i) $X_n \xrightarrow{p} X$ を仮定し，部分列 $\{X_{n'}\}$ を任意に固定する．このとき，補題 7.2.10 により，

$$\sum_{n''} \mathbb{E}\left[|X_{n''} - X| \wedge 1\right] < \infty$$

となる部分列を選ぶことができる (演習 35)．このとき単調収束定理により，

$$\mathbb{E}\left[\sum_{n''}(|X_{n''} - X| \wedge 1)\right] = \sum_{n''} \mathbb{E}\left[|X_{n''} - X| \wedge 1\right] < \infty.$$

左辺の和が収束するということは $X_{n''} \xrightarrow{a.s.} X$ を意味している (背理法で示せ).

次に，(ii) を仮定して，$X_n \overset{p}{\not\longrightarrow} X$ とする (背理法)．このとき補題 7.2.10 により，ある $\epsilon > 0$ に対してある部分列 $\{X_{n'}\}$ が存在して，任意の n' に対して

$$\mathbb{E}\left[|X_{n'} - X| \wedge 1\right] > \epsilon \tag{7.8}$$

とできる．ところが (ii) の仮定より，この部分列に対してさらなる部分列 $\{X_{n''}\}$ で $|X_{n''} - X| \xrightarrow{a.s.} 0$ なるものが存在するので，有界収束定理によって

$$\mathbb{E}\left[|X_{n''} - X| \wedge 1\right] \to 0$$

となって，これは (7.8) に反する．□

演習 35. 実数列 $\{x_n\}$ が $x_n \to 0$ $(n \to \infty)$ を満たすとき，$\{x_n\}$ の部分列 $\{x_{n'}\}$ で $\sum_{n'} x_n < \infty$ を満たすものがとれることを示せ．

7.2.4　分布収束を概収束として扱うテクニック

分布収束は概収束や確率収束とちがって扱いづらい印象があるだろうが，ここでも概収束に置き換えて考えるテクニックがある．以下の定理は使い勝手がよいので，定理 4.3.5 の証明も参考に使えるようにしておいていただきたい．

定理 7.2.11 (カップリング定理)**.** $\{X_n\}, X$ を $X_n \xrightarrow{d} X$ なる確率変数列とする．このとき，ある 1 つの確率空間上に，確率変数列 $\{\xi_n\}, \xi$ で，それぞれ $X_n \overset{d}{=} \xi_n$，$X \overset{d}{=} \xi$ であって，かつ，$\xi_n \xrightarrow{a.s.} \xi$ となるようなものをとることができる．

Proof. X_n, X の分布関数をそれぞれ F_{X_n}, F_X それらの一般化逆関数[*3]を $F_{X_n}^{-1}, F_X^{-1}$ とする．ある確率空間 $(\Omega, \mathcal{F}, \mathbb{P})$ 上に定義された $U \sim U(0,1)$ を用いて，

$$\xi_n := F_{X_n}^{-1}(U), \quad \xi := F_X^{-1}(U)$$

とすると，これらは同じ確率空間 $(\Omega, \mathcal{F}, \mathbb{P})$ 上の確率変数であり，例 1.3.18 で述べた逆関数法によって $\xi_n \sim F_{X_n}$，$\xi \sim F_X$ である．

今，仮定 $X_n \xrightarrow{d} X$ と定理 4.2.8 により，F の連続点 $x \in \mathbb{R}$ に対して，$F_{X_n}(x) \to F_X(x)$ であるから，後述の補題 7.2.12, (b) によって

[*3] 定義は (1.16) を参照．

$$\xi_n \xrightarrow{a.s.} \xi$$

である. □

上記証明の中で以下の補題を用いた.

補題 7.2.12. F, F_n を分布関数とし, F^{-1}, F_n^{-1} をそれらの一般化逆関数とする. このとき, 以下は同値である.

(a) F の任意の連続点 $x \in \mathbb{R}$ について $F_n(x) \to F(x)$.

(b) F^{-1} の任意の連続点 $\beta \in (0,1)$ に対して $F_n^{-1}(\beta) \to F^{-1}(\beta)$.

Proof. (a)⇒(b) $F(x)$ が分布関数のとき不連続点の集合 D は高々可算である. そこで $Z \sim N(0,1)$ とすると, $\mathbb{P}(Z \in D) = 0$ であり, したがって,

$$F_n(Z) \xrightarrow{a.s.} F(Z).$$

標準正規分布の分布関数を Φ とすると, $\Phi(F^{-1}(\cdot))$ の任意の連続点 $\beta \in (0,1)$ (これは F^{-1} の連続点を含む) に対して

$$\Phi(F_n^{-1}(\beta)) = \mathbb{P}(F_n(Z) < \beta) \to \mathbb{P}(F(Z) < \beta) = \Phi(F^{-1}(\beta))$$

となり, Φ^{-1} の連続性により $F_n^{-1}(\beta) \to F^{-1}(\beta)$ を得る.

(b)⇒(a) $U \sim U(0,1)$ とすると, 上記と同様に

$$F_n^{-1}(U) \xrightarrow{a.s.} F^{-1}(U) \quad \Rightarrow \quad F_n^{-1}(U) \xrightarrow{d} F^{-1}(U)$$

である. ここで, $F_n^{-1}(U) \sim F_n$, かつ $F^{-1}(U) \sim F$ となっていることに注意すると, 分布収束に関する定理 4.2.8 により (a) が得られる. □

7.3 モーメントの収束について

7.3.1 漸近分散と分散の極限の違い？

実数値確率変数列 $\{\widehat{\theta}_n\}$ で, 定数 $\theta \in \mathbb{R}$ に確率収束するもの：

$$\widehat{\theta}_n \xrightarrow{p} \theta, \quad n \to \infty \tag{7.9}$$

を考えよう．統計学でこのような収束列を考えるのは，θ が我々の知りたい未知パラメータで，$\widehat{\theta}_n$ は θ を推測するためにデータから作られた**推定量** (確率変数列) という場合である．このとき，上の確率収束は推定量の (**弱**) **一致性**というのであった (注意 5.1.4)．このような $\widehat{\theta}_n$ を発見することは，未知パラメータ θ に対する統計推測の第1ステップである．

ここで，(7.9) を，先述の確率的ランダウの記号を用いて

$$\widehat{\theta}_n = \theta + o_p(1), \quad n \to \infty$$

と書いてみよう．これが意味するところは，$\widehat{\theta}_n$ は θ に近い値をとるが，確率的な小さな誤差 "$o_p(1)$"があるということであり，$\mathrm{Var}(\widehat{\theta}_n)$ が小さいほど，$\widehat{\theta}_n$ はより真の θ の周りに分布するであろう．ところが $\widehat{\theta}_n$ の分布は通常複雑でわからないことが多いので，当然 $\mathrm{Var}(\widehat{\theta}_n)$ も未知である．そこで，統計学の第2ステップとして，

$$Z_n := \sqrt{n}(\widehat{\theta}_n - \theta)$$

の漸近分布を求めることによって，例 5.2.5 で述べた議論と同様にして，$\widehat{\theta}_n$ の分布の近似を求めることを考えるのである．すなわち，ある確率変数 Z に対して，

$$Z_n \xrightarrow{d} Z, \quad n \to \infty$$

となって漸近分布 F_Z(Z の分布) が理論的に特定できるなら，十分大きな n に対して，

$$\widehat{\theta}_n = \theta + \frac{1}{\sqrt{n}} Z_n \overset{d}{\approx} \theta + \frac{1}{\sqrt{n}} Z$$

として，この右辺の分布によって $\widehat{\theta}_n$ の分布を近似するのである．このとき，

$$\mathrm{Var}(\widehat{\theta}_n) = \frac{\mathrm{Var}(Z_n)}{n} \approx \frac{\mathrm{Var}(Z)}{n}$$

となるが，この $\mathrm{Var}(Z)$ を $\widehat{\theta}_n$ の**漸近分散** (asymptotic variance) という．このような理由から，n が大きいときの $\mathrm{Var}(Z_n)$ の代用として実用的に漸近分散 $\mathrm{Var}(Z)$ を用いることがある．

さて，このような分散の近似を行うということは，だいたい以下のようなこ

とを暗に期待しているであろう.

$$\lim_{n\to\infty} \mathrm{Var}(Z_n) \overset{!}{=} \mathrm{Var}(Z). \tag{7.10}$$

ところが，これは本質的に期待値と極限の交換であるから，当然無条件では成り立たないわけである．例えば，簡単のため $\mathbb{E}[Z_n] = 0$ と仮定してみると，ファトゥの補題 (定理 4.1.6) と定理 7.2.11 によって，

$$\lim_{n\to\infty} \mathrm{Var}(Z_n) = \lim_{n\to\infty} \mathbb{E}[Z_n^2] \geq \mathbb{E}\left[\liminf_{n\to\infty} Z_n^2\right] = \mathrm{Var}(Z)$$

となって，実は一般に，**漸近分散は分散の極限を過小評価する**ということに注意が必要である．ここには等号も入っているが，もちろん以下の演習 36 に示すように，ごく単純な状況下でも不等号が真に成立するような場合がある．

演習 36. $\theta \in \mathbb{R}$ とし，$\{X_n\}$ を $N(\theta, 1)$ に従う IID 確率変数列とする．また，確率変数列 $\{Y_n\}$ は $\{X_n\}$ とは独立に以下の分布に従うとする．

$$P(Y_n = 1) = n^{-2} = 1 - P(Y_n = 0), \quad n = 1, 2, \ldots.$$

(1) 標本平均 $\overline{X}_n$ に対して，$\sqrt{n}(\overline{X}_n - \theta)$ が $N(0,1)$ に従うことを示せ．

(2) $\widehat{\theta}_n = (1 - Y_n)\,\overline{X}_n + \sqrt{n}\,Y_n$ と定めるとき，分散の極限

$$\widetilde{\sigma}^2 := \lim_{n\to\infty} \mathrm{Var}\left(\sqrt{n}(\widehat{\theta}_n - \theta)\right)$$

を求めよ．

(3) σ^2 を $n \to \infty$ のときの $\sqrt{n}(\widehat{\theta}_n - \theta)$ の漸近分散とする．このとき，

$$\widetilde{\sigma}^2 > \sigma^2$$

となることを示せ．

7.3.2 一様可積分性とモーメントの収束

不等式 (7.10) において等号が成り立つためには，極限と期待値の交換が必要で，それはルベーグ収束定理 (定理 4.1.7) や単調収束定理 (定理 4.1.4) のように概収束列に対する十分条件の下で述べられていた．あるいは，概収束や平均収束などの強い仮定があるときには，例えば定理 4.2.13 に挙げたような結果があった．しかし，実は多くの統計学の例において，

$$Z_n = \sqrt{n}(\widehat{\theta}_n - \theta)$$

のような統計量は分布収束することは多いが上記のような強い収束は成り立たない．また，$\{Z_n\}$ が確率 1 で非負値単調増加であるとか，可積分な確率変数 Y で $\sup_{n\in\mathbb{N}}|Z_n| \le Y$ *a.s.* となるようなものが見つかる，というようなことはそうそうないのが現実である．

だからといって悲観することはない．分布収束列のモーメントを考える際には前節のカップリング定理 (定理 7.2.11) を使うことができるし，例 4.1.11 でも述べたように，ルベーグ収束定理の条件はもともと十分条件であって必要条件ではなかった．

実はモーメントの収束を保証する本質的な条件は，次に述べる "一様可積分性" である．

定義 7.3.1.　確率変数列 $\{X_n\}$ が**一様可積分** (uniformly integrable) とは

$$\lim_{M\to\infty}\sup_{n\in\mathbb{N}}\mathbb{E}\left[|X_n|\mathbf{1}_{\{|X_n|>M\}}\right] = 0 \tag{7.11}$$

となることである．

この定義は，初めて見るとわかりにくく少し身構えるかもしれない．形としてはタイトネスの条件 (定義 7.1.7) と少し似ている．実際，期待値の中身を単なる定義関数 $\mathbf{1}_{\{|X_n|>M\}}$ に変えるとこれはタイトネスの定義になるので，そのように覚えておくとよい．

注意 7.3.2.　タイトネスの条件 (7.4) と同様にして，(7.11) は以下と同値である．

$$\lim_{M\to\infty}\limsup_{n\to\infty}\mathbb{E}\left[|X_n|\mathbf{1}_{\{|X_n|>M\}}\right] = 0 \tag{7.12}$$

さて，この定義を「一様可積分」というのは次のような理由である．1 つの確率変数 X の「可積分性」を考えてみよう．任意の $M > 0$ に対して，

$$X \text{ が可積分} \quad \Leftrightarrow \quad \mathbb{E}[|X|] = \mathbb{E}\left[|X|\mathbf{1}_{\{|X|\le M\}}\right] + \mathbb{E}\left[|X|\mathbf{1}_{\{|X|>M\}}\right] < \infty$$

であるが，この右辺の積分が存在するための必要十分条件は

$$\lim_{M\to\infty}\mathbb{E}\left[|X|\mathbf{1}_{\{|X|>M\}}\right] = 0$$

である．なぜならば，必要性は単調収束定理によって

$$\lim_{M\to\infty}\mathbb{E}\left[|X|\mathbf{1}_{\{|X|>M\}}\right]=\mathbb{E}[|X|]-\lim_{M\to\infty}\mathbb{E}\left[|X|\mathbf{1}_{\{|X|\le M\}}\right]$$
$$=\mathbb{E}[|X|]-\mathbb{E}[|X|]=0.$$

十分性は，任意の $\epsilon>0$ に対して十分大きな $M_\epsilon>0$ をとれば，

$$\mathbb{E}[|X|]\le M_\epsilon+\mathbb{E}\left[|X|\mathbf{1}_{\{|X|>M_\epsilon\}}\right]<M_\epsilon+\epsilon<\infty$$

とわかるからである．ここで，X が X_n に変われば M_ϵ は n に依存するようになるが，(7.11) はこの M_ϵ が n によらずに一様にとれるといっているのである．

補題 7.3.3. 確率変数列 $\{X_n\}$ が一様可積分ならば，$\sup_{n\in\mathbb{N}}\mathbb{E}[|X_n|]<\infty$.

Proof. 任意の $\epsilon>0$ に対して，十分大きな $M>0$ をとると，

$$\sup_{n\in\mathbb{N}}\mathbb{E}[|X_n|]\le\sup_{n\in\mathbb{N}}\mathbb{E}\left[|X_n|\mathbf{1}_{|X_n|\le M}\right]+\sup_{n\in\mathbb{N}}\mathbb{E}\left[|X_n|\mathbf{1}_{|X_n|>M}\right]$$
$$<M+\epsilon.$$

□

上の結果から $\sup_{n\in\mathbb{N}}\mathbb{E}[|X_n|]<\infty$ のことを「一様可積分」という方がしっくりきそうではあるが，実はこれは同値ではなく，逆は成り立たないので注意がいる．

例 7.3.4. 確率空間 $(\Omega,\mathcal{F},\mathbb{P})$ を例 4.1.11 と同様に以下で定める．

$$\Omega=(0,1),\quad \mathcal{F}=\mathcal{B}_1\cap(0,1),\quad \mathbb{P}=\mu\ (\text{ルベーグ測度})$$

このとき，確率変数列 $X_n(\omega)=n\mathbf{1}_{(0,1/n)(\omega)}$ を考えると，$\mathbb{E}[|X_n|]=1$ だから $\sup_{n\in\mathbb{N}}\mathbb{E}[|X_n|]<\infty$ ではあるが，

$$\sup_{n\in\mathbb{N}}\mathbb{E}\left[|X_n|\mathbf{1}_{\{|X_n|>M\}}\right]=\sup_{n\in\mathbb{N}}\mathbf{1}_{\{n>M\}}=1$$

となって一様可積分ではない．

演習 37. 一様可積分な $\{X_n\}$ はタイトであることを示せ (例 7.1.12 を見よ).

定理 7.3.5.　確率変数列 $\{X_n\}$ に対して，

(1)　ある $p > 1$ に対して

$$\sup_{n\in\mathbb{N}} \mathbb{E}[|X_n|^p] < \infty \tag{7.13}$$

ならば $\{X_n\}$ は一様可積分である．

(2)　確率変数列 $\{X_n\}$ が分布収束するとする：$X_n \xrightarrow{d} X \ (n \to \infty)$．このとき，以下が成り立つ．

$$\{X_n\} \text{ は一様可積分} \quad \Leftrightarrow \quad \mathbb{E}[|X_n|] \to \mathbb{E}[|X|] < \infty.$$

***Proof*.**　(1)　$p > 1$ のとき，$\mathbf{1}_{\{|X_n|>M\}} \leq \left(\frac{|X_n|}{M}\right)^{p-1} \mathbf{1}_{\{|X_n|>M\}}$ より，

$$\sup_{n\in\mathbb{N}} \mathbb{E}\left[|X_n|\mathbf{1}_{\{|X_n|>M\}}\right] \leq M^{1-p} \sup_{n\in\mathbb{N}} \mathbb{E}[|X_n|^p] \to 0 \quad (M \to \infty)$$

(2)　$\Rightarrow$)　ファトゥの補題と分布収束の定義より，

$$\begin{aligned}\mathbb{E}[|X|] &= \mathbb{E}\left[\liminf_{M\to\infty} |X| \wedge M\right] \leq \liminf_{M\to\infty} \mathbb{E}\left[|X| \wedge M\right] \\ &= \liminf_{M\to\infty} \lim_{n\to\infty} \mathbb{E}\left[|X_n| \wedge M\right] \leq \sup_{n\in\mathbb{N}} \mathbb{E}[|X_n|] < \infty.\end{aligned}$$

最後は補題 7.3.3 を用いた．したがって，分布収束先 X は可積分である．

次に $M > 0$ に対して有界連続関数 $f_M(x) = |x| \wedge M$ をとり，以下の分解を考える．

$$\begin{aligned}|\mathbb{E}[|X_n|] - \mathbb{E}[|X|]| &\leq |\mathbb{E}[|X_n|] - \mathbb{E}[f_M(X_n)]| \\ &\quad + |\mathbb{E}[f_M(X_n)] - \mathbb{E}[f_M(X)]| \\ &\quad + |\mathbb{E}[f_M(X)] - \mathbb{E}[|X|]| \\ &\leq \sup_{n\in\mathbb{N}} \mathbb{E}[|X_n|\mathbf{1}_{|X_n|\geq M}] \\ &\quad + |\mathbb{E}[f_M(X_n)] - \mathbb{E}[f_M(X)]| \\ &\quad + \mathbb{E}[|X|\mathbf{1}_{|X|\geq M}].\end{aligned}$$

最後の辺において，まず $n \to \infty$ とすれば第 2 項が分布収束の定義によって 0 に収束する．次に $M \to \infty$ とすると，第 1 項は一様可積分性により，第 3 項は

X の可積分性により，共に 0 に収束する．

$\Leftarrow$) $\mathbb{E}[|X_n|] \to \mathbb{E}[|X|] < \infty$ を仮定すると，$M > 0$ を任意にとり，

$$\begin{aligned}\limsup_{n\to\infty} \mathbb{E}[|X_n|\mathbf{1}_{\{|X_n|>M\}}] &\leq \limsup_{n\to\infty} \mathbb{E}[|X_n| - |X_n| \wedge (M - |X_n|)_+] \\ &= \mathbb{E}[|X| - |X| \wedge (M - |X|)_+].\end{aligned}$$

$x \wedge (M - x)_+ \uparrow x\,(M \to \infty)$ に注意して，この両辺で $M \to \infty$ とすると最後の右辺はルベーグ収束定理によって 0 に収束する．これは (7.12) を意味しており，これで証明が終わった． □

定理 7.3.6. 確率変数列 $\{X_n\}$ と $p \geq 1$ が与えられたとき，各 $n \in \mathbb{N}$ に対して $\mathbb{E}[|X_n|^p] < \infty$，かつ，$X_n \xrightarrow{p} X\,(n \to \infty)$ とする．このとき，以下は同値である．

(1) $\{|X_n|^p\}$ は一様可積分

(2) $\mathbb{E}[|X_n|^p] \to \mathbb{E}[|X|^p]\,(n \to \infty)$

(3) $X_n \xrightarrow{L^p} X\,(n \to \infty)$

Proof. (1)$\Leftrightarrow$(2) $X_n \xrightarrow{p} X$ と連続写像定理 (定理 4.3.5) により $|X_n|^p \xrightarrow{p} |X|^p$ であり，定理 4.2.10, (3) より $|X_n|^p \xrightarrow{d} |X|^p$ である．したがって，定理 7.3.5 によって (1) と (2) の同値性がわかる．

(2)$\Rightarrow$(3) 背理法で示す．(3) が成り立たないとすると，ある部分列 $\{X_{n'}\} \subset \{X_n\}$ が存在して，$\inf_{n'} \mathbb{E}[|X_{n'} - X|^p] > 0$ となることに注意する．ここで，定理 7.2.9 より，$\{X_{n'}\}$ から概収束部分列：$X_{n''} \xrightarrow{a.s.} X$ がとれて，$\mathbb{E}[|X_{n''}|^p] \to \mathbb{E}[|X|^p]\,(n'' \to \infty)$ である．このとき，定理 4.2.13 によれば $X_{n''} \xrightarrow{L^p} X$ であるが，これは背理法の仮定に矛盾する．

(3)$\Rightarrow$(2) これはミンコフスキーの不等式 (定理 2.4.11) から明らかである． □

最後に，一様可積分性のチェックに実践的に役立つ定理を 1 つ挙げておく．次の定理により，分布関数の裾のオーダーによって一様可積分性が確認できる．

定理 7.3.7. 確率変数列 $\{X_n\}$ は確率有界で，ある定数 $r > 1$ が存在して

$$\sup_{n\in\mathbb{N}} \mathbb{P}(|X_n| > x) = O(x^{-r}), \quad x \to \infty$$

が成り立つとする．このとき，$\{X_n\}$ は一様可積分である．

Proof. 仮定より，ある定数 $C > 0$ と十分大きな $M > 0$ が存在して，

$$\sup_{n\in\mathbb{N}} \mathbb{P}(|X_n| > x) \le \frac{C}{x^r}, \quad x > M$$

とできる．$|X_n|$ は非負値確率変数であるから，定理 2.2.24 で紹介したモーメント公式を用いると，実数 $p \in (1, r)$ に対して

$$\begin{aligned}\sup_{n\in\mathbb{N}} \mathbb{E}[|X_n|^p] &\le p\int_0^\infty x^{p-1} \sup_{n\in\mathbb{N}} \mathbb{P}(|X_n| > x)\,\mathrm{d}x \\ &\le p\int_0^M x^{p-1}\,\mathrm{d}x + p\int_M^\infty x^{p-1}\frac{C}{x^r}\,\mathrm{d}x < \infty\end{aligned}$$

となるので，定理 7.3.5, (1) により $\{X_n\}$ は一様可積分である．□

7.4 分布収束の条件を1セットに (Portmanteau?)

統計学において，統計量の分布収束を示すことは，様々な統計的手法に関わるかなり本質的なことである．分布収束と同値な条件はいろいろと知られており，統計学ではこれらの条件をセットにして Portmanteau Lemma などと呼んでいる．“Portmanteau”[*4] とは “旅行鞄 (スーツケース)” という意味であり，分布収束を調べるにはこれらをセットにして持ち歩くべきだ，という意味があるようだ．実際，分布収束に関する様々な結果を証明する際に “Portmanteau” の中から使いやすい条件を自由に選んで使うことができてお得なセットである．

補題 7.4.1 (Portmanteau の補題)**.** d 次元確率変数列 $\{X_n\}, X$ に対して，X_n, X の分布をそれぞれ F_n, F と書く．このとき，以下の (1)–(7) は同値である：$n \to \infty$ のとき

(1)　$F(x)$ の連続点 $x \in \mathbb{R}^d$ において，$F_n(x) \to F(x)$.

[*4]　「ポートマントゥ」とか「ポルトマントゥ」などと発音することが多い．

(2) $X_n \xrightarrow{d} X$ (定義 4.2.5).

(3) 有界でリプシッツ連続[*5]な任意の関数 f に対して，$\mathbb{E}[f(X_n)] \to \mathbb{E}[f(X)]$.

(4) 任意の非負値連続関数 f に対して，$\liminf_{n\to\infty} \mathbb{E}[f(X_n)] \geq \mathbb{E}[f(X)]$.

(5) 任意の開集合 $G \subset \mathbb{R}^d$ に対して，$\liminf_{n\to\infty} F_n(G) \geq F(G)$.

(6) 任意の閉集合 $K \subset \mathbb{R}^d$ に対して，$\limsup_{n\to\infty} F_n(K) \leq F(K)$.

(7) d 次元ボレル集合 $D \in \mathcal{B}_d$ が F-連続集合[*6]ならば，$F_n(D) \to F(D)$.

Proof. 証明は以下のように進めていく.

$$(1) \Rightarrow [(2) \Leftrightarrow (4)] \Rightarrow (3) \Rightarrow [(5) \Leftrightarrow (6)] \Rightarrow (7) \Rightarrow (1).$$

(1) ⇒ (2)　任意の $\epsilon > 0$ に対して，コンパクトな長方形領域 I を十分大きくとると $\mathbb{P}(X \in I^c) < \epsilon$ とできる (注意 7.1.9). そこで，この I を有限個の互いに素な長方形 I_j $(j = 1, 2, \ldots, m)$ で直和分割する：$I = \cup_{j=1}^m I_j$; $I_j = \prod_{i=1}^d [\alpha_i^{(j)}, \beta_i^{(j)}]$. このとき，有界連続関数 f に対して，各 I_j 上ではその全変動が高々 ϵ となるように m を十分大きく (I_j を小さく) とっておく. また，一般性を失うことなく $|f| \leq 1$ としてよい. さらに，定理 1.3.2 と同様に，d 次元の分布関数に対しても不連続点の数は高々可算であるので，これら各 I_j の端点たち $(\gamma_1^{(j)}, \ldots, \gamma_d^{(j)})$(ただし，$\gamma = \alpha, \beta$) を分布関数 $F(x)$ の連続点にとることができる. このとき，(1) により

$$\mathbb{P}(X_n \in I) \to \mathbb{P}(X \in I), \quad n \to \infty. \tag{7.14}$$

さて，このような I_j $(j = 1, \ldots, m)$ それぞれから 1 点 $x_j \in I_j$ を任意に選び，$f_\epsilon(x) = \sum_{j=1}^m f(x_j)\mathbf{1}_{I_j}(x)$ を作ると，$x \in I$ で $|f(x) - f_\epsilon(x)| < \epsilon$ となるから

$$|\mathbb{E}[f(X)] - \mathbb{E}[f_\epsilon(X)]| \leq \epsilon + \mathbb{P}(X \in I^c) < 2\epsilon. \tag{7.15}$$

同様に，n を十分大きくとれば (7.14) によって

[*5] 関数 f が**リプシッツ連続** (Lipschitz continuous) であるとは，ある定数 $L > 0$ が存在して，任意の x, y に対して $|f(x) - f(y)| \leq L|x - y|$ となること.

[*6] 定理 4.2.8 の脚注参照.

$$|\mathbb{E}[f(X_n)] - \mathbb{E}[f_\epsilon(X_n)]| \leq \epsilon + \sup_{n\in\mathbb{N}} \mathbb{P}(X_n \in I^c) < 2\epsilon. \tag{7.16}$$

さらに，f_ϵ の作り方より，十分大きな n に対して，

$$|\mathbb{E}[f_\epsilon(X_n)] - \mathbb{E}[f_\epsilon(X)]| \leq \sum_{j=1}^{m} |\mathbb{P}(X_n \in I_j) - \mathbb{P}(X \in I_j)||f(x_j)| < \epsilon \tag{7.17}$$

となるので，結局 (7.15)–(7.17) より，十分大きな n に対して

$$|\mathbb{E}[f(X_n)] - \mathbb{E}[f(X)]| < 5\epsilon$$

とできて，これは (2) の定義である．

(2)⇔(4)　まず (2) を仮定する．非負値連続関数 f と $M > 0$ によって $f_M(x) = f(x) \wedge M(\geq 0)$(有界連続) とすると，

$$\liminf_{n\to\infty} \mathbb{E}[f(X_n)] \geq \liminf_{n\to\infty} \mathbb{E}[f_M(X_n)] = \mathbb{E}[f_M(X)] \quad ((2) \text{ の仮定})$$

であり，両辺で $M \to \infty$ とすることにより，単調収束定理で (4) を得る．

次に (4) を仮定する．有界連続な f が $|f| \leq M$ を満たすとすると $M \pm f \geq 0$ は非負値連続関数になるので，これに (4) を使えば (2) が得られる．

(2)⇒(3)　分布収束の定義から明らかである．

(3)⇒(5)　開集合 G に対して，$f_M(x) \uparrow \mathbf{1}_G(x)\,(M \to \infty)$ となるようなリプシッツ関数列 $f_M \geq 0$ をとることができるので，(3) によって

$$\liminf_{n\to\infty} \mathbb{P}(X_n \in G) \geq \liminf_{n\to\infty} \mathbb{E}[f_M(X_n)] = \mathbb{E}[f_M(Y)]$$

この両辺で $M \to \infty$ として，単調収束定理により (5) を得る．

(5)⇔(6)　これはお互いに補集合を取り合えばよく，明らかであろう．

(5)+(6)⇒(7)　$\mathring{D} := D \setminus \partial D$, $\overline{D} := D \cup \partial D$ として，

$$\mathbb{P}(X \in \mathring{D}) \leq \liminf_{n\to\infty} \mathbb{P}(X_n \in \mathring{D}) \leq \limsup_{n\to\infty} \mathbb{P}(X_n \in \overline{D}) \leq \mathbb{P}(X \in \overline{D}).$$

今，$\mathbb{P}(X \in \partial D) = 0$ より上記の左辺と右辺は等しいので，(7) が得られる．

(7)⇒(1)　F の連続点 $x = (x_1, \ldots, x_d)$ に対して，$D = (-\infty, x_1] \times \cdots \times (-\infty, x_d]$ と選べばよい．　□

注意 7.4.2. 補題 7.4.1, (1) において，何故 $x \in \mathbb{R}^d$ が「$F(x)$ の連続点」のような条件が必要なのか証明からはわかりづらいと思われるが，分布収束の条件としてこの点は重要であるので簡単な例でこれを確認しておこう．以下のような分布関数列 $\{F_n\}$ を考える．

$$F_n(x) = \mathbf{1}_{[\frac{1}{n},\infty)}(x), \quad n = 1, 2, \ldots$$

これは $X_n(\omega) \equiv 1/n$ $(\omega \in \Omega)$ なる確率変数列 (定数列) に対する分布関数の列であり，$n \to \infty$ のとき $X_n \xrightarrow{a.s.} 0$ となるから，$X_\infty = 0$ の分布関数を $F(x) = \mathbf{1}_{[0,\infty)}(x)$ と書いたとき，なんとなく

$$\text{“}F_n(x) \to F(x), \quad \forall x \in \mathbb{R}\text{”}$$

という事が成り立ってほしいところであろう．ところが，これは任意の $x \in \mathbb{R}$ では成り立たない．なぜならば，

$$F_n(x) \to H(x) := \mathbf{1}_{(0,\infty)}(x)$$

であり，H は右連続でないから分布関数にはなっていないのである (定理 1.3.2, 注意 1.3.4 を参照)．このように，**分布関数の極限がまた分布関数になるとは限らない**のである．しかし，F の不連続点である $x = 0$ を除けば $F = H$ であり，

$$F_n(x) \to F(x), \quad x \neq 0$$

ならば成り立つことがわかる．「$F(x)$ の連続点において」という条件は，このような微妙な点を排除するものであると認識しておくとよい．

7.5 変換された確率変数列の分布収束：デルタ法

最後に，統計学でよく用いられる漸近テクニックの一つとして，**デルタ法** (delta method) を紹介しておく．

$\Theta \subset \mathbb{R}$ とする．$\theta \in \Theta$ なる実数に対して，以下の意味で漸近正規する[*7]確率

[*7] 「漸近正規性」については 5.2.2 節を見よ．

変数の列 $\{\widehat{\theta}_n\}$ を考える：

$$\sqrt{n}(\widehat{\theta}_n - \theta) \xrightarrow{d} N(0, \nu), \quad n \to \infty. \tag{7.18}$$

ただし，$\nu > 0$ とする．このような設定は，統計学において未知パラメータ θ を $\widehat{\theta}_n$ という推定量で推測するという文脈でよく現れる．このとき $\widehat{\theta}_n$ は $\sqrt{n}$-一致性をもつというのであった (注意 5.2.4).

さて，θ の "推定量" $\widehat{\theta}_n$ が与えられたとき，θ を連続関数 $g \in C(\Theta)$ で変換したパラメータ $g(\theta)$ を推定するのに $g(\widehat{\theta}_n)$ を用いるのは自然だろう．実はこのとき，$g(\widehat{\theta}_n)$ に対しても $\sqrt{n}$-一致性や漸近正規性は保たれる．

定理 7.5.1 (デルタ法)**.**　式 (7.18) を満たす $\widehat{\theta}_n, \theta$ が与えられたとする．また，$g : \Theta \to \mathbb{R}$ は $\theta \in \Theta$ で微分可能とし，θ における微分を $g'(\theta)$ とする．このとき，

$$\sqrt{n}\left(g(\widehat{\theta}_n) - g(\theta)\right) \xrightarrow{d} N(0, |g'(\theta)|^2\nu), \quad n \to \infty,$$

Proof.　関数 R を以下で定める：

$$R(h) := \begin{cases} \dfrac{g(\theta+h) - g(\theta) - g'(\theta)h}{h} & (h \neq 0) \\ 0 & (h = 0) \end{cases}.$$

g は θ で微分可能なので，R は $h = 0$ で連続になることに注意しておく．

今，$h_n := \widehat{\theta}_n - \theta$ とおくと，条件 (7.18) と定理 4.2.12 から $h_n = o_p(1)$ であり，連続写像定理 (定理 4.3.5) によって $R(h_n) = o_p(1)$ である．また，定理 7.1.10 より $\sqrt{n}h_n = O_p(1)$ であるから，

$$\begin{aligned} \sqrt{n}\left(g(\widehat{\theta}_n) - g(\theta)\right) &= \sqrt{n}h_n g'(\theta) + \sqrt{n}h_n R(h_n) \\ &= [N(0,\nu) \cdot g'(\theta) + o_p(1)] + O_p(1)o_p(1) \\ &= N(0, |g'(\theta)|^2\nu) + o_p(1). \end{aligned}$$

最後は定理 7.1.13 の関係式を用いた．　□

注意 7.5.2.　$\widehat{\theta}_n$ の漸近分散 ν は一般には未知パラメータ θ に依存することが多い：$\nu = \nu(\theta)$．このようなとき，統計学では ν を何らかの方法で推定する必要が生じ (例えば $\nu(\widehat{\theta}_n)$ などとする)，このことで推測にさらなる誤差が生ずる．

しかし，変換後の漸近分布 $|g'(\theta)|^2\nu(\theta)$ に着目して，例えば

$$|g'(\theta)|^2\nu(\theta) = c \text{ (定数)} \quad \left(|g(\theta)| = \sqrt{c}\int \frac{\mathrm{d}\theta}{\sqrt{\nu(\theta)}}\right)$$

となるように g を選んでおくと $g(\widehat{\theta}_n)$ の漸近分布は c となり θ に依らなくなる．このような変換 g を $\widehat{\theta}_n$ の**分散安定化変換** (variance stabilization) という．

例 7.5.3. $\lambda > 0$ とし，$X_1, X_2, \ldots$ は $Po(\lambda)$ に従う IID 確率変数列とする．このとき，$\widehat{\lambda}_n = n^{-1}\sum_{i=1}^n X_i$ に対して，$\mathbb{E}[\widehat{\lambda}_n] = \lambda$，$\mathrm{Var}(\widehat{\theta}_n) = \lambda/n$ であるから，中心極限定理を用いれば

$$\sqrt{n}(\widehat{\lambda}_n - \lambda) \xrightarrow{d} N(0, \lambda)$$

となって $\widehat{\lambda}_n$ は λ の漸近正規推定量だが，漸近分散は λ に依存している．そこで，

$$g(\lambda) = \frac{1}{2}\int \frac{\mathrm{d}\lambda}{\sqrt{\lambda}} = \sqrt{\lambda}$$

なる g を用いて $\widehat{\lambda}_n$ を変換すると，デルタ法により

$$\sqrt{n}(\sqrt{\widehat{\lambda}_n} - \sqrt{\lambda}) \xrightarrow{d} N(0, 1/4)$$

となって漸近分散が定数となり分散が安定化される．

A

付録A 落穂ひろい

A.1 関数や測度の絶対連続性

A.1.1 測度の絶対連続性

以下，可測空間 $(\mathcal{X}, \mathcal{F})$ 上に定義された 2 つの (符号付) 有限測度 μ, ν を考える[*1]．ここで，符号付有限測度というときは，2 つの有限測度 $\nu^{\pm}$ を用いて $\nu = \nu^{+} - \nu^{-}$ と書けることをいう．

定義 A.1.1. • 測度 μ が ν に関して**絶対連続** (absolutely continuous) であるとは，

$$\nu(A) = 0 \quad \Rightarrow \quad \mu(A) = 0$$

となることであり，これを $\mu \ll \nu$ のように表す．

- $\mu \ll \nu$ かつ $\mu \gg \nu$ となるとき，μ と ν は**同等** (equivalent) であるといい，$\mu \sim \nu$ と表す．
- ある $N \in \mathcal{F}$ で，$\mu(N) = 0$ なるものが存在して，すべての $A \subset \mathcal{X} \setminus N$ に対して $\nu(A) = 0$ となるものが存在するとき，μ は ν に関して (ν は μ に関して) **特異** (singular) であるという．特に，ν が確率測度のときは，$\nu(N) = 1$ である．

2 つの確率 $\mathbb{P}, \mathbb{Q}$ を考えたとき，$\mathbb{P} \sim \mathbb{Q}$ であれば

$$\mathbb{P}(A) = 1 \quad \Leftrightarrow \quad \mathbb{Q}(A) = 1.$$

これは，$\mathbb{P}$ に関して何らかの事象が $\mathbb{P}$-$a.s.$ で成り立つならば，それは $\mathbb{Q}$ の下で

[*1] 以下，μ, ν はかならずしも有限測度でなくてもよいが，本書ではこれで十分である．有限測度については注意 1.2.10 を参照のこと．

も $\mathbb{Q}$-$a.s.$ で成り立つことを意味しており，例えば $\mathbb{P}$ の世界で概収束するような確率変数列があったとき，$A = \{\omega \in \Omega | X_n(\omega) \to X(\omega)\}$ とおくと，$\mathbb{Q}(A) = 1$ であり確率を変更した $\mathbb{Q}$ の世界でも同じところに概収束することがわかる：

$$X_n \to X \quad \mathbb{P}\text{-}a.s. \quad \Leftrightarrow \quad X_n \to X \quad \mathbb{Q}\text{-}a.s.$$

同様に，

$$X_n \overset{\mathbb{P}}{\to} X \quad \Leftrightarrow \quad X_n \overset{\mathbb{Q}}{\to} X$$

となることも示せる．

定理 A.1.2 (ラドン=ニコディムの定理)**.**　可測空間 $(\mathcal{X}, \mathcal{F})$ 上の (符号付) 有限測度 μ, ν が $\mu \ll \nu$ を満たすとする．このとき，$(\mathcal{X}, \mathcal{F}, \nu)$ 上に可積分関数 f が存在して，

$$\mu(A) = \int_A f(x)\,\nu(\mathrm{d}x)$$

と書ける．このことを記号的に

$$\mathrm{d}\mu = f \cdot \mathrm{d}\nu \quad \text{あるいは} \quad f = \frac{\mathrm{d}\mu}{\mathrm{d}\nu}$$

のように書き，f を μ の ν に関する**ラドン=ニコディム微分** (Radon–Nikodym derivative) という．この f は，別のラドン=ニコディム微分 g が存在すれば $f = g$ ν-$a.e.$，すなわち，

$$\nu(\{x \in \mathcal{X} | f(x) = g(x)\}) = 1$$

となり，この意味で f は一意に決まる．

A.1.2　関数の絶対連続性

定義 A.1.3.　有界関数 $F(x)$ が与えられたとする．この F が有限区間 $[a, b]$ において以下の条件を満たすとする：任意の $\epsilon > 0$ に対して，ある $\delta > 0$ が存在して，$[a, b]$ に含まれてどの 2 つの区間も互いに素な任意の区間列 $(a_i, b_i]$ $(i = 1, 2, \dots)$ に対して，

$$\sum_{i=1}^{\infty}(b_i - a_i) < \delta \quad \Rightarrow \quad \sum_{i=1}^{\infty}|F(b_i) - F(a_i)| < \epsilon. \tag{A.1}$$

このとき，F は $[a, b]$ 上**絶対連続**であるという．

注意 A.1.4.　$[a,b]$ 上の絶対連続関数は明らかに $[a,b]$ 上連続である ($a_1 = a, b_1 = b$ なる 1 つの区間のみ考えればよい)．また，絶対連続関数は有界変動である (伊藤[1]，定理 19.1)．

定義 A.1.3 の意味の絶対連続性と定義 2.2.10 のそれとは実は同値である (伊藤[1]，定理 19.2)．関数 F が定義 A.1.3 の意味で絶対連続のとき，ほとんどすべての $x \in [a,b]$ に対して

$$F'(x) := \lim_{h \to 0} \frac{F(x+h) - F(x)}{h}$$

が成り立ち，この $F'(x)$ は定義 2.2.10 の $f(x)$ に等しい．f を F の微分商と呼んだのはこのことによる．

A.2　無限直積空間と IID 確率変数の無限列

確率空間の列 $(\Omega_k, \mathcal{F}_k, \mathbb{P}_k)$ $(k = 1, 2, \ldots)$ が与えられたとき，$\Omega_1, \Omega_2, \ldots$ の無限直積

$$\Omega = \prod_{k=1}^{\infty} \Omega_k; \qquad \omega = (\omega_1, \omega_2, \ldots) \in \Omega$$

を考える．ただし，$\omega_k \in \Omega_k$ $(k = 1, 2, \ldots)$ である．このとき，$i_1, \ldots, i_n \in \mathbb{N}$ と $B_k \in \mathcal{F}_{i_k}$ $(k = 1, \ldots, n)$ に対して，

$$C_{i_1,\ldots,i_n}(B_1, \ldots, B_n) = \{\omega \in \Omega \,|\, \omega_{i_k} \in B_k,\ k = 1, \ldots, n\}$$

とし，これを**筒集合** (cylinder set) という．筒集合の有限和全体

$$\mathcal{C} = \{\cup_{k=1}^{n} C_k : \text{ 各 } C_k \text{ は筒集合，} n \text{ は自然数}\} \tag{A.2}$$

を作ると $\mathcal{C}$ は有限加法族になる．そこで，$\mathcal{C}$ から生成される σ-加法族 $\mathcal{F} = \sigma(\mathcal{C})$ によって $(\Omega, \mathcal{F})$ は可測空間となる．

有限加法族 $\mathcal{C}$ の上に写像 $\mathbb{P}^* : \mathcal{C} \to [0,1]$ を

$$\mathbb{P}^*(C_{i_1,\ldots,i_n}(B_1, \ldots, B_n)) = \prod_{k=1}^{n} \mathbb{P}_{i_k}(B_k) \tag{A.3}$$

と定めると，これは $\mathcal{C}$ 上の有限加法的確率になるが，ホップの拡張定理 (定理 1.2.12) によって $\mathbb{P}^*$ は $\mathcal{F}$ 上に一意拡張され，これを $\mathbb{P}$ と書くと無限直積による確率空間 $(\Omega, \mathcal{F}, \mathbb{P})$ を得る．

定理 A.2.1 (独立な確率変数列の存在)**.**　$F_1, F_2, \dots$ を $(\mathbb{R}^d, \mathcal{B}_d)$ 上の分布列とする．このとき，ある確率空間 $(\Omega, \mathcal{F}, \mathbb{P})$ 上に可算無限個の確率変数列 $X_1, X_2, \dots$ を作って，これらは独立で，各 X_n の分布が F_n となるようにできる．

Proof.　各 $n = 1, 2, \dots$ に対し，$(\Omega_n, \mathcal{F}_n, \mathbb{P}_n) = (\mathbb{R}^d, \mathcal{B}_d, F_n)$ とおく．これによって，上に述べたように，直積空間 $\Omega = \prod_{n=1}^{\infty} \Omega_n$ の上に，$\mathcal{F} = \sigma(\mathcal{C})$，$\mathbb{P}^*$ を定義し，$\mathcal{F}$ 上に $\mathbb{P}^*$ を拡張して $\mathbb{P}$ を得る．ただし，$\mathcal{C}$ は (A.2) であり，$\mathbb{P}^*$ は (A.3) のように作るものとする．このように作ると，

$$\mathbb{P}(C_{i_1,\dots,i_n}(B_1, \dots, B_n)) = \prod_{k=1}^{n} F_{i_k}(B_k), \quad \mathcal{B}_k \in \mathcal{B}_d$$

となることに注意する．

さて，$\omega = (\omega_1, \omega_2, \dots) \in \Omega$ に対して，写像 $X_n : \Omega \to \mathbb{R}^d$ を

$$X_n(\omega) = \omega_n, \quad n = 1, 2, \dots$$

と定めると[*2]，これは明らかに $\mathcal{F}$-可測なので確率変数であり，

$$\mathbb{P}(X_n \in A) = \mathbb{P}(C_n(A)) = F_n(A), \quad A \subset \mathcal{B}_d$$

となって，X_n の分布は F_n になる．同様にして，$A_1, \dots, A_n \in \mathcal{B}_d$ に対し，

$$\begin{aligned}\mathbb{P}(X_{i_1} \in A_1, \dots, X_{i_n} \in A_n) &= \mathbb{P}(C_{i_1,\dots,i_n}(A_1, \dots, A_n)) \\ &= \prod_{k=1}^{n} \mathbb{P}(X_{i_k} \in A_k)\end{aligned}$$

となって $\{X_n\}_{n \in \mathbb{N}}$ は独立である．　□

[*2] 定理 1.3.3, (b) の証明でやった方法と同じである．

A.3 従属に見えて実は独立な標本平均と標本分散

注意 3.1.9 において，$\mathbb{E}[XY] = \mathbb{E}[X]\mathbb{E}[Y]$ を満たすが独立ではない例として，

$$X \sim f_X(x) = \frac{3}{4}\sqrt{|x|}\mathbf{1}_{[-1,1]}(x), \quad Y = \frac{Z}{X}\mathbf{1}_{\{X \neq 0\}},$$

ただし，X, Z は独立で $\mathbb{E}[Z] = 0$，のような例を挙げた．この X, Y は $X = 0$ のとき $Y = 0$ が確定するために独立でないことは明らかであるが，一見従属(依存関係がありそう) に見えて実は独立になっている場合もあるので注意が必要である．このことについて，統計学で非常に重要な例がある．

$X_1, \ldots, X_n$ を標準正規分布 $N(\mu, \sigma^2)$ からの IID 標本とし，例 5.1.5 で挙げた標本平均 $\widehat{\mu}$ と標本分散 $\widehat{\sigma}^2$ を考えよう．

$$\widehat{\mu} = \frac{1}{n}\sum_{i=1}^{n} X_i, \quad \widehat{\sigma}^2 = \frac{1}{n}\sum_{i=1}^{n}(X_i - \widehat{\mu})^2.$$

この 2 つの統計量 $\widehat{\mu}$ と $\widehat{\sigma}^2$ はどちらも同じデータから作られ $\widehat{\sigma}^2$ の中に $\widehat{\mu}$ が明示的に入っていて依存関係がありそうで，一見独立ではないように見える．ところが，実は**これらは独立である！**

今，データの正規化 $Y_i = (X_i - \mu)/\sigma$ を考え，$Y = (Y_1, \ldots, Y_n)^\top$ とすると，$Y \sim N_n(0, I)$ となることに注意する．このとき，Y の確率密度は

$$f_Y(y) = \frac{1}{(2\pi)^{-n/2}} \exp\left(\frac{1}{2}y^\top y\right), \quad y = (y_1, \ldots, y_n)^\top$$

である．ここで，$n \times n$ の直交行列 P で，その第 1 行の成分がすべて $1/\sqrt{n}$ となるようなものを考える．このような直交行列は確かに存在して，例えば以下のようにとればよい．

$$P = \begin{pmatrix} \frac{1}{\sqrt{n}} & \frac{1}{\sqrt{n}} & \frac{1}{\sqrt{n}} & \cdots & \cdots & \frac{1}{\sqrt{n}} \\ \frac{1}{\sqrt{2}} & -\frac{1}{\sqrt{2}} & 0 & \cdots & \cdots & 0 \\ \frac{1}{\sqrt{2\cdot 3}} & \frac{1}{\sqrt{2\cdot 3}} & -\frac{2}{\sqrt{2\cdot 3}} & 0 & \cdots & 0 \\ \vdots & \vdots & \vdots & \cdots & \cdots & \vdots \\ \frac{1}{\sqrt{(n-1)n}} & \frac{1}{\sqrt{(n-1)n}} & \cdots & \cdots & \cdots & -\frac{n-1}{\sqrt{(n-1)n}} \end{pmatrix}$$

これが $PP^\top = I$ を満たすことは容易に確認できる．これによって $Z = PY = (Z_1, \dots, Z_n)^\top$ なるデータの直交変換を考えると，定理 3.3.2 により Z の密度関数 f_Z は

$$f_Z(z) = f(P^\top z)|\det P^\top| = \frac{1}{(2\pi)^{-n/2}} \exp\left(\frac{1}{2} z^\top z\right)$$

となるので，$Z_1, \dots, Z_n$ は IID でそれぞれ $N(0,1)$ に従うことがわかる．

上記のように $Z \sim N_n(0, I)$ になるだけなら，P としてどんな直交行列をとってもよいのだが，今は P の第 1 行目はすべて $1/\sqrt{n}$ であるので，

$$Z_1 = \frac{1}{\sqrt{n}} \sum_{i=1}^n Y_i = \frac{\sqrt{n}(\widehat{\mu} - \mu)}{\sigma} \sim N(0,1)$$

となる[*3]．さて，$Z = PY$ の形から，

$$\begin{aligned} Z_1^2 + \cdots + Z_n^2 &= Z^\top Z = Y^\top (P^\top P) Y = Y^\top Y \\ &= Y_1^2 + \cdots + Y_n^2 = \sum_{i=1}^n \frac{(X_i - \mu)^2}{\sigma^2} \\ &= \frac{n(\widehat{\mu} - \mu)^2}{\sigma^2} + \sum_{i=1}^n \frac{(X_i - \widehat{\mu})^2}{\sigma^2} = Z_1^2 + \frac{n\widehat{\sigma}^2}{\sigma^2}. \end{aligned}$$

以上より，

$$\widehat{\mu} = \mu + \frac{\sigma}{\sqrt{n}} Z_1, \quad \widehat{\sigma}^2 = \frac{\sigma^2}{n}(Z_2^2 + \cdots + Z_n^2)$$

のように書けるので，$\widehat{\mu}$ と $\widehat{\sigma}^2$ の独立性がわかる．

さて，これらの表現の副産物として $\widehat{\mu}$ と $\widehat{\sigma}^2$ の分布に関する情報も明らかになっている．すなわち，$Z_i \sim N(0,1)$ が IID であることと，定義 3.1.20, (3.2) に注意すると，

$$\widehat{\mu} \sim N\left(\mu, \frac{\sigma^2}{n}\right), \qquad n\frac{\widehat{\sigma}^2}{\sigma^2} \sim \chi^2(n-1) \tag{A.4}$$

であることがわかる．このことは統計学で極めて重要な事実である．

---

*3　P の作り方ではこの Z_1 の形を導くのが重要なのであって，P の 2 行目以降の形は 1 行目と直交するように作っていけば実はなんでもよい．

A.4 正則条件付分布

3.2.2 節, (3.6) や 3.2.3 節, (3.9) などでは条件付分布 $\mathbb{P}(X \in \cdot|Y)$ を定義した．そこで，σ-加法族 $\mathcal{G}$ **に関する** X **の条件付分布** $m_{\mathcal{G}}$ を

$$m_{\mathcal{G}}(\omega, B) := \mathbb{E}[\mathbf{1}_B(X)|\mathcal{G}](\omega) = \mathbb{P}(X \in B|\mathcal{G}), \quad \omega \in \Omega,\ B \in \mathcal{B}_d \tag{A.5}$$

のように定めれば，これは (3.6) や (3.9) の拡張である．ところが，これらの定義が意味するところは $m_{\mathcal{G}}$ が "ほとんど確実に" 確率測度になること：

$$m_{\mathcal{G}}(\cdot, \mathbb{R}^d) = 1 \quad a.s.$$

であり，ある $\mathbb{P}$-零集合に含まれるような $\omega \in \Omega$ に対しては $m_{\mathcal{G}}(\omega, \cdot)$ が確率測度になるかどうかについては何もいっていない．

定義 A.4.1. $(\Omega, \mathcal{F}, \mathbb{P})$ を確率空間とし，X をその上の d 次元確率ベクトル，$\mathcal{G}$ を $\mathcal{F}$ の部分 σ-加法族とする．ランダムな測度の族 $\{\mu_{\mathcal{G}}(\omega, B)\}_{\omega \in \Omega, B \in \mathcal{B}_d}$ が以下の (1)–(3) を満たすとき，$\mu_{\mathcal{G}}$ は $\mathcal{G}$ **に関する** X **の正則条件付分布** (regular conditional distribution) という．

(1) 任意の $B \in \mathcal{B}_d$ に対して $\mu_{\mathcal{G}}(\cdot, B)$ は $\mathcal{G}$-可測な確率変数である．

(2) すべての $\omega \in \Omega$ に対して $\mu_{\mathcal{G}}(\omega, \cdot)$ は $\mathcal{B}_d$ 上の確率測度である．

(3) $\mu_{\mathcal{G}}(\cdot, B) = \mathbb{P}(X \in B|\mathcal{G}) \quad a.s.$

すなわち，"正則" 条件付分布とは $m_{\mathcal{G}}$ のあるバージョンで，常に確率測度になるようなものとして定義される．

定義 A.4.2. $\mathcal{G}$ に関する X の正則条件付分布が**一意**であるとは，$\{\mu_{\mathcal{G}}\}$ と $\{\mu'_{\mathcal{G}}\}$ が定義 A.4.1 の条件を満たすランダム測度の族のとき，ある $\mathbb{P}$-零集合 $N \in \mathcal{G}$ が存在して，

$$\omega \in N^c \quad \Rightarrow \quad \mu_{\mathcal{G}}(\omega, B) = \mu'_{\mathcal{G}}(\omega, B), \quad \forall\, B \in \mathcal{B}_d$$

となることである．

定理 A.4.3. 確率ベクトル X と $\mathcal{F}$ の部分 σ-加法族 $\mathcal{G}$ が与えられたとき，$\mathcal{G}$ に関する X の正則条件付分布は存在して一意である．さらに，ボレル可測な関数 f に対して以下が成り立つ．

$$\mathbb{E}[f(X)|\mathcal{G}] = \int_{\mathbb{R}} f(x)\,\mu_{\mathcal{G}}(\cdot, \mathrm{d}x) \quad a.s.$$

Proof. Kallenberg[14], Theorem 6.3–6.4 を参照. □

$\mu_{\mathcal{G}}$ はすべての $\omega \in \Omega$ について，いかなるときも確率測度になっているのだから，上記右辺の積分 $\int_{\mathbb{R}} f(x)\,\mu_{\mathcal{G}}(\cdot, \mathrm{d}x)$ を以下のように期待値のような記号で書いてみよう．

$$E_{\mathcal{G}}[f(X)] := \int_{\mathbb{R}} f(x)\,\mu_{\mathcal{G}}(\cdot, \mathrm{d}x).$$

このとき，左辺 $E_{\mathcal{G}}[f(X)]$ は $\omega \in \Omega$ を止めるごとに，ある種 $f(X)$ の期待値を考えていることになる．この表現を用いると，期待値で成り立つような極限定理や不等式が，条件付期待値に対しても同様に成り立ちそうなことが理解されるだろう (6.3 節).

B

付録B 演習の解答

演習 1 (1) 任意の $A \in \bigcap_{\lambda\in\Lambda} \mathcal{A}_\lambda$ をとれば, すべての $\lambda \in \Lambda$ について $A \in \mathcal{A}_\lambda$. 特に, 各 $\mathcal{A}_\lambda$ が σ-加法族であることから $A^c \in \mathcal{A}_\lambda$ であり, $A^c \in \bigcap_{\lambda\in\Lambda} \mathcal{A}_\lambda$ が従う. また, $\{A_i\}_{i\in\mathbb{N}} \subset \bigcap_{\lambda\in\Lambda} \mathcal{A}_\lambda$ をとれば, すべての $\lambda \in \Lambda$, $i \in \mathbb{N}$ について $A_i \in \mathcal{A}_\lambda$. 特に各 $\mathcal{A}_\lambda$ が σ-加法族であることから $\bigcup_{i=1}^\infty A_i \in \mathcal{A}_\lambda$ であり, $\bigcup_{i=1}^\infty A_i \in \bigcap_{\lambda\in\Lambda} \mathcal{A}_\lambda$ が従う.

(2) 例えば, $\Omega = \{1,2,3,4\}, \mathcal{A}_\alpha = \{\{1\},\{2,3,4\},\Omega,\phi\}, \mathcal{A}_\beta = \{\{1,4\}, \{2,3\}, \Omega,\phi\}$ としてみよ.

演習 2 任意の $(a,b] \in \mathcal{A}$ をとると, $(a,b] = \bigcup_{n=1}^\infty [a+n^{-1},b] \in \sigma(\mathcal{A}_1) = \mathcal{B}^{(1)}$ より $\mathcal{A} \subset \mathcal{B}^{(1)}$. よって $\mathcal{B}^{(1)}$ は $\mathcal{A}$ を含む σ-加法族であるが, $\sigma(\mathcal{A})$ の最小性により, $\sigma(\mathcal{A}) = \mathcal{B} \subset \mathcal{B}^{(1)}$. 以下同様に,

$$\forall [a,b] \in \mathcal{A}_1,\ [a,b] = \bigcap_{n=1}^\infty (a-n^{-1},b] \in \sigma(\mathcal{A}) = \mathcal{B} \ \Rightarrow\ \mathcal{B}^{(1)} \subset \mathcal{B}.$$

$$\forall (a,b] \in \mathcal{A},\ (a,b] = \bigcap_{n=1}^\infty (a,b+n^{-1}) \in \sigma(\mathcal{A}_2) = \mathcal{B}^{(2)} \ \Rightarrow\ \mathcal{B} \subset \mathcal{B}^{(2)}.$$

$$\forall (a,b) \in \mathcal{A}_2,\ (a,b) = \bigcup_{n=1}^\infty (a,b-n^{-1}] \in \sigma(\mathcal{A}) = \mathcal{B} \ \Rightarrow\ \mathcal{B}^{(2)} \subset \mathcal{B}.$$

$$\forall [a,\infty) \in \mathcal{A}_3,\ [a,\infty) = \bigcup_{n=1}^\infty [a,b+n] \in \sigma(\mathcal{A}_1) = \mathcal{B}^{(1)} \ \Rightarrow\ \mathcal{B}^{(3)} \subset \mathcal{B}^{(1)}$$

$$\forall [a,b] \in \mathcal{A}_1,\ [a,b] = [a,\infty) \cap \left(\bigcup_{n=1}^\infty [b+n^{-1},\infty)\right)^c \in \sigma(\mathcal{A}_3) = \mathcal{B}^{(3)} \ \Rightarrow\ \mathcal{B}^{(1)} \subset \mathcal{B}^{(3)}.$$

以上より, $\mathcal{B} = \mathcal{B}^{(1)} = \mathcal{B}^{(2)} = \mathcal{B}^{(3)}$.

演習 3 X が確率変数であるとき, 任意の $\alpha \in \mathbb{R}$ に対して $B_\alpha := (-\infty,\alpha]$ とおくと, $B_\alpha \in \mathcal{B}$. すると確率変数の定義から

$$\{X \leq \alpha\} = \{X \in B_\alpha\} \in \mathcal{F}.$$

逆に (1.4) が成り立つとき, $\mathcal{B}_0 := \{A \in \mathcal{B} | X^{-1}(A) \in \mathcal{F}\}$ とおくと, 仮定より任意

の $\alpha \in \mathbb{R}$ に対して $(-\infty, \alpha] \in \mathcal{B}_0$. 特に $\mathcal{B}_0$ は σ-加法族であるから $\sigma(\{(-\infty, \alpha] | \alpha \in \mathbb{R}\}) \subset \mathcal{B}_0$. 演習 2 の結果からこの式の左辺は $\mathcal{B}$ に等しく, 任意の $A \in \mathcal{B}$ に対して $\{X \in A\} \in \mathcal{F}$ となることが導かれる.

演習 4　(1)　$I_1 \cap I_2 = \emptyset$ となるよう $I_1, I_2 \in \mathcal{A}$ をとると,

$$\mathbb{P}^*(I_1 \cup I_2) = \int_{I_1 \cup I_2} f(x)\,\mathrm{d}x = \int_{I_1} f(x)\,\mathrm{d}x + \int_{I_2} f(x)\,\mathrm{d}x = \mathbb{P}^*(I_1) + \mathbb{P}^*(I_2).$$

したがって, $\mathbb{P}^*$ は $\mathcal{A}$ 上有限加法的.

(2)　互いに素な区間列 $\{I_n\}_{n=1,2,\ldots}$ に対して $I = \bigcup_{n=1}^{\infty} I_n \in \mathcal{A}$ とすると, 積分の性質より

$$\sum_{n=1}^{\infty} \mathbb{P}^*(I_n) = \sum_{n=1}^{\infty} \int_{I_n} f(x)\,\mathrm{d}x = \int_I f(x)\,\mathrm{d}x = \mathbb{P}^*\left(\bigcup_{n=1}^{\infty} I_n\right)$$

となって $\mathbb{P}^*$ は $\mathcal{A}$ 上 σ-加法的. あとはホップの拡張定理を用いよ.

演習 5　(1)　$\mathbb{P}(\cdot|B)$ が $\mathcal{F}$ 上有限加法的であることは明らか. 互いに素な集合列 $\{A_i\}_{i \in \mathbb{N}} \subset \mathcal{F}$ をとると,

$$\mathbb{P}\left(\bigcup_{i=1}^{\infty} A_i \middle| B\right) = \frac{\mathbb{P}(\bigcup_{i=1}^{\infty}(A_i \cap B))}{\mathbb{P}(B)} = \frac{\sum_{i=1}^{\infty} \mathbb{P}(A_i \cap B)}{\mathbb{P}(B)} = \sum_{i=1}^{\infty} \mathbb{P}(A_i|B).$$

(2)　$\mathbb{P}(A \cap B) = \mathbb{P}(B) \cdot \dfrac{\mathbb{P}(A \cap B)}{\mathbb{P}(B)} = \mathbb{P}(B)\mathbb{P}(A|B)$.

(3)　$\mathbb{P}(A|B) = \mathbb{P}(A) \Rightarrow \dfrac{\mathbb{P}(A \cap B)}{\mathbb{P}(B)} = \mathbb{P}(A) \Rightarrow \dfrac{\mathbb{P}(A \cap B)}{\mathbb{P}(A)} = \mathbb{P}(B|A) = \mathbb{P}(B)$.

(4)　$\mathbb{P}(A|B) + \mathbb{P}(A^c|B) = \dfrac{\mathbb{P}(A \cap B)}{\mathbb{P}(B)} + \dfrac{\mathbb{P}(A^c \cap B)}{\mathbb{P}(B)} = \dfrac{\mathbb{P}(\Omega \cap B)}{\mathbb{P}(B)} = 1$.

演習 6　まず, $\mathbb{P}(A_j|B) = \dfrac{\mathbb{P}(A_j \cap B)}{\mathbb{P}(B)} = \dfrac{\mathbb{P}(A_j)\mathbb{P}(B|A_j)}{\mathbb{P}(B)}$ に注意せよ. 分母については $B = \left(\bigcup_{i=1}^{n} A_i\right) \cap B = \bigcup_{i=1}^{n}(A_i \cap B)$ より, $\mathbb{P}(B) = \sum_{i=1}^{n} \mathbb{P}(A_i \cap B) = \sum_{i=1}^{n} \mathbb{P}(A_i)\mathbb{P}(B|A_i)$ となって結論を得る.

演習 7　$\mu(\mathbb{R}^d) = \mathbb{P}(X \in \mathbb{R}^d) = 1$. 互いに素な集合列 $\{A_i\}_{i \in \mathbb{N}} \subset \mathcal{B}_d$ をとれば,

$$\left\{\omega \in \Omega \middle| X(\omega) \in \bigcup_{i=1}^{\infty} A_i\right\} = \bigcup_{i=1}^{\infty}\{\omega \in \Omega | X(\omega) \in A_i\}$$

が成り立つ．特に各 $\{X \in A_i\}$, $i \in \mathbb{N}$ が互いに素であることに注意すると，

$$\mu\left(\bigcup_{i=1}^{\infty} A_i\right) = \mathbb{P}\left(\bigcup_{i=1}^{\infty}\{X \in A_i\}\right) = \sum_{i=1}^{\infty}\mu(A_i).$$

演習 8

$$\begin{aligned} F(x) - F(x-) &= \lim_{n\to\infty}\mu((-\infty, x+n^{-1}]) - \lim_{n\to\infty}\mu((-\infty, x-n^{-1}]) \\ &= \lim_{n\to\infty}\mu((x-n^{-1}, x+n^{-1}]) = \mu\left(\bigcap_{n=1}^{\infty}(x-n^{-1}, x+n^{-1}]\right) \\ &= \mu(\{x\}). \end{aligned}$$

演習 9　$\mathbb{E}[X(X-1)] = \sum_{k=0}^{n} k(k-1)\dfrac{n!}{k!(n-k)!}p^k q^{n-k} = n(n-1)p^2$ と $\mathbb{E}[X] = np$ から

$$\mathbb{E}[X^2] = \mathbb{E}[X(X-1)] + \mathbb{E}[X] = n(n-1)p^2 + np = np(1-p) + n^2p^2.$$

演習 10　図 2.1 を参照.

演習 11　(1)　定義より明らか.

(2)　X, Y を非負確率変数として示せば十分である．X_n, Y_n をそれぞれ X, Y の近似単関数列とすると，$X_n + Y_n$ は $X + Y$ の近似単関数列になることに注意する．このとき，離散型確率変数の期待値について線形性は定義から明らかなので，$c \in \mathbb{R}$ に対して，

$$\mathbb{E}[cX_n] = c\mathbb{E}[X_n], \quad \mathbb{E}[X_n + Y_n] = \mathbb{E}[X_n] + \mathbb{E}[Y_n]$$

あとは両辺で $n \to \infty$ とすれば期待値の定義によって $\mathbb{E}[cX] = c\mathbb{E}[X]$，$\mathbb{E}[X+Y] = \mathbb{E}[X] + \mathbb{E}[Y]$ を得るので，これらから

$$\mathbb{E}[aX+bY] = \mathbb{E}[a(X+Y)+(b-a)Y] = a(\mathbb{E}[X]+\mathbb{E}[Y])+(b-a)\mathbb{E}[Y] = a\mathbb{E}[X]+b\mathbb{E}[Y]$$

となって結論の式を得る.

(3)　$Y - X \geq 0$ $a.s.$ に対して $\mathbb{E}[Y-X] \geq 0$ であり，(2) の線形性から，

$$\mathbb{E}[Y-X] = \mathbb{E}[X] - \mathbb{E}[Y] \geq 0.$$

(4)　$\mathbb{P}(X > 0) > 0$ と仮定すると，

$$0 < \mathbb{E}[X\mathbf{1}_{\{X>0\}}] \leq \mathbb{E}[X] = 0$$

となって矛盾．したがって，$\mathbb{P}(X > 0) = 0$ であり $X = 0$ $a.s.$

(5)　$|\mathbb{E}[X]| = |\mathbb{E}[X_+] - \mathbb{E}[X_-]| \leq \mathbb{E}[X_+] + \mathbb{E}[X_-] = \mathbb{E}[|X|].$

演習 12　$g(x,y)=\dfrac{x^2-y^2}{(x^2+y^2)^2}$ とおくと，$|x|<|y|$ のとき，$g(x,y)<0$，$|x|\geq|y|$ のとき，$g(x,y)\geq 0$ となり，$|x|=|y|$ を境に符号が変わってしまい，しかも $(x,y)\to(0,0)$ のとき，その原点への近づき方によって発散してしまうところが問題である．このとき，フビニの定理を用いるには $|g|$ が $[0,1)\times[0,1)$ 上可積分であればよいのだが，$|g|$ を極座標で書き直して積分すると，

$$\begin{aligned}&\int_0^1\int_0^{2\pi}\frac{|r^2\cos^2\theta-r^2\sin^2\theta|}{(r^2\cos^2\theta+r^2\sin^2\theta)^2}r\mathrm{d}r\mathrm{d}\theta\\&\quad=\int_0^1\int_0^{2\pi}\frac{|\cos 2\theta|}{r}\mathrm{d}r\mathrm{d}\theta=\int_0^1\frac{1}{r}\mathrm{d}r\int_0^{2\pi}|\cos 2\theta|\mathrm{d}\theta=+\infty.\end{aligned}$$

となって $|g|$ は可積分とはならない．

演習 13　離散型の確率変数の期待値より，$\mathbb{E}[X]=\displaystyle\lim_{n\to\infty}\sum_{k=1}^{n}k\,\mathbb{P}(X=k)$ であるが，

$$\begin{aligned}\sum_{k=1}^{n}k\,\mathbb{P}(X=k)&=\sum_{k=1}^{n}\mathbb{P}(X=k)+\sum_{k=2}^{n}\mathbb{P}(X=k)+\cdots\\&\qquad+\sum_{k=n-1}^{n}\mathbb{P}(X=k)+\mathbb{P}(X=n)\\&=\sum_{k=1}^{n}\mathbb{P}(X\geq k).\end{aligned}$$

となって題意を得る．

演習 14　$\displaystyle\int_{-\infty}^{\infty}te^{-t^2/2}\,\mathrm{d}t=0$, $\displaystyle\int_{-\infty}^{\infty}e^{-t^2/2}\,\mathrm{d}t=\sqrt{2\pi}$ に注意すれば，

$$\begin{aligned}\mathbb{E}[X]&=\int_{-\infty}^{\infty}x\frac{1}{\sqrt{2\pi}\sigma}\exp\left(-\frac{(x-\mu)^2}{2\sigma^2}\right)\mathrm{d}x\\&=\frac{1}{\sqrt{2\pi}\sigma}\int_{-\infty}^{\infty}(\sigma t+\mu)e^{-t^2/2}\,\mathrm{d}t=\mu\end{aligned}$$

(途中 $x=\sigma t+\mu$ と置換)．次に分散は，$\displaystyle\int_{-\infty}^{\infty}y^2e^{-y^2/2}\,\mathrm{d}y=\sqrt{2\pi}$ に注意して，

$$\begin{aligned}\mathrm{Var}(X)=\mathbb{E}[(X-\mu)^2]&=\int_{-\infty}^{\infty}(x-\mu)^2\frac{1}{\sqrt{2\pi}\sigma}\exp\left(-\frac{(x-\mu)^2}{2\sigma^2}\right)\mathrm{d}x\\&=\frac{\sigma^2}{\sqrt{2\pi}}\int_{-\infty}^{\infty}y^2e^{-y^2/2}\,\mathrm{d}y=\sigma^2\end{aligned}$$

(途中 $y=(x-\mu)/\sigma$ と置換). 同様に歪度 γ_1 について,

$$\alpha_3=\int_{-\infty}^{\infty}(x-\mu)^3\frac{1}{\sqrt{2\pi}\sigma}\exp\left(-\frac{(x-\mu)^2}{2\sigma^2}\right)\mathrm{d}x=\frac{\sigma^3}{\sqrt{2\pi}}\int_{-\infty}^{\infty}y^3e^{-y^2/2}\,\mathrm{d}y=0$$

より, $\gamma_1=\alpha_3/\sigma^3=0$. 最後に尖度 γ_2 についても同様に,

$$\alpha_4=\int_{-\infty}^{\infty}(x-\mu)^4\frac{1}{\sqrt{2\pi}\sigma}\exp\left(-\frac{(x-\mu)^2}{2\sigma^2}\right)\mathrm{d}x=\frac{1}{\sqrt{2\pi}\sigma}\cdot 3\sqrt{2\pi}\sigma^5=3\sigma^4$$

より, $\gamma_2=\alpha_4/\sigma^4=3$.

演習 15　確率変数 X に対して aX を考えたとき, $\mathbb{E}[(aX-a\mu)^k]=a^k\mathbb{E}[(X-\mu)^k]$ より, α^k, σ^k ともに a^k 倍になるので $\gamma_1=\alpha_3/\sigma^3$, $\gamma_2=\alpha_4/\sigma^4$ は不変. 次に X に対して $X+b$ を考えたとき, $\mathbb{E}[(X+b)-(\mu+b)^k]=\mathbb{E}[(X-\mu)^k]$ より, α^k, σ^k ともに値が変わらないので $\gamma_1=\alpha_3/\sigma^3$, $\gamma_2=\alpha_4/\sigma^4$ は不変.

演習 16　$P_n^{(k)}(t)=\sum_{i=k}^{n}i(i-1)\cdots(i-k+1)t^{i-k}p_i$ に注意すると, 十分大きい $m>l$ に対して,

$$\begin{aligned}\sup_{t\in[-\epsilon,\epsilon]}|P_m^{(k)}(t)-P_l^{(k)}(t)|&=\sup_{t\in[-\epsilon,\epsilon]}\sum_{i=l+1}^{m}i(i-1)\cdots(i-k+1)t^{i-k}p_i\\&\le\frac{1}{\epsilon^k}\sum_{i=l+1}^{m}i^k\epsilon^i\to 0,\quad l,m\to\infty.\end{aligned}$$

最後の収束は $\sum_{i=0}^{\infty}i^k\epsilon^i<\infty$ であることから従う. したがって, $P_n^{(k)}$ は一様コーシー条件を満たすので, $[-\epsilon,\epsilon]$ 上一様収束する.

演習 17　$\mathbb{E}[|X|]=\displaystyle\int_{-\infty}^{\infty}\frac{C|x|}{1+|x|^3}\,\mathrm{d}x=2C\int_0^{\infty}\frac{x}{1+x^3}\,\mathrm{d}x$ と書けるが,

$$\int_0^{\infty}\frac{x}{1+x^3}\,\mathrm{d}x=\int_0^1\frac{x}{1+x^3}\,\mathrm{d}x+\int_1^{\infty}\frac{x}{1+x^3}\,\mathrm{d}x<1+\int_1^{\infty}\frac{\mathrm{d}x}{x^2}<\infty$$

となって $\mathbb{E}[|X|]<\infty$ がわかる. しかしながら, 例えば $t>0$ のとき,

$$C^{-1}m_X(t)=\int_{-\infty}^{\infty}\frac{e^{tx}}{1+|x|^3}\,\mathrm{d}x>\int_0^{\infty}\frac{e^{tx}}{1+x^3}\,\mathrm{d}x\ge\lim_{c\to\infty}\frac{1}{1+c^3}\int_0^c e^{tx}\,\mathrm{d}x=\infty$$

となる. $t<0$ のときも同様に発散することがわかり, 任意の $t\neq 0$ に対して $m_X(t)$ は存在しない.

演習 18　$X \sim Po(\lambda)$ に対して,

$$\phi_X(t) = \sum_{k=0}^{\infty} e^{itk} e^{-\lambda} \frac{\lambda^k}{k!} = e^{-\lambda} \sum_{k=0}^{\infty} \frac{(\lambda e^{it})^k}{k!} = e^{-\lambda} e^{\lambda e^{it}} = e^{\lambda(e^{it}-1)}.$$

$Y \sim Ge(p)$ に対して,

$$\phi_Y(t) = \sum_{k=0}^{\infty} e^{itk} p(1-p)^k = p \sum_{k=0}^{\infty} e^{itk} (1-p)^k = \frac{p}{1-(1-p)e^{it}}.$$

演習 19　$n = 2$ のときは凸関数の性質．$n = k$ で (2.25) が成り立つと仮定して，$n = k+1$ のとき,

$$\sum_{i=1}^{k+1} \theta_i f(x_i) = \sum_{i=1}^{k} \theta_i f(x_i) + \theta_{k+1} f(x_{k+1}) = C \sum_{i=1}^{k} \frac{\theta_i}{C} f(x_i) + \theta_{k+1} f(x_{k+1})$$

$$\geq Cf(\sum_{i=1}^{k} \frac{\theta_i x_i}{C}) + \theta_{k+1} f(x_{k+1}) \geq f(\sum_{i=1}^{k} \theta_i x_i + \theta_{k+1} x_{k+1}) = f(\sum_{i=1}^{k+1} \theta_i x_i).$$

ただし，$C = \sum_{i=1}^{k} \theta_i$，$\sum_{i=1}^{k+1} \theta_i = 1$ である．

演習 20　(1)　$x < y < z$ に対して,

$$\frac{f(y)-f(x)}{y-x} \leq \frac{\theta f(x) + (1-\theta) f(z) - f(x)}{\theta x + (1-\theta) z - x} = \frac{f(z)-f(x)}{z-x}.$$

(2)　上と同様に，$x < y < z$ に対して,

$$\frac{f(z)-f(y)}{z-y} \geq \frac{f(z) - \theta f(x) - (1-\theta) f(z)}{z - \theta x - (1-\theta) z} = \frac{f(z)-f(x)}{z-x} \quad \cdots (*)$$

さらに (1) の不等式と合わせて $\frac{f(y)-f(x)}{y-x} \leq \frac{f(z)-f(y)}{z-y}$ が得られる．

(3)　不等式 $(*)$ で z を固定すると $\frac{f(z)-f(u)}{z-u}$ は u の単調増加関数であり, (2) の不等式を x の関数と見ると上に有界であることがわかる．よって $x \to y$ のとき収束し，点 y において左微分が存在するので左連続．同様にして右連続性もわかり，したがって連続である．

演習 21　仮定より，任意の $A_1, \ldots, A_n \in \mathcal{B}(\mathbb{R})$ に対して $g_i(A_i) \in \mathcal{B}(\mathbb{R})$，$i = 1, 2, \ldots, n$ である．$X_1, \ldots, X_n$ の独立性に注意すれば,

$$\mathbb{P}(g_1(X_1) \in A_1, \ldots, g_n(X_n) \in A_n) = \mathbb{P}(X_1 \in g_1^{-1}(A_1), \ldots, X_n \in g_n^{-1}(A_n))$$

$$= \prod_{i=1}^{n} \mathbb{P}(X_i \in g_i^{-1}(A_i)) = \prod_{i=1}^{n} \mathbb{P}(g_i(X_i) \in A_i)$$

を得る．したがって，$g_1(X_1),\ldots,g_n(X_n)$ も独立である．

次に，$X=(X_1,\ldots,X_n)$ の分布関数を $F_X(x_1,\ldots,x_n)$，X_i，$i=1,\ldots,n$ の分布関数を $F_{X_i}(x_i)$ と表すことにすれば，$X_1,\ldots,X_n$ の独立性から，$F_X(x_1,\ldots,x_n) = \prod_{i=1}^n F_{X_i}(x_i)$．したがって，

$$\begin{aligned}\mathbb{E}\left[\prod_{i=1}^n g_i(X_i)\right] &= \int_{\mathbb{R}^n} g_1(x_1)\cdots g_n(x_n)\mathrm{d}F_X(x_1,\ldots,x_n)\\ &= \int_{\mathbb{R}}\cdots\int_{\mathbb{R}} g_1(x_1)\cdots g_n(x_n)\mathrm{d}F_{X_1}(x_1)\cdots\mathrm{d}F_{X_n}(x_n)\\ &= \prod_{i=1}^n\left(\int_{\mathbb{R}} g_i(X_i)\mathrm{d}F_{X_i}(x_i)\right) = \prod_{i=1}^n \mathbb{E}[g_i(X_i)].\end{aligned}$$

演習 22　$Bin(n,p)$ の特性関数が $(1+p(e^{it}-1))^n$ であるので，定理 3.1.13 を利用して，

$$\begin{aligned}&(Bin(n_1,p)*Bin(n_2,p)\text{ の特性関数})\\ &\quad= (1+p(e^{it}-1))^{n_1}\cdot(1+p(e^{it}-1))^{n_2}\\ &\quad= (1+p(e^{it}-1))^{n_1+n_2} = (Bin(n_1+n_2,p)\text{ の特性関数}).\end{aligned}$$

$Po(\lambda)$ の特性関数が $e^{\lambda(e^{it}-1)}$ であるので，

$$\begin{aligned}(Po(\lambda_1)*Po(\lambda_2)\text{ の特性関数}) &= e^{\lambda_1(e^{it}-1)}\cdot e^{\lambda_2(e^{it}-1)}\\ &= e^{(\lambda_1+\lambda_2)(e^{it}-1)} = (Po(\lambda_1+\lambda_2)\text{ の特性関数}).\end{aligned}$$

$\Gamma(\alpha,\beta)$ の特性関数が $(\frac{\beta}{\beta-it})^\alpha$ であるので，

$$\begin{aligned}(\Gamma(\alpha_1,\beta)*\Gamma(\alpha_2,\beta)\text{ の特性関数}) &= \left(\frac{\beta}{\beta-it}\right)^{\alpha_1}\cdot\left(\frac{\beta}{\beta-it}\right)^{\alpha_2} = \left(\frac{\beta}{\beta-it}\right)^{\alpha_1+\alpha_2}\\ &= (\Gamma(\alpha_1+\alpha_2,\beta)\text{ の特性関数}).\end{aligned}$$

演習 23　(1)　$x=(x_1,\ldots,x_d)$ とおくと，

$$\begin{aligned}\int_{\mathbb{R}^d} f_X(x)\,\mathrm{d}x &= \int_{\mathbb{R}^d}\frac{1}{(2\pi)^{d/2}|\det I_d|^{1/2}}\exp\left(-\frac{1}{2}x^\top I_d^{-1}x\right)\mathrm{d}x\\ &= \frac{1}{(2\pi)^{d/2}}\int_{\mathbb{R}}\exp\left(-\frac{1}{2}\sum_{i=1}^d x_i^2\right)\mathrm{d}x\\ &= \frac{1}{(2\pi)^{d/2}}\int_{\mathbb{R}}\cdots\int_{\mathbb{R}}\exp\left(-\frac{x_1^2}{2}\right)\cdots\exp\left(-\frac{x_d^2}{2}\right)\mathrm{d}x_1\cdots\mathrm{d}x_d = 1.\end{aligned}$$

(2)　変換 $Y = \Sigma^{-1/2}(X - \mu)$ により定理 3.3.2 を用いれば，Y の確率密度 $f_Y(y)$ は

$$f_Y(y) = \frac{1}{(2\pi)^{d/2}|\det\Sigma|^{1/2}} \exp\left(-\frac{1}{2}y^\top y\right)|\mathrm{det}\Sigma|^{1/2} = \frac{1}{(2\pi)^{d/2}} \exp\left(-\frac{1}{2}\sum_{i=1}^{d} y_i^2\right)$$

となり，これは (1) と同様に $\int_{\mathbb{R}^d} f_Y(y)\,\mathrm{d}x = 1$ である．

演習 24　例 3.3.5, (3.17) より，$X \sim N_d(\mu, \Sigma)$ の特性関数は $\phi_X(t) = \exp\left(it^\top\mu - \frac{1}{2}t^\top\Sigma t\right)$．そこで確率変数 $Y = AX + b$ の特性関数を計算すると，

$$\begin{aligned}\phi_Y(t) &= \mathbb{E}[\exp\left(it^\top(AX+b)\right)] = \mathbb{E}[\exp\left(i(A^\top t)^\top X\right)]\exp\left(it^\top b\right)\\ &= \phi_X(A^\top t)\exp\left(it^\top b\right) = \exp\left(it^\top(A\mu + b) - \frac{1}{2}t^\top A\Sigma A^\top t\right)\end{aligned}$$

である．これは $N_p(A\mu + b, A\Sigma A^\top)$ の特性関数である．

演習 25　($\Leftarrow$) は確率変数の独立性より明らかなので ($\Rightarrow$) を示す．

仮定より $\sigma_{ij} = 0$ なので, 二次元確率変数 $Y = (X_i, X_j) \sim N_2(\mu', \Sigma')$ に対して,

$$\begin{aligned}f_Y(x_1, x_2) &= \frac{1}{2\pi\sqrt{\sigma_1^2\sigma_2^2}} \exp\left(-\frac{1}{2}\left(\frac{1}{\sigma_1^2}(x_1 - \mu_1)^2 + \frac{1}{\sigma_2^2}(x_2 - \mu_2)^2\right)\right)\\ &= f_{X_i}(x_1)f_{X_j}(x_2).\end{aligned}$$

定理 3.1.7 より X_i と X_j は独立．$X = (X_1, ..., X_d)$ に対して Σ が対角行列ならば同様に

$$f_X = f_{X_1} \cdots f_{X_d}$$

と変形できるので, 再び定理 3.1.7 より $X_1, ..., X_d$ は独立.

演習 26　$Y_n = X_n - l$ とおけば $Y_n \geq 0\ a.s.$ だから Y_n にファトゥの補題を適用できて，

$$\mathbb{E}\left[\liminf_{n\to\infty} X_n\right] - l = \mathbb{E}\left[\liminf_{n\to\infty} Y_n\right] \leq \liminf_{n\to\infty} \mathbb{E}[Y_n] \leq \liminf_{n\to\infty} \mathbb{E}[X_n] - l.$$

以上より, $\mathbb{E}[\liminf_{n\to\infty} X_n] \leq \liminf_{n\to\infty} \mathbb{E}[X_n]$.

演習 27　(1)　確率空間 $((0,1), \mathcal{F}, \mu)$ (ただし，$\mathcal{F} = \mathcal{B}_1 \cap (0,1)$) 上の, 下に有界ではない確率変数列 $\{X_n\}_{n=1,2,...}$ を

$$X_n(\omega) := -\frac{1}{n\omega}, \quad \omega \in (0,1)$$

と定義する．このとき $X_1 \leq X_2 \leq \cdots \to X = 0\ a.s.$ であるが,

$$\lim_{n\to\infty} \mathbb{E}[X_n] = -\infty \neq \mathbb{E}[X] = 0$$

となり, 単調収束定理の結論は成立しない．

(2)　確率空間 $((0,1), \mathcal{F}, \mu)$ において，$k = 1, 2, \ldots$ に対して

$$X_{2k-1}(\omega) = \mathbf{1}_{(0,1/2]}(\omega), \qquad X_{2k}(\omega) = \mathbf{1}_{(1/2,1]}(\omega)$$

と定めると，任意の $n = 1, 2, \ldots$ に対して $\mathbb{E}[X_n] = \frac{1}{2}$ であるが, $\liminf_{n\to\infty} X_n = 0$ となり, ファトゥの補題の等号は成立しない．ちなみに，次の演習 28 の解答も，ファトゥの補題の等号が成立しない例である．

演習 28　確率空間 $((0,1), \mathcal{F}, \mu)$ において (ただし，$\mathcal{F} = \mathcal{B}_1 \cap (0,1)$)，$X_n(\omega) = n\mathbf{1}_{(0,1/n)}(\omega)$ とおくと, $X_n \xrightarrow{a.s.} 0$ であるが,

$$1 = \lim_{n\to\infty} \mathbb{E}[X_n(\omega)] \neq \mathbb{E}[\lim_{n\to\infty} X_n] = 0.$$

演習 29　(1)⇒(2)　定理 4.2.8 より任意の $s \in \mathbb{R}$, $t \in \mathbb{R}^d$ に対して

$$X_n \xrightarrow{d} X \Leftrightarrow \lim_{n\to\infty} \phi_{X_n}(st) = \phi_X(st)$$
$$\Leftrightarrow \lim_{n\to\infty} \mathbb{E}[\exp(is(t^\top X_n))] = \mathbb{E}[\exp(is(t^\top X))] \Leftrightarrow t^\top X_n \xrightarrow{d} t^\top X.$$

演習 30　ここでは，R を用いたプログラム・コードを紹介しておく．

(1)
```
N <- 100 #N <- 5000
set.seed(2019)    #乱数シードを固定
X <- 2*runif(N,0,1) - 1;  Y <- 2*runif(N,0,1) - 1
Z <- cbind(X,Y)   #ベクトル X,Y を結合
```

(2)　$X_i = 2U_i - 1$ の密度関数が $f_X(x) = \frac{1}{2}\mathbf{1}_{[-1,1]}(x)$ となることに注意する (f_Y も同様)．Z_i は IID であるから，$N \to \infty$ のとき大数の強法則により,

$$r_N \xrightarrow{a.s.} \mathbb{P}(Z_1 \in S) = \int_{x^2+y^2\leq 1} f_X(x) f_Y(y)\, \mathrm{d}x\mathrm{d}y = \frac{\pi}{4}.$$

(3)　(1) のコードの続きとして，以下のようにして図が描ける．

```
plot(Z,pch="*")
curve( sqrt(1-x^2),-1,1,ylim=c(-1,1),lwd=2,add=T)
curve(-sqrt(1-x^2),-1,1,ylim=c(-1,1),lwd=2,add=T)
#また，4r_N の値を求めるには，例えば以下のような再帰式でよい：
r <- 0
for(i in 1:N){
if(Z[i,1]^2 + Z[i,2]^2 < 1) r <- r + 1/N
}
4*r　#これで 4r_N の値が表示される.
```

演習 31　定義 1.1.7 の (1)–(3) を確認すればよいが，$A, B \in \mathcal{B}$ に対して，$X^{-1}(A \cup B) = X^{-1}(A) \cup X^{-1}(B)$ や $\left(X^{-1}(B)\right)^c = X^{-1}(B^c)$ などから (1), (2) は明らかだから，(3)　$\bigcup_{i=1}^{\infty} X^{-1}(B_i) \in \sigma(X)$ を示す．

今，$\forall \omega \in \bigcup_{i=1}^{\infty} X^{-1}(B_i)$ に対して，

$$\begin{aligned}\exists k \in \mathbb{N}, \omega \in X^{-1}(B_k) &\Leftrightarrow \exists k \in \mathbb{N}, X(\omega) \in B_k \\ &\Leftrightarrow X(\omega) \in \bigcup_{i=1}^{\infty} B_i \Leftrightarrow \omega \in X^{-1}(\bigcup_{i=1}^{\infty} B_i).\end{aligned}$$

ここで，$\bigcup_{i=1}^{\infty} B_i \in \mathcal{B}$ であるから，$\bigcup_{i=1}^{\infty} X^{-1}(B_i) = X^{-1}(\bigcup_{i=1}^{\infty} B_i) \in \sigma(X)$.

演習 32　(7.3)⇒(7.4)　上極限，上限の定義より

$$\lim_{M\to\infty} \limsup_{n\to\infty} \mathbb{P}(|X_n| > M) \leq \lim_{M\to\infty} \sup_{n\in\mathbb{N}} \mathbb{P}(|X_n| > M) = 0.$$

(7.4)⇒(7.3)　(7.4) より，任意の $\epsilon > 0$ に対して，十分大きな $M_1 > 0$，$N \in \mathbb{N}$ をとって

$$\sup_{k\geq N} \mathbb{P}(|X_k| > M_1) < \epsilon/2$$

とできる．この ϵ, N を固定すると，$M_2 > 0$ を十分大きくとって

$$\mathbb{P}(|X_k| > M_2) < \frac{\epsilon}{2(N-1)}, \quad k = 1, 2, \ldots, N-1$$

とできるので，

$$\sup_{k<N}\mathbb{P}(|X_k|>M_2)\le\sum_{k=1}^{N-1}\mathbb{P}(|X_k|>M_2)<\epsilon/2$$

したがって，$M=\max\{M_1,M_2\}$ とすれば，

$$\sup_{n\in\mathbb{N}}\mathbb{P}(|X_n|>M)\le\sup_{k\ge N}\mathbb{P}(|X_k|>M)+\sup_{k<N}\mathbb{P}(|X_k|>M)<\epsilon/2+\epsilon/2=\epsilon$$

となって (7.3) を得る．

演習 33　チェビシェフの不等式を用いて，

$$\sup_{n\in\mathbb{N}}\mathbb{P}(|X_n|>M)\leqq M^{-2}\sup_{n\in\mathbb{N}}\mathbb{E}[|X_n|^2]\le M^{-2}\sup_{n\in\mathbb{N}}\mathrm{Var}[X_n]+\sup_{n\in\mathbb{N}}(\mathbb{E}[X_n])^2 \tag{B.1}$$

仮定より，$\mathrm{Var}[X_n]=O(1)$，$\mathbb{E}[X_n]=O(1)$ となってこれらは有界であるから，

$$\lim_{M\to\infty}\sup_{n\in\mathbb{N}}\mathbb{P}(|X_n|>M)=0.$$

演習 34　示すべき式の左から右，上から下の順に式番号をつけ，それぞれ (1)–(7) とする．

(1)　$X_n=o_p(1)$ は，定義 7.1.6 により $X_n\xrightarrow{p}0$ なので，系 4.3.7 を用いると，

$$X_n+Y_n\xrightarrow{p}0\quad\Leftrightarrow\quad X_n+Y_n=o_p(1).$$

(2)　定義より $o_p(1)=O_p(1)$ だから，$O_p(1)+O_p(1)=O_p(1)$ を示せばよい．$X_n=o_p(1)$, $Y_n=O_p(1)$ として三角不等式により

$$\{|X_n+Y_n|>M\}\subset\{|X_n|+|Y_n|>M\}\subset\left\{|X_n|>\frac{M}{2}\right\}+\left\{|Y_n|>\frac{M}{2}\right\}.$$

これより，

$$\mathbb{P}(|X_n+Y_n|>M)\le\mathbb{P}(|X_n|+|Y_n|>M)\le\mathbb{P}\left(|X_n|>\frac{M}{2}\right)+\mathbb{P}\left(|Y_n|>\frac{M}{2}\right)$$

両辺で $\sup_{n\in\mathbb{N}}$ をとって $M\to\infty$ とすれば，X_n,Y_n のタイトネスによって

$$\lim_{M\to\infty}\sup_{n\in\mathbb{N}}\mathbb{P}(|X_n+Y_n|>M)=0\quad\Leftrightarrow\quad X_n+Y_n=O_p(1).$$

(3)　$X_n=O_p(1)$，$Y_n=o_p(1)$ とする．一般に，$\{|X_nY_n|\le\epsilon\}\supset\left\{|X_n|\le\frac{\epsilon}{M}\right.$ $\left.\cap\ |Y_n|\le M\right\}$，かつ，$\mathbb{P}(|X_nY_n|>\epsilon)=1-\mathbb{P}(|X_nY_n|\le\epsilon)$ であることに注意すると，

$$\begin{aligned}\mathbb{P}(|X_nY_n| > \epsilon) &= \mathbb{P}\left(\{|X_n| > M\} \cup \left\{|Y_n| > \frac{\epsilon}{M}\right\}\right)\\ &\le \sup_n \mathbb{P}(|X_n| > M) + \mathbb{P}\left(|Y_n| > \frac{\epsilon}{M}\right) \to 0, \quad n \to \infty,\ M \to \infty.\end{aligned}$$

したがって，$X_nY_n \xrightarrow{p} 0$.

(4)　定理 4.2.12 より，$X_n = o_p(1)$ と $X_n \xrightarrow{d} 0$ となるので, 連続写像定理 (定理 4.3.5) によって $(1+X_n)^{-1} \xrightarrow{d} 1$ となって題意を得る.

最後に，(5)，(6) はほぼ定義であり，(7) は (5) と (3) より直ちに得られる.

演習 35　$x_n \to 0$ より, 任意の $\epsilon > 0$ に対してある $N \in \mathbb{N}$ が存在して, 任意の $n \ge N$ に対して $|x_n| < \epsilon$ とできる．そこで，$k = 1, 2, \ldots$ に対して，

$$n_k := \inf\{n > n_{k-1} : |x_n| < 2^{-k}\}, \quad n_0 = 0$$

として部分列 $\{x_{n_k}\}_{k\in\mathbb{N}}$ を定めると，$\sum_k x_{n_k} \le \sum_k |x_{n_k}| \le \sum_{k=1}^{\infty} 2^{-k} = 1$.

演習 36　(1)　$\overline{X_n} \sim N(\theta, \frac{1}{n})$ より，$\sqrt{n}(\overline{X_n} - \theta) \sim N(0,1)$.

(2)　$\sqrt{n}(\widehat{\theta}_n - \theta) = \sqrt{n}(1-Y_n)(\overline{X}_n - \theta) + Y_n(n - \theta\sqrt{n})$ に注意して，$\overline{X_n}$ と Y_n が独立であることから，

$$\mathbb{E}[\sqrt{n}(\widehat{\theta}_n - \theta)] = \frac{n - \theta\sqrt{n}}{n^2} \to 0, \quad n \to \infty.$$

したがって，$n \to \infty$ のとき

$$\begin{aligned}\mathrm{Var}\left(\sqrt{n}(\widehat{\theta}_n - \theta)\right) &= E[n(\widehat{\theta}_n - \theta)^2] - \left(E[\sqrt{n}(\widehat{\theta}_n - \theta)]\right)^2\\ &\sim E[(1-Y_n)^2 n(\overline{X}_n - \theta)^2] + E[Y_n^2](n - \theta\sqrt{n})^2\\ &= \left(1 - \frac{1}{n^2}\right) + \left(\frac{n - \theta\sqrt{n}}{n}\right)^2 \to 2.\end{aligned}$$

(3)　$\sqrt{n}(\widehat{\theta}_n - \theta)$ は $\sqrt{n}(\overline{X}_n - \theta)$ と漸近同等である ($\because\ nY_n \to^p 0$)．したがって，

$$\sqrt{n}(\widehat{\theta}_n - \theta) \sim \sqrt{n}(\overline{X}_n - \theta) =^d N(0,1), \quad n \to \infty$$

となることから漸近分散は 1.

演習 37　$\{X_n\}$ は一様可積分であるので補題 7.3.3 から $\sup_{n\in\mathbb{N}} \mathbb{E}[|X_n|] < \infty$ を得られる．ここで, 例 7.1.12 と同様にチェビシェフの不等式を使えば,

$$\sup_{n\in\mathbb{N}} \mathbb{P}(|X_n| > M) \le \frac{\sup_{n\in\mathbb{N}} \mathbb{E}[|X_n|]}{M} \to 0, \quad M \to \infty$$

が得られる．以上より $\{X_n\}$ はタイトである.

関連図書

[1] 伊藤 清三 (1963). ルベーグ積分入門, 裳華房.
[2] 佐藤 坦 (1993). 測度から確率へ, 共立出版.
[3] 柴田 良弘 (2005). ルベーグ積分論, 内田老鶴圃.
[4] 清水 泰隆 (2018). 保険数理と統計的方法, 共立出版.
[5] 杉浦 光夫 (1980). 解析入門 I, 東京大学出版会.
[6] 西尾 真喜子 (1978). 確率論, 実教出版.
[7] ハーヴィル, D.A. (2012). 統計のための線形代数 (上・下) (伊理正夫 監訳), 丸善出版.
[8] 舟木 直久 (2004). 確率論, 朝倉書店.
[9] 吉田 朋広 (2006). 数理統計学, 朝倉書店.
[10] 吉田 伸生 (2006). ルベーグ積分入門, 遊星社.
[11] Chung, K. L. (2001). *A course in probability theory.* 3rd ed. Academic Press Inc., San Diego, CA.
[12] Durrett, R. (1996). *Probability: Theory and Examples.* 2nd ed. Duxbury Press, Belmont, CA.
[13] Etemadi, N. (1981). An elementary proof of the strong law of large numbers. *Z. Wahrsch. Verw. Gebiete*, **55** (1), 119–122.
[14] Kallenberg, O. (2002). *Foundations of modern probability.* 2nd ed. Springer-Verlag, New York.
[15] Le Cam, L. (1986). The central limit theorem around 1935. *Statist. Sci.* **1** (1), 78–96.
[16] Shiryaev, A. N. (1996). *Probability.* 2nd ed., Springer-Verlag, New York.
[17] van der Vaart, A. W. (1998). *Asymptotic statistics.* Cambridge University Press, Cambridge.

索　引

著者略歴

清水　泰隆（しみず　やすたか）
2005年　東京大学大学院数理科学研究科博士課程退学
2005年　大阪大学大学院基礎工学研究科 助手
2011年　同研究科 准教授
2017年　早稲田大学理工学術院 教授
現在に至る
博士（数理科学），SSI 国際唎酒師
専　攻　数理統計学 保険数理

2019年4月30日　第1版発行
2021年7月1日　第2版発行

著者の了解により検印を省略いたします

著　者©清　水　泰　隆
発行者　内　田　　学
印刷者　馬　場　信　幸

統計学への確率論，その先へ
ゼロからの測度論的理解と漸近理論への架け橋
第2版

発行所　株式会社　内田老鶴圃　〒112-0012 東京都文京区大塚3丁目34番3号
電話 03(3945)6781(代)・FAX 03(3945)6782
http://www.rokakuho.co.jp/
印刷・製本/三美印刷 K.K.

Published by UCHIDA ROKAKUHO PUBLISHING CO., LTD.
3-34-3 Otsuka, Bunkyo-ku, Tokyo, Japan

ISBN 978-4-7536-0125-7 C3041　U. R. No. 647-2